高职高专电子信息类专业系列教材

电路基础与技能实训

主　编　　胡　方
副主编　　朱　琛　胡鹏飞
参　编　　汪文浩　董　刚
主　审　　吴克玲

西安电子科技大学出版社

内 容 简 介

本书是一本关于电路基础知识与基本技能的实训教材。

本书共 6 章，分别为电路的基础知识和基本测量、电路的基本分析方法、动态电路的时域分析、正弦交流电路、三相正弦交流电路和电路的频率响应。各章内容均以实例为引导，系统介绍了电路的基本概念、基本定理和基本分析方法。为了加强教学适用性和工程应用性，书中融入了电路的基本测量方法、万用表的使用、电子电气元器件的测量等知识，并设计了操作性较强的技能训练。此外，本书为了加强和巩固所学理论知识和技能实训内容，还配有丰富的例题、练习与思考及测试题。

本书不仅可作为高职高专电子、通信、计算机类专业电路基础课程的教材，也可作为相关工程技术人员的参考书。

图书在版编目(CIP)数据

电路基础与技能实训/胡方主编. —西安：西安电子科技大学出版社，2023.7
ISBN 978 - 7 - 5606 - 6860 - 4

Ⅰ. ①电… Ⅱ. ①胡… Ⅲ. ①电路理论—高等职业教育—教材 Ⅳ. ①TM13

中国国家版本馆 CIP 数据核字(2023)第 081277 号

策　　划	秦志峰　杨丕勇
责任编辑	秦志峰
出版发行	西安电子科技大学出版社(西安市太白南路 2 号)
电　　话	(029)88202421　88201467　　　邮　编　710071
网　　址	www. xduph. com　　　　电子邮箱　xdupfxb001@163.com
经　　销	新华书店
印刷单位	陕西天意印务有限责任公司
版　　次	2023 年 7 月第 1 版　2023 年 7 月第 1 次印刷
开　　本	787 毫米×1092 毫米　1/16　印张　16.5
字　　数	389 千字
印　　数	1～3000 册
定　　价	45.00 元

ISBN 978 - 7 - 5606 - 6860 - 4/TM

XDUP 7162001 - 1

＊＊＊ 如有印装问题可调换 ＊＊＊

前　言

为了适应高等职业教育的发展要求，更好地将工程教育理念融入教学中，我们结合通信、电子、信息、计算机类专业对电路课程的需求，以及高职学生的实际情况，本着"准确定位、注重能力、理实结合、通俗易懂"的原则编写了本书。"电路基础"是一门重要的专业基础课程，本书以基本概念、基本知识和基本分析方法为主线，以马克思主义的立场、观点和方法指导学生发现问题、分析问题和解决问题，引导学生树立正确的人生观、价值观和世界观；强调理论对实践的指导意义，以此提高运用理论知识解决和分析实际问题的能力，并在实践中引导学生增强法律意识、诚信意识、工匠意识和协作意识，为后续课程的学习以及从事相关专业技术工作奠定基础。

本书在编写过程中，着重考虑了高等职业院校的教学特点，努力做到以下几点：

(1) 突出针对性。根据高职学生未来工作岗位的特点和需求，本书在教学内容选取方面不追求全面、系统，以满足后续课程的基本需求为目的；理论分析以"实用、够用、会用"为原则，注重物理概念的理解。

(2) 注重应用性。本书主要章节均以"观察与思考"的形式引入实例，通过实例提出问题，讲解必备的理论知识；理论分析注重定性分析，弱化定量分析，从而简化了数学推导，有效降低了学生的学习难度，更便于自学。

(3) 强调实践性。为加强实践技能培养，每章均安排了一定数量的技能训练，以培养学生的实践操作能力。在教学组织上，可以按"理实一体化"的形式进行，使理论教学与实践教学融为一体。

(4) 增加灵活性。为更加方便地组织教学活动，本书采用"技术与应用""知识拓展"等形式介绍了部分实用的技能和知识以及部分进阶的理论分析方法，不仅体现了理论对实践的指导意义，而且能够使学生联系实际、拓展思维、提高学习兴趣。

(5) 增强实用性。为方便学生的学习和实践，本书采用不同的方式介绍了万用表的基本使用方法、电子元器件型号的命名方法、手工焊接技术等内容。本书在每节之后都附有练习与思考，每章之后附有测试题。练习与思考及测试题紧扣学习要求，测试题的类型与考试题相似，以帮助学生掌握试题的基本分析方法。

本书部分内容可以根据专业需要、后续课程的要求以及教学课时数进行调整，选择使用(本书中标注"＊"的内容可根据需要选择学习)。本书授课学时数建议为54～90学时，其中理论教学与实训教学的比例建议为2∶1。本书涉及的实训项目应尽量创造条件完成，以便能系统地训练实际动手能力。在实验条件许可的情况下，可增加一些实训内容，逐步提高实训教学的比例。由于场地、设备、器材等原因不能完成实训项目时，可以利用演示的方式或借助仿真软件通过模拟实验的方式完成。

本书由胡方担任主编，朱琛、胡鹏飞担任副主编。其中，第 1 章由朱琛编写，第 4 章由胡鹏飞编写，第 2、5 章由汪文浩编写，第 3 章和附录由董刚编写，第 6 章由胡方编写。全书由胡方制定编写大纲，并统稿。吴克玲副教授担任主审，为本书的编写给予了全程指导，提出了宝贵的修改意见和建议，在此表示衷心感谢。

本书参考了部分著作的一些相关内容，在此表示衷心感谢。

尽管我们做出了努力，但由于对职业教育的特点和规律认知不足，编者的水平与经验有限，书中的缺点在所难免，恳请读者批评指正。编者 E-mail：hf6584@163.com。

编　者

2023 年 4 月

目　　录

第1章　电路的基础知识和基本测量

本章主要介绍电路的基本概念和定律，包括电路的作用及组成、描述电路工作状态的基本物理量、电阻元件、电源的电路模型、约束电路中各变量关系的基本定律以及简单电路。同时，还介绍了万用表的基本操作，电压、电流、电阻的测量方法，以及电阻性电路的搭接、测试、故障检查等实践性操作技能。本章是全书的基础，主要以直流电路为例进行讨论。

1.1　电路和电路模型

观察与思考

图 1-1-1 所示为手电筒内部结构示意图。将手电筒的开关闭合，手电筒的灯泡持续发光；将手电筒的开关断开，灯泡不发光。开关的闭合与断开，可使电路处于两种不同的工作状态。

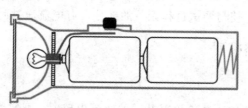

图 1-1-1　手电筒内部结构示意图

拧开手电筒的后盖(或前端)，取出电池、灯泡等部件，可见手电筒内部的主要组件是电池、灯泡、连接器和开关。你能看出手电筒的内部结构关系吗？能画出手电筒的电路图吗？

1.1.1　电路的作用与组成

电路是电流的通路。电路是为了实现电能或电信号的产生、传输、加工及利用，由所需的电气元件或设备按一定方式连接起来而构成的整体。

1. 电路的作用

从技术角度来看，电的应用可分为能量和信息两大领域，因此电路的作用大致可分为两大类：一是传输和转换能量；二是采集、传输和处理电信号。

2. 电路的组成

一个完整的电路，均由电源(或信号源)、负载和中间环节(连接导线、辅助设备)三部分组成。电源是供给电能的设备，它将各种形式的能量转换为电能，例如发电机、干电池、蓄电池等；负载是用电的设备，也称为用电器，其作用是将电能转换为所需形式的能量，或对信号进行处理，如电炉和电烙铁可将电能转换成热能，扬声器可将电能转换成声能，而电动机则可以将电能转换成机械能等；中间环节是电源和负载之间的设备，其作用是传输、分配和控制电能(或电信号)，例如导线、开关、检测装置和保护装置等。

手电筒电路中，干电池给电路提供电能，是电源；灯泡是用电器，是负载；开关在电路中起到控制的作用，是辅助元件；手电筒的壳起到连接导体的作用，将电源、负载连接起来构成电流的通路。也可以说电路是电荷流动的路径。

3. 电路的工作状态

电路分为外电路和内电路。从电源的正极性端经过和它连接的全部负载和导线，再回到电源负极性端的电流的路径，称为外电路；电源内部的通路称为内电路，如电池两极间的电路即为内电路。

电路通常有三种状态：

(1)**通路(闭路)**：电路各部分连接成闭合回路，此时电路中有电流。

(2)**断路(开路)**：开关切断或电路中某一处断开。被切断的电路中无电流。

(3)**短路(捷路)**：电路中两点用导线直接接通，则称为被短路。一般情况下，短路时的大电流会损坏电源和导线，应该尽量避免。有时在调试电子设备的过程中，会将电路中的某一部分短路，这是为了使与调试过程无关的部分没有电流通过而采取的一种方法。

1.1.2 电路图与电路模型

1. 电路图

在设计、安装或修理各种设备及用电器的实际电路时，画实物图比较麻烦，故常用国家标准规定的电气图形符号、文字符号来表示电路连接情况，称为电路原理图或电气原理图，简称电路图。图 1-1-2 是图 1-1-1 所示手电筒的电气原理图。电气原理图只反映各电气元件或设备在电路中的作用及其相互连接方式，并不反映实际设备的内部结构、几何形状及相互位置。

图 1-1-2　手电筒的电气原理图

部分常用元器件的电气图形符号见表 1-1-1。

表 1 - 1 - 1　部分常用元器件的电气图形符号

名称	符号	名称	符号	名称	符号
导线	 ——	灯	⊗	变压器	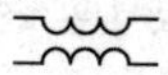 ⌒⌒⌒
连接的导线	 ┼	传声器	⌀	铁芯变压器	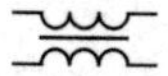 ⌒⌒⌒
接地	 ⏚	扬声器	 ⊲	磁芯变压器	 ⌒⌒⌒
接机壳	⊥	电池	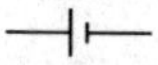 ─┤├─	直流发电机	Ⓖ
开关	 ∕	电阻器	─▭─	直流电动机	Ⓜ
熔断器	 ▭	可变电阻器	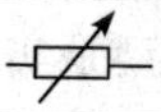 ▱⁄	晶体二极管	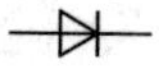 ▷⊢
电压表	Ⓥ	电容器	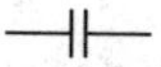 ─┤├─	稳压二极管	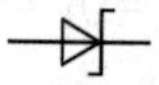 ▷⊢
电流表	Ⓐ	电感器、绕组	 ⌒⌒⌒	晶体三极管	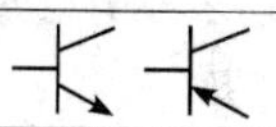 ⊢< ⊢<

电　气　图

在实际工程应用中，常用的电气图包括电气原理图、电器元件布置图、电气安装接线图。

电气原理图：是用图形符号、文字符号、项目代号等表示电路各个电气元件之间的关系和工作原理的图。电气原理图结构简单、层次分明，适用于研究和分析电路工作原理，并可为寻找故障提供帮助，同时也是编制电气安装接线图的依据，因此在设计部门和生产现场得到了广泛应用。

电器元件布置图：主要是表明电气设备上所有电器元件的实际位置，为电气设备的安装及维修提供必要的资料。电器元件布置图可根据电气设备的复杂程度集中绘制或分别绘制。图中不需标注尺寸，但是各电器代号应与有关图纸和电器清单上所有的元器件代号相同，在图中往往留有 10％ 以上的备用面积及导线管（槽）的位置，以供改进设计时使用。

电气安装接线图：主要用于电气设备的安装配线、线路检查、线路维修和故障处理。在图中要表示出各电气设备、电器元件之间的实际接线情况，并标注出外部接线所需的数据。在电气安装接线图中，各电器元件的文字符号、元件连接顺序、线路号码编制都必须与电气原理图一致。

2. 电路模型

电路常由电磁特性复杂的元器件组成。元器件工作时，其电能的消耗现象和电磁能的存储现象是同时存在、交织在一起的。为了便于用数学方法对电路进行分析，可以将实际元器件用一个能够表征其主要电磁特性的理想元件（模型）来代替，而对其实际结构、材料、形状以及其他非电磁特性不予考虑。这样所得的结果与实际情况相差不大，在工程上是允许的。

一个理想元件代表了一种单一的性质。常用的理想元件有：理想电阻元件 R 表示器件消耗电能的作用；理想电感元件 L 表示各种电感线圈储存磁场能量的作用；理想电容元件 C 表示各种电容器储存电场能量的作用；理想电压源具有提供恒定电压的作用；理想电流源具有提供恒定电流的作用。它们都是二端元件——单端口元件。常用二端理想电路元件的图形符号如图 1-1-3 所示。此外，还有耦合电感、理想变压器、受控源等双端口元件。

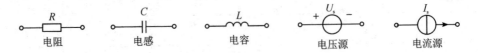

图 1-1-3　电路基本元件的图形符号

　　将实际电路中的各元器件按其主要电磁性质用理想元件或其组合来表示所构成的电路称为实际电路的电路模型。电路模型是实际电路的科学抽象。

　　手电筒电路的电路模型如图 1-1-4 所示。其中，干电池用理想电压源 U_s 和其内电阻 R_s 表示；灯泡为负载，具有消耗电能的性质，用电阻元件 R_L 表示；连接导线也具有电阻，用 R_1 表示；开关可以用一个理想的开关 S 表示，即处于接通状态时对电流没有阻力，但是当处于断开状态时对电流的阻力无穷大。

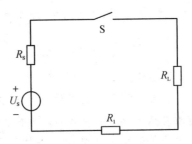

图 1-1-4　手电筒的电路模型

练习与思考

　　1-1-1　什么是电路？电路是由哪几部分组成的？各部分的作用是什么？

　　1-1-2　电路通常有_____、_____和_____三种状态，一般情况下电路不允许_____。

　　1-1-3　电路的作用大致可分为两大类，一是_____；二是_____。

　　1-1-4　什么是电路模型？

1.2　电路的基本物理量

观察与思考

　　将一节 1.5 V 干电池、小灯泡和开关按图 1-2-1 进行连接，闭合开关，灯泡持续发光，是因为有电流通过它。再将一节干电池换为两节干电池串接，观察灯泡亮度的变化。发现两节干电池串接后给小灯泡供电比一节干电池供电时要亮一些，这是为什么？

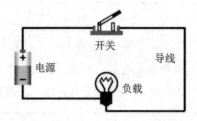

图 1-2-1　小灯泡实验电路

因为灯泡亮度与通过它的电流大小有关。与一节干电池供电相比，两节干电池串接后提供给小灯泡的电压要更高，提供的电流也更大。

什么是电流？大小是如何定义的？方向又是如何定义的？如何测量电流？

什么是电压？大小是如何定义的？方向又是如何定义的？如何测量电压？

1.2.1　电流

1. 电流

带电质点的定向移动形成电流。自然界中有两种带电质点——正电荷和负电荷。在不同的材料中，可自由移动的带电质点也不同。金属导体中，电流是由带负电的电子的移动形成的，它们是从电源的负极经导线流向正极；在电离气体或电解液中，电流是由正、负离子分别向着两个相反的方向移动形成的。

习惯上规定正电荷移动的方向为电流的实际方向。导线中电流的实际方向与电子流动的方向相反。

电流的大小用电流强度表示，简称电流，用符号 i 表示。电流强度在数值上等于单位时间内通过导体横截面的电荷量，即电流瞬时值为

$$i = \frac{dq}{dt} \qquad (1-2-1)$$

电流可分为两类：一类是大小和方向都不随时间变化的电流，称为恒定电流，简称直流(DC)电流，用符号 I 表示；另一类是大小和方向会随时间的改变而改变的电流，称为时变电流，用符号 i 表示。若时变电流的大小和方向随时间作周期性变化，则称为交变电流，简称交流(AC)电流。

对于直流电流，若在时间 t 内通过导体横截面的电荷量为 Q，则电流强度 I 为

$$I = \frac{Q}{t} \qquad (1-2-2)$$

式中，Q 的单位为库仑(C)；t 的单位为秒(s)；电流强度的单位为安培(A)，简称安。电流的常用单位还有千安(kA)、毫安(mA)、微安(μA)，它们之间的换算关系为

$$1\ kA = 1000\ A = 10^3\ A$$

$$1\ A = 1000\ mA = 10^3\ mA$$

$$1\ mA = 1000\ \mu A = 10^3\ \mu A$$

电流的常识

大气层中一次闪电的电流的数量级可达 10^4 A，一般家用电器的工作电流为 0.3～6 A，手电筒中的小灯泡正常发光时的电流约为 300 mA，电子手表工作时的电流约为 2 μA。

2. 电流的方向

在实际问题中，电流的真实方向难以在电路图中标出。例如，当电流为交变电流时，无法在电路图中用一个固定箭头标出实际方向，即使电流为直流，在求解较复杂电路时，也往往无法事先确定支路电流的实际方向。为此引入参考方向概念。参考方向可以任意选定，在电路图中用箭头表示；参考方向也可以用双下标表示，例如 I_{AB} 表示电流的参考方向由 A 指向 B，如图 1-2-2 所示。需要注意：同一支路只能选一个参考方向。

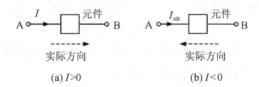

(a) 箭头表示　　　　(b) 下标表示

图 1-2-2　电流参考方向的表示

在设定参考方向后，就可以进行有关的计算或测量。如果得到的电流数值为正，则表明电流的参考方向与实际方向一致；如果得到的电流数值为负，则表明电流的参考方向与实际方向相反，如图 1-2-3 所示。

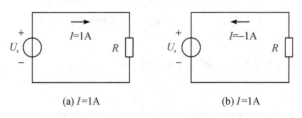

(a) $I>0$　　　　(b) $I<0$

图 1-2-3　电流参考方向与实际方向的关系

例 1.2.1　电路如图 1-2-4 所示，根据图中电流的参考方向和给定值，试判断电流的实际方向。

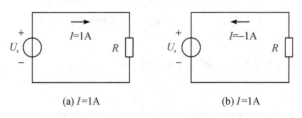

(a) $I=1A$　　　　(b) $I=1A$

图 1-2-4　例 1.2.1 电路

解　在图 1-2-4(a) 中，电流参考方向设定为从左到右，在该参考方向下，电流为正值，则电流 I 的实际方向与参考方向一致。

在图 1-2-4(b) 中，电流参考方向设定为从右到左，在该参考方向下，电流为负值，则电流 I 的实际方向与参考方向相反。

3. 电流的测量

为了测量电流的大小，常使用电流表(或万用表的电流挡)。用电流表测量电路中电流的大小时，要断开被测电路，把电流表接在断开的电路部分，如图 1-2-5 所示，这种接线方法称为与待测电路串联连接。

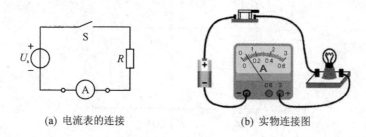

(a) 电流表的连接　　　　(b) 实物连接图

图 1-2-5　电流的测量

使用电流表时要遵循下述要求：

(1) 接入电路前：

① 检查指针是否对准零刻度线。

② 估测待测电路的电流强度，正确选择量程。

(2) 接入电路时：

① 必须把电流表串联在待测电路中。

② 必须使电流从"＋"接线柱流入电流表，从"－"接线柱流出电流表。

③ 绝对不允许不经过用电器而把电流表直接连接到电源的两极上。

(3) 接入电路后：

电路接完后，在正式接通电源前必须先试触，同时观看电流表的指针偏转情况。

① 指针不偏转：可能电路有断开的地方。

② 指针偏转过激，超过满刻度又被弹回：量程选小了。

③ 指针偏转很小：量程选大了。

④ 指针反向偏转：接线柱接反了。

应根据情况给予改正后，才能正式接通电源。

上述带指针的电流表称为模拟表，现在普遍使用数字电流表。数字电流表测试方法同模拟表一样，它直接用数字显示电流值。当电流从"＋"表笔流入、"－"表笔流出时，电流表显示正值；当电流从"－"表笔流入、"＋"表笔流出时，电流表显示负值。因此，数字电流表在接入时可以不认电流方向。

测量电流时，无论是用模拟表还是用数字表，任何情况下都不能把电流表直接连到电源的两极。

1.2.2　电压与电位

1. 电压

电荷在电路中流动，就必然发生能量交换。如图 1-2-1 所示的小灯泡实验电路，电池提供使电流流动的动力。其原因是，电子集中分布在电池的阴极，呈现负电性质，阳极处于带正电荷的状态，形成如图1-2-6所示的电场。用电线将小灯泡和电池相连形成闭合回路时，电荷在电场力作用下形成电流。在这个过程中，电场力要做功，电压就是表示电场力移动电荷做功的能力的物理量。

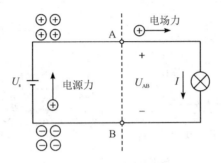

图1-2-6　电路中电场力做功示意图

电路中，A、B两点之间的电压 u_{AB} 在数值上等于电场力移动单位正电荷从A点到B点所做的功。其定义为

$$u_{AB} = \frac{dw}{dq} \qquad (1-2-3)$$

与电流相似，电压也可分为两类：一类是大小和方向都不随时间变化的电压，称为恒定电压，简称直流(DC)电压，用符号 U 表示。另一类是大小和方向会随时间的改变而改变的电压，称为时变电压，用符号 u 表示。若时变电压的大小和方向随时间作周期性变化，则称为交变电压，简称交流(AC)电压。

在图1-2-6所示直流电路中，A、B两点间的电压 U_{AB} 等于将正电荷 Q 从A点移至B点电场力所做的功 W_{AB} 与电荷 Q 的比值，即

$$U_{AB} = \frac{W_{AB}}{Q} \qquad (1-2-4)$$

式中，W_{AB} 的单位为瓦特(W)；Q 的单位为库仑(C)；电压的单位为伏特(V)，简称伏。电压常用的单位还有千伏(kV)、毫伏(mV)、微伏(μV)，它们之间的换算关系为

$$1 \text{ kV} = 1000 \text{ V} = 10^3 \text{ V}$$
$$1 \text{ V} = 1000 \text{ mV} = 10^3 \text{ mV}$$
$$1 \text{ mV} = 1000 \text{ } \mu\text{V} = 10^3 \text{ } \mu\text{V}$$

2. 电压的方向

电压的实际方向规定为电场力移动正电荷做功的方向，即由能量高(高电位)的一端指向能量低(低电位)的一端。在图1-2-6所示直流电路中，正电荷从A点转移到B点，失去能量，则A点为正极(高电位)，用"＋"号表示；B点为负极(低电位)，用"－"号表示。

与电流类似，分析、计算电路时，也要事先假定电压的参考方向。电压的参考方向可以任意选定。电压参考方向的表示方式有三种：

(1) 用"＋""－"符号表示，称为参考极性。"＋"号为参考正极，"－"号为参考负极，如图1-2-7(a)所示。

（2）用双下标表示。如 U_{AB} 表示由 A 指向 B 的方向为电压（降）的参考方向，如图 1-2-7(b)所示。

（3）用实线箭头表示。箭头指向为电压的参考方向，如图 1-2-7(c)所示。

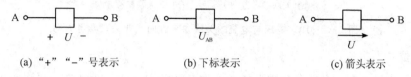

(a)"+""−"号表示　　　　(b)下标表示　　　　(c)箭头表示

图 1-2-7　电压参考方向的表示

在设定参考方向后，即可进行有关的计算或测量。如果得到的电压数值为正，则表明电压的参考方向与实际方向一致；如果得到的电压数值为负，则表明电压的参考方向与实际方向相反，如图 1-2-8 所示。

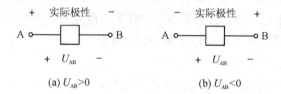

(a) $U_{AB}>0$　　　　　　(b) $U_{AB}<0$

图 1-2-8　电压参考方向与实际方向的关系

对于同一段电路，当选择不同的电压参考方向时，其电压值相差一个负号，即

$$U_{AB}=-U_{BA} \tag{1-2-5}$$

例 1.2.2　电路如图 1-2-9 所示，根据图中电压的参考方向和取值，试判断电压的实际方向。

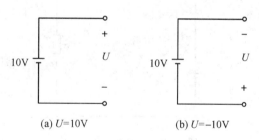

(a) U=10V　　　　　　(b) U=−10V

图 1-2-9　例 1.2.2 电路

解　在图 1-2-9(a)中，电压参考方向设定为上"+"下"−"，在该参考方向下，电压为正值，则电压 U 的实际方向与参考方向一致。

在图 1-2-9(b)中，电压参考方向设定为上"−"下"+"，在该参考方向下，电压为负值，则电压 U 的实际方向与参考方向相反。

3. 电压与电流的参考方向关系

电压、电流的参考方向是可以任意选择的，所以对于一个元件或支路，其电压、电流的参考方向有两种组合，如图 1-2-10 所示。如果电压、电流的参考方向一致，即电流从电压的正极流向电压的负极，如图 1-2-10(a)所示，称为关联参考方向，简称关联方向；反之，如图 1-2-10(b)所示，则称为非关联参考方向，简称非关联方向。一般情况下，对于非电源元件，应尽量采用关联参考方向来标注。

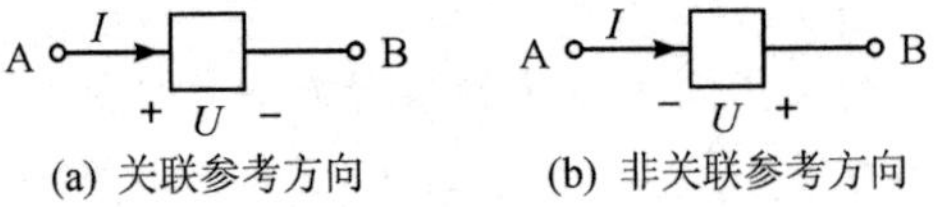

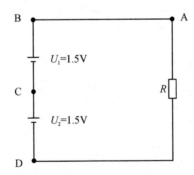

(a) 关联参考方向   (b) 非关联参考方向

图 1-2-10　电压与电流的关联参考方向和非关联参考方向

4. 电位

如图 1-2-11 所示，若在电路中任选一点 D 作为参考点，则电路中某一点 A 的电位就是 A 点与 D 点之间的电压，用 V_A 表示，即

$$V_A = V_{AD}$$

显然，电位与电压的单位相同，也是伏特(V)。

参考点可任意选择，但一个电路中只能有一个参考点。参考点在电路中用符号"⊥"表示。通常设参考点的电位为零，因此参考点也称为零电位点。高于参考点的电位为正值，低于参考点的电位为负值。参考点有时称为"地"，因为一般将"大地""机箱外壳"、供电电源的负端等选为参考点。

电路中任意两点间的电压等于该两点间的电位之差，即 $U_{AB} = V_A - V_B$。所以，电压通常又称为电位差。

例 1.2.3　电路如图 1-2-11 所示，分别以 D 点和以 C 点为参考点，试求各点的电位和各点之间的电压。

图 1-2-11　例 1.2.3 电路

解　电路中，A 点与 B 点是等电位点，即 $V_A = V_B$。

(1) 以 D 点为参考点，即 $V_D = 0$，则

各点的电位分别为

$$V_C = V_{CD} = V_C - V_D = 1.5 - 0 = 1.5 \ (V)$$

$$V_A = V_B = V_{BD} = V_B - V_D = 1.5 + 1.5 - 0 = 3 \ (V)$$

各点之间的电压分别为

$$U_{AB} = V_A - V_B = 3 - 3 = 0 \ (V)$$

$$U_{BC} = V_B - V_C = 3 - 1.5 = 1.5 \ (V)$$

$$U_{CD} = V_C - V_D = 1.5 - 0 = 1.5 \ (V)$$

$$U_{BD} = V_B - V_D = 3 - 0 = 3 \ (V)$$

（2）以 C 点为参考点，即 $V_C = 0$，则

各点的电位分别为

$$V_A = V_B = U_{BC} = V_B - V_C = 1.5 - 0 = 1.5 \text{ (V)}$$

$$V_D = U_{DC} = V_D - V_C = 0 - 1.5 = -1.5 \text{ (V)}$$

各点之间的电压分别为

$$U_{AB} = V_A - V_B = 1.5 - 1.5 = 0 \text{ (V)}$$

$$U_{BC} = V_B - V_C = 1.5 - 0 = 1.5 \text{ (V)}$$

$$U_{CD} = V_C - V_D = 0 - (-1.5) = 1.5 \text{ (V)}$$

$$U_{BD} = V_B - V_D = 1.5 - (-1.5) = 3 \text{ (V)}$$

由上例可见，电位值是相对的。在同一电路中，当选择不同的参考点时，电路中各点电位也将随之改变；但电路中两点间的电压值（电位差）却不变，即电压与参考点的选择无关。

5. 电源的电动势

图 1-2-12 所示为蓄电池示意图，带正电荷的电极 A 为正极，带负电荷的电极 B 为负极，两电极之间具有电场。用导线把 A、B 两电极经电阻 R_L 连接起来，在电场力的作用下，正电荷沿着外部电路从 A 电极移动到电极 B（实质是导体中的自由电子从电极 B 移动到电极 A），形成了电流 I。随着正电荷不断从电极 A 移动到电极 B，A、B 两电极间的电场将逐渐减弱，直至消失；电路中的电流也会随之逐渐减弱，直到为零。为了维持电流，就需要一种力将正电荷持续不断地从电极 B 推到电极 A，在 A、B 两电极之间保持一定的电场（即电位差）。电源就是产生这种力的装置，故将这种力称为电源力。如在化学电池中化学能转化为电能、在发电机中机械能转化为电能等，这些电能产生了电源力。

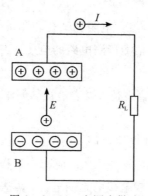

图 1-2-12　电源力做功

电动势就是电源力把单位正电荷从电源的负极推送到正极所做的功。在直流电路中，若电源力将电荷 Q 从负极推到正极所做的功为 W，则电源的电动势 E 为

$$E = \frac{W}{Q} \tag{1-2-6}$$

电动势和电压的单位都是伏特（V），但两者是有区别的。从物理意义上讲，电动势表示非电场力做功的能力，电压则表示电场力做功的能力；电动势的方向是从低电位指向高电位，即电压上升的方向，电压的方向是高电位指向低电位，即电位下降的方向。本书在以后论及电源时，均不涉及电源内部的细节，通常用电源两端的电压 U（或 u）来描述。

电压的常识

一节干电池电压为 1.5 V，家庭电路中的电压为 220 V，人体安全电压不高于 36 V。

干电池外壳上标示的电压"1.5 V"、锂电池上标示的电压"3.7 V""1.2 V"都是指电池的电动势。

6. 电压的测量

为了测量电压的大小，常使用万用表的电压挡。测量电路中两点间电压大小时，把电压表的接线柱接到待测的两点即可，如图 1-2-13 所示，这种接线方法被称为与待测电路并联连接。

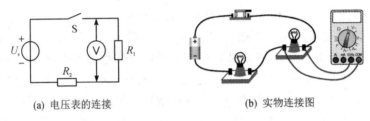

(a) 电压表的连接　　　　　　　　(b) 实物连接图

图 1-2-13　电压的测量

使用数字万用表测量电压时要遵循下述要求：

(1) 接入电路前：

① 红、黑测试表笔分别插入电压/电阻测试孔和测试公共接地孔。

② 功能旋钮旋转至电压挡，估测待测电路的电压，正确选择量程。

(2) 接入电路时：

尽量将红表笔接估测电压的高电位，黑表笔接估测电压的低电位。

(3) 接入电路后：

① 若显示"OL"，则说明待测电压过高，应停止测量，待增大量程后重新测量。

② 若显示数值过小，说明量程选择太大，应减小量程后重新测量。

③ 若显示数值为负，说明红表笔接的是低电位，黑表笔接的是高电位。

万用表简介

万用表又称作三用表，是一种测量多种电量的多量程便携式电子测量仪表。一般的万用表以测量电阻，交、直流电流，交、直流电压为主。有的万用表还可以用来测量音频电平、电容量、电感量和晶体管的 β 值等。

由于万用表结构简单，便于携带，使用方便，用途多样，量程范围广，因而它是维修和调试电路的重要工具，是一种较常用的测量仪表。

　　万用表按其指示方式可分为模拟式万用表和数字式万用表两大类。随着技术的进步，数字式万用表的价格越来越低，故被广泛应用。这里以 UT-56 型数字万用表为例，介绍数字式万用表的基本使用方法。

　　数字万用表是采用集成电路模/数转换器和液晶显示器，将被测量的数值直接以数字形式显示出来的一种电子测量仪表。

1. UT-56 型数字万用表的外观

　　图 1-2-14 所示为 UT-56 型数字万用表面板示意图。

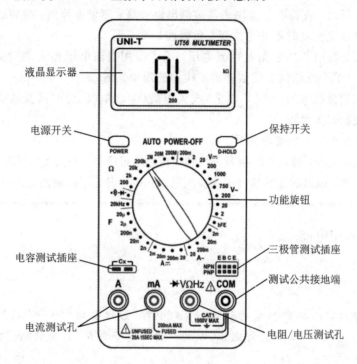

图 1-2-14　UT-56 型数字万用表面板示意图

2. 万用表的使用方法

　　（1）使用前，应认真阅读有关的使用说明书，熟悉电源开关、量程开关、插孔、特殊插口的作用。

　　（2）将电源开关置于"ON"位置。

　　（3）交、直流电压的测量：根据需要将量程开关拨至 DCV（直流）或 ACV（交流）的合适量程，红表笔插入"V/Ω"孔，黑表笔插入"COM"孔，并将表笔与被测线路并联，读数即显示出来。

　　（4）交、直流电流的测量：将量程开关拨至 DCA（直流）或 ACA（交流）的合适量程，红表笔插入"mA"孔（当电流小于 200 mA 时）或"10 A"孔（当电流大于 200 mA 时），黑表笔插入"COM"孔，并将数字万用表串联在被测电路中，读表即可显示。测量直流量时，数字万用表还可以自动显示极性。

　　（5）电阻的测量：将量程开关拨至"Ω"的合适量程，红表笔插入"V/Ω"孔，黑表笔插入"COM"孔。如果被测电阻值超出所选择量程的最大值，万用表将显示"OL"或"1"，这时应选择更高的量程。测量电阻时，红表笔为正极，黑表笔为负极。因此，测量晶体管、电解电容器等有极性的元器件时，必须要注意表笔的极性。

3. 万用表使用注意事项

（1）如果无法预先估计被测电压或电流的大小，则应先拨至最高量程挡测量一次，再视情况逐渐把量程减小到合适位置。测量完毕，应将量程开关拨到最高电压挡，并关闭电源。

（2）满量程时，万用表将显示"OL"，或仅在最高位显示数字"1"，其他位均消失，这时应选择更高的量程。

（3）测量电压时，应将数字万用表与被测电路并联；测量电流时，应将数字万用表与被测电路串联。测量交流量时不必考虑正、负极性。

（4）当误用交流电压挡去测量直流电压，或者误用直流电压挡去测量交流电压时，显示屏将会显示"000"，或低位上的数字出现跳动的现象。

（5）禁止在测量高电压（220 V 以上）或大电流（0.5 A 以上）时换量程，以防止产生电弧，烧毁万用表的开关触点。

（6）测量电阻时，切忌带电测量。

（7）每次测量完毕，都应将转换开关拨到交流电压最高挡，并关闭电源开关，以防止他人误用而损坏万用表，也可防止转换开关误拨至欧姆挡时，表笔短接而使表内电池长时间耗电。

1.2.3 电功率与电能

观察与思考

在日常照明中，选择同类型的灯泡时，"60 W"的灯要比"20 W"的灯更明亮，如图 1-2-15 所示。这说明 60 W 的灯比 20 W 的灯消耗能量更多，这里的"W"数值就是电功率的数值。

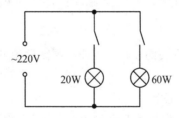

图 1-2-15 灯泡电路电气图

1. 电功率

单位时间内电路中某一元件（或某一段电路）消耗或释放的电能称为电功率，简称功率，用符号 p 表示。定义为

$$p = \frac{\mathrm{d}w}{\mathrm{d}t} \tag{1-2-7}$$

由式（1-2-3）和式（1-2-1）知

$$p=\frac{\mathrm{d}w}{\mathrm{d}t}=\frac{\mathrm{d}w}{\mathrm{d}q}\frac{\mathrm{d}q}{\mathrm{d}t}=ui \qquad (1-2-8)$$

说明电路的功率等于该段电路的电压与电流的乘积。在直流电路中，功率为

$$P=UI \qquad (1-2-9)$$

式中，电压的单位为伏(V)；电流的单位为安(A)；功率的单位为瓦特(W)，简称瓦。功率常用的单位还有千瓦(kW)、毫瓦(mW)。它们之间的换算关系为

$$1\ \mathrm{kW}=1000\ \mathrm{W}=10^{3}\ \mathrm{W}$$
$$1\ \mathrm{W}=1000\ \mathrm{mW}=10^{3}\ \mathrm{mW}$$

2. 正功率与负功率

由灯泡亮度分析可知，在电路中有的元件吸收（即消耗）功率，如灯泡属于电阻消耗功率；有的元件则产生能量，如电池属于电压源（或电流源）产生功率。若将图 1-2-15 电气图简画成如图 1-2-16 所示的原理电路示意图，则电阻 R 是消耗功率的，而电压源 u 是产生功率的。

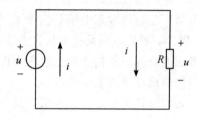

图 1-2-16　灯泡原理电路示意图

由图 1-2-16 可看出：

（1）在电压源之外的电路中，电阻 R 消耗功率，而通过电阻 R 的电流 i 与其两端电压 u 的极性是关联的参考方向，则有

$$p=ui>0$$

（2）电压源产生功率，在电压源内部，通过电压源的电流 i 与电压源两端电压 u 的极性是非关联的参考方向，则有

$$p=-ui<0$$

由此可得出如下结论：① 若 $p>0$，说明电路中的元件吸收（即消耗）功率；若 $p<0$，说明电路中的元件产生（即发出）功率。② 电路中一部分元件产生的功率一定等于其他元件消耗的功率，即能量是守恒的。

3. 功率的测量

功率的大小可以用功率表测量，也可以用伏安法测定，如图 1-2-17 所示，即先分别测量电压和电流，再按式(1-2-8)或式(1-2-9)计算功率。

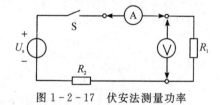

图 1-2-17　伏安法测量功率

4. 电能

电流流过用电器时，用电器将电能转化为其他形式的能（如热能、光能、机械能等），这种现象叫作电流做功，也就是用电器消耗了电能，用符号 W 表示。由式(1-2-7)得

$$\mathrm{d}w=p\,\mathrm{d}t$$

则在时间 t 内，用电器消耗的电能为

$$W=\int_{0}^{t}p\,\mathrm{d}t \qquad (1-2-10)$$

在直流电路中，p 为常量，则

$$W = Pt = UIt \qquad (1-2-11)$$

式中，功率的单位为瓦（W），时间的单位为秒（s），电能的单位为焦耳（J）。在实际生活中，一般用千瓦时（kW·h）的电能单位，俗称"度"，即

$$1 \text{ 度} = 1 \text{ kW·h} = 10^3 \text{ W} \times 3600 \text{ s} = 3.6 \times 10^6 \text{ J}$$

技术与应用 ～～～～～～～～～～～～～～～～～～～～～～～～～～～

电气设备的额定值

电气设备是指凡按功能和结构适用于电能应用的产品或部件。

为使电气设备在给定的工作条件下正常运行而规定的容许值称为额定值。电气设备的额定值一般包括额定电压 U_N、额定电流 I_N 和额定功率 P_N（对电源而言称为额定容量 S_N）等。其中，额定电压是指电气设备正常工作时的端电压；额定电流是指电气设备在一定的环境温度条件下长期连续工作所容许通过的最佳安全电流；额定功率是指电气设备正常工作时的输出功率或输入功率。

若电气设备恰好在额定值下运行，这种有载工作状态称为额定状态。这是一种使电气设备得到充分利用的经济、合理的工作状态。

电气设备工作在非额定状态时有以下两种情况：

（1）欠载。电气设备在低于额定值的状态下运行称为欠载。这种状态下电气设备不能被充分利用，还有可能使设备工作不正常，甚至损坏设备。

（2）过载。电气设备在高于额定值（超负荷）下运行称为过载。若超过额定值不多，且持续时间不长，一般不会造成明显的事故；若电气设备长期过载运行，必将影响设备的使用寿命，甚至损坏设备，造成电气火灾等事故。一般不允许电气设备长时间过载工作。

练习与思考

1-2-1 单位换算练习。

(1) 3 A=＿＿＿＿ mA=＿＿＿＿ μA，400 μA=＿＿＿＿ mA=＿＿＿＿ A，15 mA=＿＿＿＿ μA=＿＿＿＿ A；

(2) 5 V=＿＿＿＿ mV=＿＿＿＿ μV，25 μV=＿＿＿＿ mV=＿＿＿＿ V，100 mV=＿＿＿＿ μV=＿＿＿＿ V；

1-2-2 指出图 1-2-18 中电流的实际方向。

图 1-2-18

1-2-3 同一支路，选择不同的参考方向如图 1-2-19 所示，i_1 与 i_2 的关系如何？

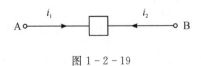

图 1-2-19

1-2-4　用数字式万用表测量直流电流时应注意：

(1) 电流表要_____在电路中；

(2) 连接电流表时，一般应使电流从_____流入，从_____流出；

(3) 被测电流不能超过电流表的_____；

(4) 电流表_____（填"允许"或"不允许"）直接连在电源的两极上。

1-2-5　用数字式万用表测量直流电压时应注意：

(1) 电压表要_____在电路中；

(2) 连接电压表时，一般应使电流从_____流入，从_____流出；

(3) 被测电压不能超过电压表的_____；

(4) 电压表_____（填"允许"或"不允许"）直接连在电源的两极上。

1-2-6　用数字式万用表测量电压时，若被测电压超过电压表的量程会出现什么现象？如果事先不能估测出被测电压的大小，那么应怎样进行测量？

1-2-7　要使数字式万用表测量误差最小，在选择仪表量程时应注意什么问题？

1-2-8　甲电炉2 h用了1.5度电，乙电炉4 h用了2度电，有人说乙电炉的功率比甲电炉的大。这种说法对吗？为什么？

1-2-9　小明同学家的电炉铭牌模糊不清了，为了测出电炉的功率，他让家里所有的用电器都停止工作，只接入电炉让其工作，然后观察标有3000转/(kW·h)字样的正在运行的电能表，利用手表计时，发现1 min电表转盘转了50转，那么电炉的实际功率是多少？

1.3　电阻器和欧姆定律

观察与思考

由两节干电池、灯泡和开关组成的电路如图1-3-1(a)所示，闭合开关，灯泡持续发光。如果要使灯泡变暗，可采取什么办法？

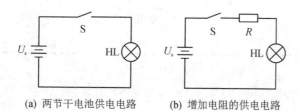

(a) 两节干电池供电电路　　　(b) 增加电阻的供电电路

图1-3-1　改变灯泡亮度的实验电路

方法一：去掉一节干电池；方法二：在电路中增加一个电阻R，如图1-3-1(b)所示。两种方法都能使同一个灯泡变暗，说明灯泡的电压降低了，通过灯泡的电流减小了。

什么是电阻？大小是如何定义的？如何测量电阻？

在电路中，加在电阻两端的电压和通过电阻的电流，与电阻存在怎样的定量关系？

1.3.1 电阻器

1. 电阻与电导

1）电阻

导体对电流具有阻碍作用，是导体的一种基本性质。这种阻碍作用会消耗电能，将电能转换成热能、光能等能量，而且此过程不可逆转。在电路中，我们把能够产生这种对电流阻碍作用的电器元件称为电阻器，简称电阻，用符号 R 表示。

电阻的单位为欧姆（Ω），简称欧。当电阻两端的电压为 1 V、通过的电流为 1 A 时，该电阻的电阻值为 1 Ω。电阻值简称阻值，阻值常用单位还有千欧（$k\Omega$）、兆欧（$M\Omega$）等。它们之间的换算关系为

$$1 \ k\Omega = 1000 \ \Omega = 10^3 \ \Omega$$
$$1 \ M\Omega = 1000 \ k\Omega = 10^6 \ \Omega$$

电阻是电路中最基本、最常见的电子元件。按功能分类，电阻可分为固定电阻、可变电阻和敏感电阻三大类。

固定电阻是指阻值不变或者变化忽略不计的电阻器。通常有碳膜电阻、金属膜电阻、金属氧化膜电阻、玻璃釉电阻、线绕电阻、贴片电阻等。固定电阻常作为分流器、分压器和负载使用。

可变电阻是可以用机械方式来改变阻值的电阻。通常有滑动变阻器、电位器等，在电路中常作为调压器和变阻器使用。

敏感电阻又称为电阻式传感器，如压敏电阻、热敏电阻、光敏电阻、湿敏电阻等。敏感电阻是将其他形式的信号转换成电信号的器件。例如，光敏电阻是一种半导体敏感器件，光照增强时其阻值将减小。

常用电阻的电气符号如图 1-3-2 所示。

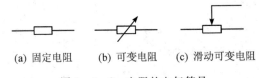

(a) 固定电阻   (b) 可变电阻   (c) 滑动可变电阻

图 1-3-2　电阻的电气符号

知识拓展

固定电阻器型号命名方法

根据 GB/T 2470—1995，固定电阻器型号由下列四部分组成：

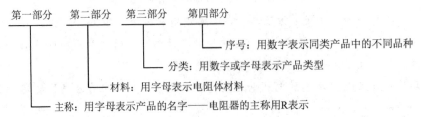

第一部分　第二部分　第三部分　第四部分

序号：用数字表示同类产品中的不同品种

分类：用数字或字母表示产品类型

材料：用字母表示电阻体材料

主称：用字母表示产品的名字——电阻器的主称用R表示

固定电阻器型号的各部分含义见表 1-3-1。

表 1 - 3 - 1　固定电阻器型号的含义

第一部分	第二部分(材料)	第三部分(分类)	第四部分
R	H：合成膜	1：普通	序号
	I：玻璃釉膜	2：普通	
	J：金属膜	3：超高频	
	N：无机实芯	4：高阻	
	S：有机实芯	5：高温	
	T：碳膜	7：精密	
	X：线绕	8：高压	
	Y：氧化膜	9：特殊	
		G：功率型	

例如，型号为 RJ71，表示该固定电阻器为金属膜精密电阻器。

2）电导

电阻的倒数称为电导，用符号 G 表示。即

$$G = \frac{1}{R} \tag{1-3-1}$$

电导的基本单位是西门子(S)。

有时为了计算方便，需要将电阻变化为电导的形式。电导在后面的学习中(如并联电路计算中)要用到。

2. 电阻器的主要参数

电阻器的主要参数有标称阻值、允许偏差、额定功率、额定电压、温度系数、噪声、阻值变化形式、稳定性、高频特性等。这里主要介绍标称阻值、允许偏差和额定功率。

1）标称阻值

标称阻值通常是指电阻器上标注的电阻值，简称标称值。

技术与应用

电阻器的标示方法

阻值和允许偏差的表示方法有直标法、文字符号法、数码法、色标法四种。

1. 直标法

用数字和单位符号直接把标称阻值、允许偏差、额定功率等印在电阻上。其允许误差直接用百分数表示，若电阻上未注偏差，则均为 ±20%，如图 1 - 3 - 3 所示。

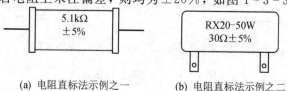

(a) 电阻直标法示例之一　　　(b) 电阻直标法示例之二

图 1 - 3 - 3　电阻直标法示例

2. 文字符号法

用阿拉伯数字和文字符号的组合来表示标称阻值，其允许偏差也用文字符号表示。文字符号法规定，字母符号 Ω(R)、K、M、G、T 之前的数字表示阻值的整数数值，其后的数字表示阻值的小数数值，中间的字母符号表示阻值的倍率。例如：0.8 Ω 标为 Ω8(或 R8)，6.8 Ω 标为 6 Ω8(或 6R8)，6.8 kΩ 标为 6K8，6.8 MΩ 标为 6M8 等。允许偏差符号如表 1-3-4 所列。

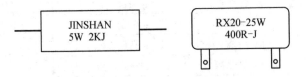

(a) 电阻文字符号法示例之一　　　(b) 电阻文字符号法示例之二

图 1-3-4　电阻文字符号法示例

3. 数码法

用 3 位或 4 位数码标识电阻的阻值，主要用于贴片电阻的标示。

(a) 电阻3位数码标示示例　　　(b) 电阻4位数码标示示例

图 1-3-5　电阻数码法示例

普通电阻用 3 位数码标识电阻的阻值，允许偏差为 5%。其中前 2 位表示有效数字，第 3 位数字 N 表示应乘以的倍率，即把前两位数乘以 10^N，仅 $N=9$ 时表示 10^{-1}。阻值小于 100 Ω 时直接用两位数标识。例如：56 表示 56 Ω，101 表示 $10 \times 10^1 = 100$ Ω，223 表示 $22 \times 10^3 = 22$ kΩ，479 表示 $47 \times 10^{-1} = 4.7$ Ω。

精密电阻用 4 位数码标识电阻的阻值，允许偏差为 1%。其中前 3 位表示有效数字，第 4 位数字 N 表示应乘以的倍率，即把前三位数乘以 10^N。例如：1502 表示 $150 \times 10^2 = 15$ kΩ，1R00 表示 $1.0 \times 10^0 = 1$ Ω。

4. 色标法

用 4 道或 5 道不同颜色的色环来表示电阻器的标称阻值及允许偏差，如图 1-3-6 所示。各种颜色表示的数值见表 1-3-2 所示。

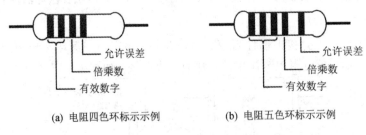

(a) 电阻四色环标示示例　　　(b) 电阻五色环标示示例

图 1-3-6　电阻色标法示例

表 1 - 3 - 2　电阻器色环颜色的含义

颜色	有效数位	倍乘数位	允许偏差
黑	0	10^0	
棕	1	10^1	±1%
红	2	10^2	±2%
橙	3	10^3	±0.05%
黄	4	10^4	
绿	5	10^5	±0.5%
蓝	6	10^6	±0.25%
紫	7	10^7	±0.1%
灰	8	10^8	
白	9	10^9	
金		10^{-1}	±5%
银		10^{-2}	±10%
无色			±20%

普通电阻用 4 色环标识电阻的阻值及允许偏差。其中前 2 位表示有效数字，第 3 位数字表示应乘以的倍率，第 4 位只为金或银色，表示允许偏差。

精密电阻用 5 色环标识电阻的阻值及允许偏差。其中前 3 位表示有效数字，第 4 位数字表示应乘以的倍率，第 5 位表示允许偏差。

2）允许偏差

一只电阻器的实际阻值不可能与标称阻值绝对相等，两者之间会存在一定的偏差，通常用标称阻值与实际阻值的差值跟标称阻值之比的百分数来表示。该偏差允许范围称为电阻器的允许偏差。允许偏差小的电阻器，精度高、稳定性好，但生产成本相对较高，价格也贵。

电阻器的常用精度等级与允许偏差见表 1 - 3 - 3。通常，普通电阻器的允许偏差为 ±5%、±10%、±20%，而高精度电阻器的允许偏差则为 ±2%、±1%、±0.5%。

表 1 - 3 - 3　电阻器的精度等级与允许偏差

精度等级	005	01 或 00	02 或 0	I	II	III
符号	D	F	G	J	K	M
允许偏差	±0.5%	±1%	±2%	±5%	±10%	±20%

3）额定功率

额定功率是指电阻器在交流或直流电路中，在特定条件下（在一定大气压下和产品标准所规定的温度下）长期工作时所能承受的最大功率（即最高电压与最大电流的乘积）。电阻器的额定功率值也有标称值，一般分为 1/8 W、1/4 W、1/2 W、1 W、2 W、3 W、5 W、10 W 等。表示电阻器额定功率的图形符号如图 1 - 3 - 7 所示。

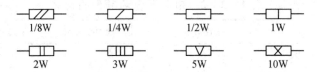

图 1-3-7   电阻器额定功率的图形符号

使用中应选用额定功率大于或等于电路要求的电阻。在电路图中若不标示功率，表示该电阻消耗的功率很小，可不考虑功率要求。例如，在大部分业余电子制作中，对电阻的功率都没有要求，这时可选 1/8 W 或 1/4 W 的电阻。

知识拓展 ~~~~~~

电阻器的标称阻值

为了便于生产和使用，规定了一系列阻值为电阻器阻值的标准值。电阻器的标称阻值为表 1-3-4 所列数字的 10^n 倍，其中，n 为正整数、负整数或 0。

表 1-3-4   电阻器的标称阻值

系列	精度等级	标称电阻值
E24	Ⅰ	1.0 1.1 1.2 1.3 1.5 1.6 1.8 2.0 2.2 2.4 2.7 3.0 3.3 3.6 3.9 4.3 4.7 5.1 5.6 6.2 6.8 7.5 8.2 9.1
E12	Ⅱ	1.0 1.2 1.5 1.8 2.2 2.7 3.3 3.9 4.7 5.6 6.8 8.2
E6	Ⅲ	1.0 1.5 2.2 3.3 4.7 6.8

市场上成品电阻器的精度大多为Ⅰ、Ⅱ级，Ⅲ级很少采用。精密电阻器的标称阻值为E192、E96、E48系列，其精度等级分别为005、01或00、02或0级，仅供精密仪器或特殊电子设备使用。

~~~~~~

3. 线性电阻与非线性电阻

如图 1-3-8(a)所示，当加在电阻两端的电压或通过电阻的电流发生变化时，电阻的阻值恒定不变，即为一个确定的常数，则称该电阻为线性电阻。线性电阻元件的伏安特性是一条通过原点的直线，如图 1-3-8(b)所示，该直线的斜率即为该电阻的阻值。

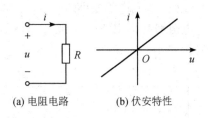

(a) 电阻电路   (b) 伏安特性

图 1-3-8   线性电阻的伏安特性

如果电阻的阻值不是常数，会随其两端电压或通过电流的变化而变化，则称该电阻为非线性电阻。非线性电阻的伏安特性是一条曲线。

实际的电阻，如电阻器、白炽灯等，都具有一定的非线性。但是在一定的工作范围内，其阻值变化很小，可以近似看成是线性电阻。在本书中，若无特别说明，电阻元件均为线性电阻。

4. 电阻的测量——直接法

电阻器的电阻值可用万用表的欧姆挡直接测量。在测量电阻前，首先应断开被测电路的电源及连接导线，使被测电阻处于开路状态。

用数字万用表测量的方法步骤如下：

（1）将量程开关拨至"Ω"挡，红黑表笔插入规定的插孔。

（2）检查万用表。当表笔分开时，电阻为无穷大，万用表超量程，显示应为"OL"；当表笔短接时，电阻为零，万用表显示应为"000"。

（3）测量电阻值。用万用表测量电阻时，注意双手不应接触被测电阻的两端，以免人体电阻影响测量结果，如图 1-3-9(a)所示。

（4）读取测量结果。当不能预先估计电阻值的范围时，可以选择从最大挡开始测试，如果显示数值过小，可改选小一挡再测。

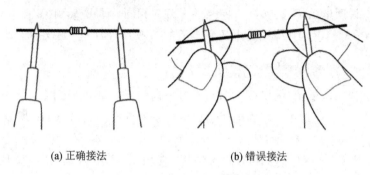

(a) 正确接法　　　　　　(b) 错误接法

图 1-3-9　用万用表测量电阻的接入方式

1.3.2　欧姆定律

欧姆定律反映了无源线性电阻两端电压和电流的关系，即电阻的伏安特性。技能训练1.6.2 节用实验的方法研究了部分电路中电压、电流与电阻的关系。

在图 1-3-8(a)所示电路中，只含有负载而不包括电源的一段电路称为部分电路。实践证明，在一段仅有电阻的电路中，电路中的电流 i 与电阻两端的电压 u 成正比，与电阻 R 成反比。这个规律称为欧姆定律，表示为

$$i = \frac{u}{R} \tag{1-3-2}$$

在直流电路中可表示为

$$I = \frac{U}{R} \tag{1-3-3}$$

欧姆定律揭示了电学中电流、电压和电阻三者之间关系的基本规律，体现了电阻器对电流呈现阻力的本质。从欧姆定律可知，在电流、电压、电阻三个量中，只要知道其中任意两个量就可以计算出第三个量。

提示

欧姆定律的变形表达式 $R=U/I$ 并不表示电阻的阻值会随电阻两端的电压而变化，也不表示电阻的阻值会随通过电阻的电流而变化。此公式只说明电阻的阻值可以通过测量电阻两端的电压和通过电阻的电流大小来进行计算。

应用欧姆定律时必须注意：电压、电流、电阻三个量必须属于同一段电路。

例 1.3.1 电路如图 1-3-10 所示，已知电阻 $R=10\ \text{k}\Omega$，以及每个电阻上的电压和电流的参考方向，试求电流 I_1、I_2 和电压 U_3、U_4，并分析其实际方向。

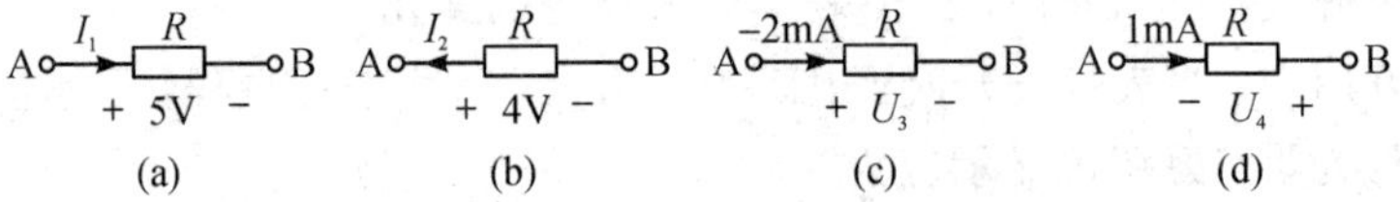

图 1-3-10 例 1.3.1 电路

解 （1）在图 1-3-10(a)中，因为电压与电流的参考方向为关联方向，所以

$$I_1=\frac{U}{R}=\frac{5\ \text{V}}{10\ \text{k}\Omega}=0.5\ \text{mA}$$

计算结果为正，说明电流 I_1 的实际方向与参考方向相同，即由 A 到 B。

（2）在图 1-3-10(b)中，因为电压与电流的参考方向为非关联方向，所以

$$I_2=-\frac{U}{R}=-\frac{4\ \text{V}}{10\ \text{k}\Omega}=-0.4\ \text{mA}$$

计算结果为负，说明电流 I_2 的实际方向与参考方向相反，即由 A 到 B。

（3）在图 1-3-10(c)中，因为电压与电流的参考方向为关联方向，所以

$$U_3=IR=(-2\ \text{mA})\times 10\ \text{k}\Omega=-20\ \text{V}$$

计算结果为负，说明电压 U_3 的实际方向与参考方向相反，即由 A 端为"－"、B 端为"＋"。

（4）在图 1-3-10(d)中，因为电压与电流的参考方向为非关联方向，所以

$$U_4=-IR=-1\ \text{mA}\times 10\ \text{k}\Omega=-10\ \text{V}$$

计算结果为负，说明电压 U_4 的实际方向与参考方向相反，即由 A 端为"＋"、B 端为"－"。

例 1.3.2 电路如图 1-3-11 所示，已知 A 点和 B 点的电位分别为 U_A、U_B，电阻 $R=2\ \text{k}\Omega$，试求电压 U_{AB} 和电流 I。

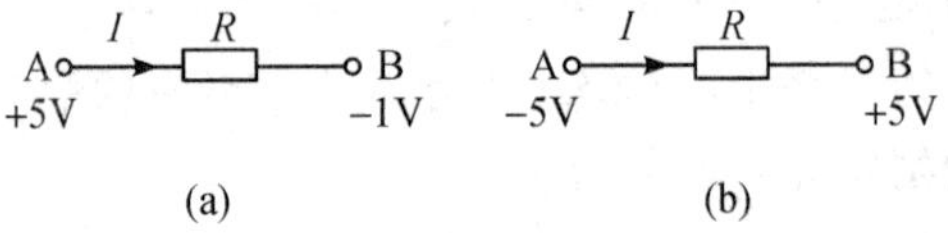

图 1-3-11 例 1.3.2 电路

解 在图 1-3-11(a)电路中，有

$$U_{AB}=U_A-U_B=5-(-1)=6\ \text{V}$$

$$I=\frac{U_{AB}}{R}=\frac{6\ \text{V}}{2\ \text{k}\Omega}=3\ \text{mA}$$

在图 1-3-11(b)电路中，有

$$U_{AB}=U_A-U_B=-5\ \text{V}-3\ \text{V}=-8\ \text{V}$$

$$I=\frac{U_{AB}}{R}=\frac{-8\ \text{V}}{2\ \text{k}\Omega}=-4\ \text{mA}$$

练习与思考

1-3-1 有人根据公式 $R=U/I$ 及公式 $I=U/R$，把电阻 R 说成与电压成正比，与电流成反比。你认为这种说法对吗？为什么？

1-3-2　某电阻上的 5 个色环颜色依次为棕、绿、黑、金、红，则其电阻值和允许偏差各为多少？

1-3-3　当加在某电阻两端的电压为 4 V 时，通过它的电流为 0.25 A，则该电阻为_____ Ω；当加在它两端的电压增大 1 倍时，该电阻为_____ Ω，通过电阻的电流为_____ A。

1-3-4　一只标有"6 V、4 W"字样的灯泡，接在电压为 3 V 的电源两极上，它的实际功率是多少？若把它接在某电路中，通过它的电流为 0.5 A 时，它的功率又是多少？

1-3-5　如何提高电阻器的电阻值测量精度？

1-3-6　用数字式万用表测量一个约为 680 Ω 的电阻，万用表的红色表笔应插入_____孔，挡位与量程选择开关应旋至_____挡。

1.4　理想电源和受控电源

观察与思考

电路中，电源是向负载提供电能的装置。大多数的电源是以输出给定电压的形式向负载供电的，如干电池、蓄电池、发电机等。一节干电池能够提供 1.5 V 的电压，一块锂电池能够提供 3.7 V 的电压。这种以输出给定电压的形式向负载供电的电源称为电压源。但也有一些电源是以输出给定电流的形式向负载供电的，如稳流电源、光电池等。这种以输出给定电流的形式向负载供电的电源称为电流源。这两类电源是怎样表示的？

1.4.1　理想电压源

理想电压源（简称电压源，又称为恒压源）是指以输出给定电压的形式向负载供电的电源。它是从实际电源抽象出来的一种电路模型。理想电压源的符号如图 1-4-1(a)、(b)所示，其中 u_s 是 $u_s(t)$ 的简写，u_s 和 U_s 为电压源的端电压，"＋""－"表示电压源的参考极性，或是长端为"＋"极、短端为"－"极。图 1-4-1(c)所示为理想直流电压源的伏安特性曲线，它是一条平行于电流轴的直线。

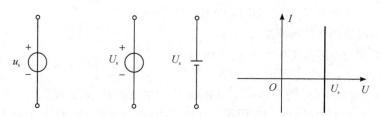

(a) 理想电压源符号　　(b) 理想直流电压源符号　　(c) 理想直流电压源的伏安特性

图 1-4-1　理想电压源

理想电压源具有两个基本性质：

(1) 电压源的端电压是定值 U_s，或是一定的时间函数 $u_s(t)$，与流过的电流无关。当电流为零时，其两端仍有电压 U_s 或 $u_s(t)$。当 U_s 或 $u_s(t)$ 为零时，其伏安特性将与电流轴重合,即仍可有电流通过,此时电压源相当于短路。

(2) 通过电压源的电流由与之相连接的外电路决定,即电流可以以不同的方向流过电压源。若电流的实际方向从电压源"+"极输出,则电压源给外电路提供能量;若电流的实际方向从电压源"+"极输入,则电压源从外电路接收能量。

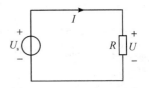

图 1-4-2 含理想电压源的电路

图 1-4-2 所示为理想电压源与电阻组成的电路,若 $R \to \infty$,则 $I=0$,$U=U_s$,称为理想电压源开路;若 $R=0$,则 $I \to \infty$,理想电压源出现病态,因此理想电压源不允许短路。

1.4.2 理想电流源

理想电流源(简称电流源,又称为恒流源)是指以输出给定电流的形式向负载供电的电源。它也是从实际电源抽象出来的一种电路模型。理想电流源电路符号如图 1-4-3(a)(b)所示。其中 i_s 是 $i_s(t)$ 的简写,i_s 和 I_s 为电流源发出的电流,箭头表示电流的参考方向。1-4-3(c)所示为理想直流电流源的伏安特性曲线,它是一条平行于电压轴的直线。

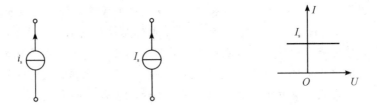

(a) 理想电流源符号   (b) 理想直流电流源符号   (c) 理想直流电流源的伏安特性

图 1-4-3 理想电流源

理想电流源具有两个基本性质:

(1) 电流源发出的电流是定值 I_s 或一定的时间函数 $i_s(t)$,与其端电压无关。当 I_s 或 $i_s(t)$ 为零时,其伏安特性将与电压轴重合,即电流源相当于开路。

(2) 电流源的端电压由与之相连接的外电路决定,即电流源发出电流端的电压极性可"+"、可"-"。若电流源发出电流端的实际电压极性为"+",则电流源给外电路提供能量;若电流源发出电流端的实际电压极性为"-",则电流源从外电路接受能量。

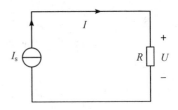

图 1-4-4 含理想电流源的电路

理想电流源与电阻电路如图 1-4-4 所示,若 $R=0$,则 $I=I_s$,$U=0$,称为理想电流源短路;若 $R \to \infty$,即电流源开路,由于 $I=I_s$,则有 $U \to \infty$,理想电流源出现病态,因此理想电流源不允许开路。

例 1.4.1 电路如图 1-4-5 所示,当 R 由 1 kΩ 换成 2 kΩ 时,U_{AB} 及 I 的大小各自怎么变化?

解 (1) 在图 1-4-5(a) 中,因为 U_{AB} 是理想电压源的输出电压,其大小不随负载 R 的改变而变化,所以

$$U_{AB}=U_s=5 \text{ V}$$

但电流 I 会随 R 的改变而变化:

当 $R=1$ kΩ 时：

$$I=\frac{U_s}{R}=\frac{5\text{ V}}{1\text{ kΩ}}=5\text{ mA}$$

当 $R=2$ kΩ 时：

$$I=\frac{U_s}{R}=\frac{5\text{ V}}{2\text{ kΩ}}=2.5\text{ mA}$$

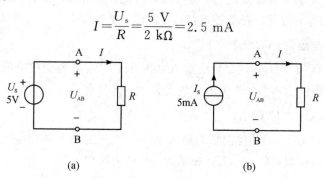

图 1-4-5　例 1.4.1 电路

（2）在图 1-4-5(b)中，因为 I 是理想电流源的输出电流，其大小不随负载 R 的改变而变化，所以

$$I=I_s=5\text{ mA}$$

但电压 U_{AB} 会随 R 的改变而变化：

当 $R=1$ kΩ 时：

$$U_{AB}=IR=5\text{ mA}\times1\text{ kΩ}=5\text{ V}$$

当 $R=2$ kΩ 时：

$$U_{AB}=IR=5\text{ mA}\times2\text{ kΩ}=10\text{ V}$$

例 1.4.2　电路如图 1-4-6 所示，试求电阻 R 所消耗的功率。

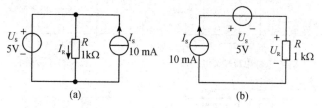

图 1-4-6　例 1.4.2 电路

解　（1）在图 1-4-6(a)中，因为电阻 R 上电压等于电压源的输出电压，而电流源的大小不能改变电阻 R 两端的电压，所以电阻 R 所消耗的功率为

$$P=U_sI_R=U_s\cdot\frac{U_s}{R}=\frac{U_s^2}{R}=\frac{5^2\text{ V}}{1\text{ kΩ}}=25\text{ mW}$$

（2）在图 1-4-6(b)中，因为通过电阻 R 的电流等于电流源的输出电流，而电压源的大小不能改变通过电阻 R 的电流，所以电阻 R 所消耗的功率为

$$P=I_sU_R=I_s\cdot I_sR=I_s^2R=(10\text{ mA})^2\times1\text{ kΩ}=100\text{ mW}$$

1.4.3　受控电源

前面介绍的理想电压源和理想电流源，它们的输出电压或输出电流由其自身决定，我们称之为独立源。独立源给电路提供能量，或者充当信号的"来源"。在对电路进行分析时

还会遇到另一类电源，它的输出电压或输出电流受电路中某处的电压或电流控制，我们称之为受控源，即受控源不能独立给电路提供能量。

受控源有输入（控制）端口和输出（受控）端口，可将其视为多端网络。输入端口连接控制量所在的支路，控制量可以是电压，也可以是电流；输出端口是受控源所在的支路，受控源可以是受控电压源，也可以是受控电流源。所以，受控源有以下四种类型。

1. 电压控制电压源（VCVS）

如图 $1-4-7$(a)所示，其控制量为输入电压 u_1；受控源为受控电压源，其输出电压为 $u_2 = \mu u_1$。其中 μ 为控制系数，称为电压放大系数，无量纲。

2. 电压控制电流源（VCCS）

如图 $1-4-7$(b)所示，其控制量为输入电压 u_1；受控源为受控电流源，其输出电流为 $i_2 = g u_1$。其中 g 为控制系数，称为互导系数，单位为西门子(S)。

3. 电流控制电压源（CCVS）

如图 $1-4-7$(c)所示，其控制量为输入电流 i_1；受控源为受控电压源，其输出电压为 $u_2 = r i_1$。其中 r 为控制系数，称为互阻系数，单位为欧姆(Ω)。

4. 电流控制电流源（CCCS）

如图 $1-4-7$(d)所示，其控制量为输入电流 i_1；受控源为受控电流源，其输出电流为 $i_2 = \beta i_1$。其中 β 为控制系数，称为电流放大系数，无量纲。

为与独立源加以区别，受控源用菱形符号表示。当控制系数为常数时，受控源为线性受控源。本课程涉及的受控源均为线性受控源。

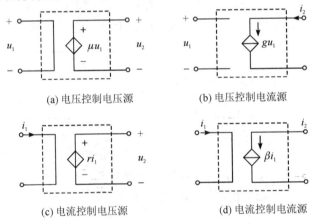

(a) 电压控制电压源　　　　　　(b) 电压控制电流源

(c) 电流控制电压源　　　　　　(d) 电流控制电流源

图 $1-4-7$　四种理想受控源

练习与思考

$1-4-1$　理想电压源具有什么特点？

$1-4-2$　理想电流源具有什么特点？

$1-4-3$　当电压源的输出电压为零时，电压源相当于_____；当电流源的输出电流为零时，电流源相当于_____。

$1-4-4$　电源在电路中一定是提供能量的，这个说法是否正确？

1.5　基尔霍夫定律及其应用

对于复杂电路，如图 1-5-1 所示，怎样求解电压或电流呢？

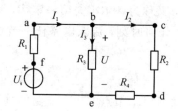

图 1-5-1　含三条支路的复杂电路

任何电路都是由不同的元件按一定的方式连接起来的。电路中的电压、电流必然受到一定的约束：一类是元件的特性对本元件形成的约束——元件约束，它由元件的伏安特性来决定；另一类是元件之间的连接关系对元件的电压、电流的约束，这种约束关系与各支路上元件的性质无关，不论元件是线性的或是非线性的，有源的或是无源的，时变的或时不变的。基尔霍夫定律是电路理论中最基本也是最重要的定律之一，它概括了电路中的电压、电流分别遵循的规律，是分析和计算电路的依据。基尔霍夫定律与元件特性构成了电路分析的基础。

1.5.1　描述电路的几个名词

无论电路是简单还是复杂，其结构总有一些共性和规律。下面以图 1-5-1 为例进行说明。

1. 支路

电路中通过同一电流、且没有分支，并且至少包含一个元件的路径称为支路。在图 1-5-1 电路中共有 3 条支路，分别为 bafe、be 和 bcde。支路中通过的电流称为支路电流，其中含有有源元件的支路称为有源支路，如 bafe；不含有源元件的支路称为无源支路，如 be 和 bcde。

2. 节点

3 条或 3 条以上支路的连接点称为节点。在图 1-5-1 电路中共有 2 个节点，分别为 b 和 e。注意：① a、c、d、f 不是节点。② 连接在一起的等电位点视为同一个节点，在图 1-5-1 电路中，点 a、b、c 是连在一起的等电位点，所以只能视为一个节点。

3. 回路

电路中任何一个闭合的路径称为回路。在图 1-5-1 电路中有 3 个回路，分别为 abefa、bcdeb 和 abcdefa。

4. 网孔

内部不含支路的回路称为网孔。在图 1-5-1 电路中共有 2 个网孔，分别为 abefa 和 bcdeb。而回路 abcdefa 因内部含有 be 支路，所以不是网孔。显然，网孔是回路，回路不一定是网孔。

1.5.2 基尔霍夫电流定律

基尔霍夫电流定律（KCL），又称为基尔霍夫第一定律，反映了电路中任一节点处各支路电流之间的关系。可表述为：任何时刻，流入电路任一节点的电流之和等于流出该点的电流之和。即

$$\sum i_{in} = \sum i_{out} \qquad (1-5-1)$$

在图 1-5-1 电路中，根据 KCL，节点 b 上各支路的电流关系为

$$I_1 = I_2 + I_3$$

或改写为

$$I_1 - I_2 - I_3 = 0$$

通常约定：流入节点的电流为"+"，流出节点的电流为"-"（或也可以做相反的约定），所以基尔霍夫电流定律又可表述为：任何时刻，电路任一节点电流的代数和为零。即

$$\sum i = 0 \qquad (1-5-2)$$

例 1.5.1 某电路的局部如图 1-5-2 所示，试求 I_1 和 I_2。

解 列出节点 1 的 KCL 方程，有

$$I_1 + 7 = 4$$

得 $I_1 = -3$ A；

列出节点 2 的 KCL 方程，有

$$10 + (-12) = I_1 + I_2$$

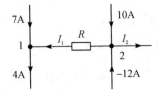

图 1-5-2 例 1.5.1 电路

得 $I_2 = 1$ A。

例 1.5.2 某电路的局部如图 1-5-3 所示，试求 I_1、I_2 和 I_3 的关系。

解 列出节点 1 的 KCL 方程，有 $-I_1 - I_4 - I_6 = 0$

列出节点 2 的 KCL 方程，有 $I_2 + I_4 - I_5 = 0$

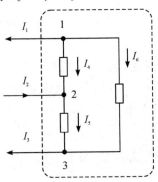

图 1-5-3 例 1.5.2 电路

列出节点 3 的 KCL 方程，有 $-I_3+I_5+I_6=0$

上述三式相加得

$$-I_1+I_2-I_3=0$$

基尔霍夫电流定律的推广：在任一时刻，电路任一封闭面电流的代数和为零。

1.5.3　基尔霍夫电压定律

基尔霍夫电压定律(KVL)，又称为基尔霍夫第二定律，反映了电路中任一回路内各支路电压之间的关系。可表述为：任何时刻，在电路任一回路中，沿任一绕行方向，回路中各支路电压的代数和为零。即

$$\sum u=0 \tag{1-5-3}$$

通常约定：沿回路绕行方向，若电位降低，则元件上的电压取"＋"，否则取"－"（或也可以作相反的约定）。

在图 1-5-4 所示回路中，若按顺时针方向绕行，其 KVL 方程为

$$U_1-U_2+U_3-U_4=0$$

上式可改写为

$$U_1+U_3=U_2+U_4$$

由此可知，等号左边为沿绕行方向电压降低的部分，右边为沿绕行方向电压上升的部分。所以基尔霍夫电压定律还可表述为：任何时刻，在电路任一回路中，沿任一绕行方向，回路中各部分电压上升的代数和等于电压降低的代数和。即

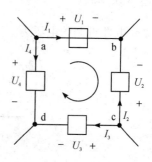

图 1-5-4　复杂电路的局部

$$\sum u_{升}=\sum u_{降} \tag{1-5-4}$$

例 1.5.3　某电路的局部如图 1-5-5 所示，其中的回路由电阻与电压源组成。设各支路电流的方向如图所示，试列出回路各电压之间的关系。

解　根据各支路的电流方向标出各电阻上电压的方向，如图 1-5-5 所示。

根据欧姆定律有 $U_1=I_1R_1$，$U_2=I_2R_2$，$U_3=I_3R_3$，$U_4=I_4R_4$。

令按顺时针方向绕行，列出回路的 KVL 方程，有

$$U_{s1}+U_1+U_{s2}-U_2-U_{s3}+U_3-U_{s4}-U_4=0$$

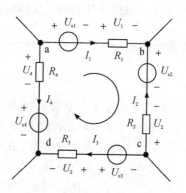

图 1-5-5　例 1.5.3 电路

需要注意的是：同 KCL 一样，KVL 方程中各部分或各元件的电压都是假设方向下的电压。

(1) KVL 方程中各元件上电压项的正与负，取决于绕行方向。

(2) 各元件电压项本身数值的正与负，反映的是电压的实际极性与参考极性是否一致：相同为"＋"，相反为"－"。

例 1.5.4　电路如图 $1-5-6$ 所示，试求 U_R。

解　方法一：设绕行方向为顺时针方向，列写 KVL 方程。得

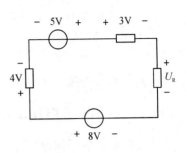

$$4-5+3+U_R-8=0$$

所以

$$U_R=-4+5-3+8=6 \text{ V}$$

方法二：设绕行方向为逆时针方向，列写 KVL 方程。得

$$8-U_R-3+5-4=0$$

所以

图 $1-5-6$　例 1.5.4 电路

$$U_R=8-3+5-4=6 \text{ V}$$

上例说明：KVL 方程与绕行方向无关。一般习惯将顺时针方向作为绕行方向。

基尔霍夫电压定律不仅适合于闭合回路，也可推广运用于不闭合的假想回路。以图 $1-5-7$ 为例，图中 a、b 两点间无支路直接相连，但可设想有一条假想支路连接其间，构成假想回路 acba，其中 a、b 两点间的电压可用 U_{ab} 表示。根据 KVL，列出回路电压方程为

$$U_s-U_1+U_2-U_{ab}=0$$

所以 a、b 两点间的电压为

$$U_{ab}=U_s-U_1+U_2$$

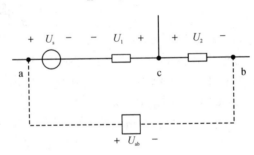

图 $1-5-7$　假想回路

推论：电路中任意两点间的电压等于两点间任一条路径经过的各元件电压降的代数和。

知识拓展

全电路欧姆定律

全电路是指含有电源的闭合电路，由电源和电阻构成的单回路电路，电路模型如图 $1-5-8$ 所示。其中 U_s 和 R_0 是电源电压和电源内阻，R 是负载。

由 KVL 可列写出电路方程为

$$IR_0+IR-U_s=0$$

得

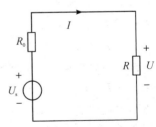

$$I=\frac{U_s}{R_0+R} \qquad\qquad (1-5-5)$$

图 $1-5-8$　全电路的电路模型

这个关系称为全电路欧姆定律，即：全电路中的电流 I 与电源电压 U_s 成正比，与回路的总电阻 (R_0+R) 成反比。

练习与思考

1 - 5 - 1　列出图 1 - 5 - 9 中各节点的 KCL 方程。

1 - 5 - 2　电路如图 1 - 5 - 10 所示,试求电流 I。

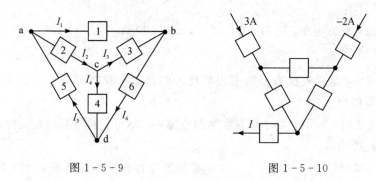

图 1 - 5 - 9　　　　　　　　　　图 1 - 5 - 10

1 - 5 - 3　电路如图 1 - 5 - 11 所示,已知 $U_{s1}=15$ V,$U_{s2}=5$ V,$R_1=500$ Ω,$R_2=1$ kΩ,$R_3=1.5$ kΩ,$R_4=2$ kΩ。求 I 及 U_{AB}。

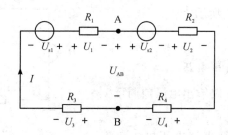

图 1 - 5 - 11

1 - 5 - 4　理想电压源的串联可合并等效为一个理想的电压源,如图 1 - 5 - 12(a)所示;理想电流源的并联可合并等效为一个理想的电流源,如图 1 - 5 - 12(b)所示。试求 U_s 和 I_s。

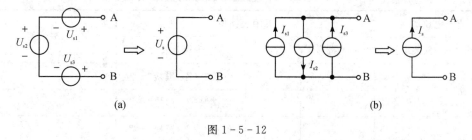

(a)　　　　　　　　　　　　　　(b)

图 1 - 5 - 12

1.6　技　能　训　练

1.6.1　用万用表测量直流电流和直流电压

1. 实验目的

掌握用万用表测量直流电流和直流电压的方法。

2. 实验内容

(1) 测量直流电位和电压；

(2) 测量直流电流。

3. 实验器材

数字万用表，直流电源，电阻：3.9 kΩ、1 kΩ、100 Ω。

4. 注意事项

(1) 测量前，一定要先检查万用表表笔接入的测试孔和挡位开关位置放置是否正确。切记不可带电换挡。

(2) 测量电流时，万用表要串联接在被测支路中，不可直接并联接在元件两端。切记不可并联接在电压源两端。

(3) 在未知被测量大小的情况下，一定要从高挡位向低挡位逐渐减小，并采用点触试的方法进行测量。

5. 实验电路

实验电路如图 1-6-1 所示。

6. 实验步骤

1) 测量直流电压源输出电压

(1) 将直流电压源第 1 路输出电压预调至 1 V，第 2 路输出电压预调至 5 V。

(2) 将数字万用表调至直流电压挡，表笔接入电压测试孔。

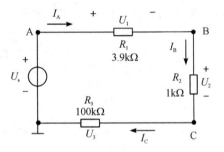

图 1-6-1 技能训练 1.6.1 电路

(3) 用数字万用表分别测量第 1 路和第 2 路的输出电压，并将测量结果填入表 1-6-1 中。

表 1-6-1 直流电压源测量结果

直流电压源		万用表挡位			测量值
输出	预调电压	挡位符号	量程	表笔连接	
第 1 路	1 V			红接"+"，黑接"－"	
				红接"－"，黑接"+"	
第 2 路	5 V			红接"+"，黑接"－"	
				红接"－"，黑接"+"	

2) 测量电路的直流电位

(1) 按图 1-6-1 连接电路。U_s 接直流电压源第 1 路输出，调整不同输出电压。

(2) 用数字万用表分别测量 A、B、C 点的电位，并将测量结果填入表 1-6-2 中。

3) 测量电路的直流电压

(1) U_s 接直流电压源第 1 路输出，调整不同输出电压。

（2）用数字万用表分别测量 R_1、R_2、R_3 上的电压，并将测量结果填入表 1-6-2 中。

4）测量电路的直流电流

（1）将数字万用表调至直流电流挡，表笔接入电流测试孔。

（2）在图 1-6-1 电路中，分别断开 A、B、C 处的电路，串入数字万用表，如图 1-6-2 所示，分别测量 A、B、C 处的电流，并将测量结果填入表 1-6-2 中。

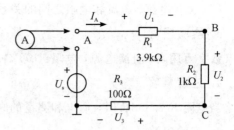

图 1-6-2　电流的测量方法

表 1-6-2　电路直流电压、直流电流测量结果

待测量	$U_s=1$ V			$U_s=15$ V		
	挡位符号	量程	测量值	挡位符号	量程	测量值
U_A/V						
U_B/V						
U_C/V						
U_1/V						
U_2/V						
U_3/V						
I_A/mA						
I_B/mA						
I_C/mA						

7. 总结与思考

（1）整理实验数据，撰写实验报告。在实验报告中，要求实验名称、实验目的、实验内容、实验器材、实验电路、实验步骤等各项要素须齐全，并如实、完整记录实验数据。

（2）电位和电压有什么区别？

（3）测量电压和测量电流有什么区别？

1.6.2　探究电压、电流和电阻之间的关系

1. 实验目的

（1）熟练掌握用万用表测量直流电流和直流电压的方法与步骤；

（2）研究电压、电流、电阻之间的关系。

2. 实验内容

（1）测量电阻的阻值；

（2）测量电压、电流和电阻之间的关系。

3. 实验器材

数字万用表，直流电源，电阻：100 Ω、1 kΩ、3.9 kΩ。

4. 注意事项

当电阻 $R = 100$ Ω 时，通电和测量的时间不要过长。

5. 实验电路

实验电路如图 1-6-3 所示。

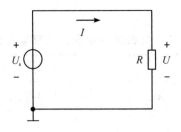

图 1-6-3　技能训练 1.6.2 电路图

6. 实验步骤

（1）测量电阻的阻值。

用数字万用表分别测量各电阻的阻值，并将测量结果填入表 1-6-3 中。

表 1-6-3　各电阻测量值

待测电阻		万用表挡位		测量值
编号	标称值	挡位符号	量程	
R_1	1 kΩ			
R_2	3.9 kΩ			
R_3	100 Ω			

（2）按图 1-6-3 所示连接电路。

（3）电阻一定时，测量加不同电压时的电流。电阻 $R = 1$ kΩ 时，调整直流电压源输出电压，分别测量加不同电压时的电流，并计算电压与电流的比值，将测量结果和计算结果填入表 1-6-4 中。

表 1-6-4　电阻一定时的测量结果

输出电压：U/V	2	3	5
输出电流：I/mA			
计算值：$\dfrac{U}{I}$/Ω			

（4）电源电压一定时，测量不同电阻时的电流。

调整直流电压源输出电压为 3.9 V，分别测量接入不同电阻时的电流，并计算电压与电流的比值，将测量结果和计算结果填入表 1 - 6 - 5 中。

表 1 - 6 - 5　电压一定时的测量结果

电阻：$R/\text{k}\Omega$	1	3.9	0.1
输出电压：U/V	3.9	3.9	3.9
输出电流：I/mA			
计算值：$\dfrac{U}{I}/\Omega$			
R 消耗的功率：P/mW			

7. 总结与思考

(1) 整理实验数据，撰写实验报告。

(2) 通过本次实验，分析并总结电压、电流、电阻之间的关系。

(3) 有几种方法可以计算电阻 R 消耗的功率？

(4) 为什么当电阻 $R = 100\ \Omega$ 时，通电和测量的时间不要过长？

1.6.3　基尔霍夫定律的验证

1. 实验目的

(1) 加深对基尔霍夫定律的理解；

(2) 掌握间接测量电流的方法。

2. 实验内容

(1) 测量、计算回路电压降的代数和；

(2) 测量、计算节点电流的代数和。

3. 实验器材

数字万用表，直流电源，电阻：1.8 kΩ、2.2 kΩ、2.7 kΩ、3 kΩ、3.3 kΩ。

4. 注意事项

测量电压时应注意万用表的极性应与参考方向一致。

5. 实验电路

实验电路如图 1 - 6 - 4 所示。其中，$R_1 = 2.2\ \text{k}\Omega$，$R_2 = 3\ \text{k}\Omega$，$R_3 = 2.7\ \text{k}\Omega$，$R_4 = 3.3\ \text{k}\Omega$，$R_5 = 1.8\ \text{k}\Omega$。

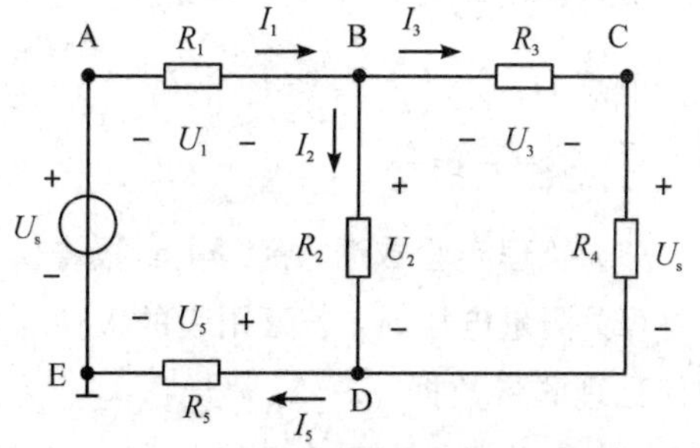

图 1 - 6 - 4　技能训练 1.6.3 电路

6. 实验步骤

(1) 测量电阻阻值。用数字万用表分别测量各电阻的阻值，并将测量结果填入表 1 - 6 - 6 中。

(2) 按图 1 - 6 - 4 所示连接电路。调整直流电压源输出电压 $U_s = 6\ \text{V}$。

(3) 验证基尔霍夫电压定律。测量各电阻上的电压，并将测量结果填入表 1 - 6 - 7 中。

表 1 - 6 - 6　各电阻测量值

待测电阻	R_1	R_2	R_3	R_4	R_5
标称值/Ω	2200	3000	2700	3300	1800
测量值/Ω					

表 1 - 6 - 7　各电阻上电压的测量结果

待测电压	U_s	U_1	U_2	U_3	U_4	U_5
测量值/V	6					

计算各回路电压降的代数和：

回路 ABDEA：$\sum U = U_1 + U_2 + U_5 - U_s =$

回路 BCDB：$\sum U = U_3 + U_4 - U_2 =$

回路 ABCDEA：$\sum U = U_1 + U_3 + U_4 + U_5 - U_s =$

（3）验证基尔霍夫电流定律。测量各支路电流，并将测量结果填入表 1 - 6 - 8 中。

按照表 1 - 6 - 6 和表 1 - 6 - 7 中各电阻、电压的测量结果，根据欧姆定律计算各支路电流，并将计算结果填入表 1 - 6 - 8 中。

表 1 - 6 - 8　各支路电流的计算结果

电流	I_1	I_2	I_3	I_5
测量值/mA				
计算值/mA	$\dfrac{U_1}{R_1} =$	$\dfrac{U_2}{R_2} =$	$\dfrac{U_3}{R_3} =$	$\dfrac{U_5}{R_5} =$

计算节点电流的代数和：

节点 B：$\sum I = I_1 - I_2 - I_3 =$

节点 D：$\sum I = I_5 - I_2 - I_3 =$

7. 总结与思考

（1）整理实验数据，撰写实验报告。

（2）测量电压时，若万用表的极性与参考方向相反，会出现怎样的测量结果？这时应该如何处理测量数据？

（3）对比直接测量电流方法和间接测量电流方法的差别。

本 章 小 结

1. 电路

电路是构成电流通路的设备的总和。电路由电源、负载和中间环节组成。

电路的三种状态：通路、断路和短路。

2．电流

带电质点的定向运动形成电流。电流的方向规定为正电荷运动的方向。电流的大小用电流强度表示，记作 i 或 I，基本单位是安培（A），简称安。

3．电位与电压

电位是指电路中某一点与指定的零电位点的电压差距。电位具有相对性，当选择不同的参考点时，电位也随之改变。

电压是指电路中任意两点间的电位差。

电位或电压的高低都可以记作 u 或 U，基本电位是伏特（V），简称伏。

4．参考方向

参考方向即"假定方向"。当电压或电流为正时，说明实际方向与参考方向一致。

参考方向是电路理论的一个最基本的概念。

（1）分析电路前，首先必须选定电压和电流的参考方向。

（2）参考方向可以任意选定，但一经选定，必须在电路图中相应位置标注，在计算过程中不得改变。在列 KCL、KVL 方程时要以此为准。

5．功率

功率是单位时间内电路中某一元件（或某一段电路）消耗或释放的电能，记作 p 或 P，基本单位是瓦特（W），简称瓦。

在直流电路中，如果元件（或电路）两端的电压与流过的电流是关联的参考方向，则

$$P = UI$$

若 $P > 0$，则表示消耗功率；若 $P < 0$，则表示释放功率。

6．电阻

电阻是指导体对电流的阻碍作用。电阻的大小用电阻值表示，记作 R，基本单位是欧姆（Ω），简称欧。

电阻是导体本身的属性，其大小与两端是否加电压及通过电流的大小无关。电阻的主要性质是阻碍电流、消耗电能。

7．电源

电源有两种形式：电压源与电流源。

理想电压源的端电压是定值或是一定的时间函数，与流过的电流无关。电压源不能短路。

理想电流源的输出电流是定值或是一定的时间函数，与其端电压无关。电流源不能开路。

受控源的控制量和受控量为电路某处的电压或电流。

8．欧姆定律

在电阻电路中，通过的电流与电阻两端的电压成正比，与电阻成反比。在直流电路中表示为

$$I = \frac{U}{R}$$

9. 基尔霍夫定律

(1) 基尔霍夫电流定律(KCL)：电路任一节点电流的代数和为零。即

$$\sum i = 0$$

(2) 基尔霍夫电压定律(KVL)：在任一回路中，沿任一绕行方向，回路中各支路电压的代数和为零。即

$$\sum u = 0$$

(3) 列出回路方程的一般步骤：

① 根据各支路电流方向标出元件电压方向；

② 选定回路绕行方向；

③ 列出回路方程：沿绕行方向，电压降为正，电压升为负。

测试题（1）

1-1 填空题

1. 人们规定_____移动的方向为电流的实际方向。

2. 电流强度的单位是_____，用符号_____表示；1 A=_____mA，450 mA=_____A。

3. 电压的单位是_____，用符号_____表示；1 kV=_____V，100 mV=_____V。

4. 功率的单位是_____，用符号_____表示。

5. 导体中电荷的_____形成电流，这是由于_____作用的结果。

6. 电源外部的电流方向是从_____流向_____。

7. 电路中持续电流的条件是有：①_____；②_____。

8. 当通过电阻 R 的电流为 I、R 两端的电压为 U，且为关联参考方向时，则该电阻的电压与电流关系为 $U=$_____；为非关联参考方向时，该电阻的电压与电流关系式是 $U=$_____。

9. 当元件电流 I、电压 U 为关联参考方向时，该元件吸收的功率 $P=$_____；为非关联参考方向时，该元件吸收的功率 $P=$_____。

10. 当一个理想电流源的输出电流为零时，在电路中它相当于_____；当一个理想电压源的电压为零时，在电路中它相当于_____；

11. 将一个 100 Ω、1 W 的电阻接入直流电路，该电阻所允许的最大电流是_____；该电阻所允许的最大电压是_____。

12. 电路中 A、B 两点间电压 U_{AB} 的参考极性为 A"_____"、B"_____"。当 $U_{AB}=-2$ V 时，电压的实际极性为 A"_____"、B"_____"。当 $U_{AB}=1$ V 时，电压的实际极性为 A"_____"、B"_____"。

13. 当加在某导体两端电压为 4 V 时，通过它的电流为 25 mA，则该导体的电阻为_____Ω；当加在它两端的电压增大 1 倍时，该导体的电阻为_____Ω，通过它的电流为_____mA。

14. 电路如图 T1-1 所示，支路电流 $I_{AB}=$ _____，支路电压 $U_{AB}=$ _____。

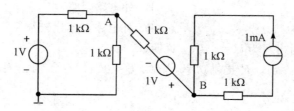

图 T1-1

1-2　单选题

1. 人体的安全电压为（　　）V。

A. 12　　　　　　　B. 24　　　　　　　C. 36　　　　　　　D. 48

2. 电路如图 T1-2 所示，要使灯 HL_3 发光，必须闭合的开关是（　　）。

A. S_1　　　　　　B. S_1、S_2　　　　　C. S_2、S_3　　　　D. S_1、S_2、S_3

3. 电路中某元件的电压与电流参考方向如图 T1-3 所示，已知 $U>0$，$I<0$。则电压与电流的实际方向为（　　）点为高电位，电流的实际方向为由（　　），该元件将（　　）功率。

A. a；a 至 b；提供　　　　　　　　　B. a；b 至 a；提供

C. b；a 至 b；消耗　　　　　　　　　D. b；b 至 a；消耗

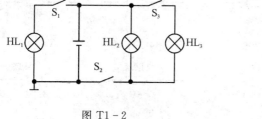

图 T1-2　　　　　　　　　　　　　　　图 T1-3

4. 电路如图 T1-4 所示，已知 $U_s<0$，$R>0$。电压源 U_s 将（　　）功率，电阻 R 将（　　）功率。

A. 消耗　　　　　　B. 提供　　　　　　C. 增大　　　　　　D. 减小

5. 电路如图 T1-5 所示，已知 $I_s>0$，$U_s>I_sR$，$R>0$，则有（　　）。

A. 电阻吸收功率，电压源与电流源供出功率

B. 电阻与电压源吸收功率，电流源供出功率

C. 电阻与电流源吸收功率，电压源供出功率

D. 电流源吸收功率，电压源供出功率

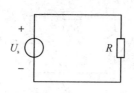　　　　　　　　　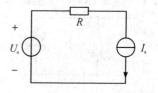

图 T1-4　　　　　　　　　　　　　　图 T1-5

6．用电压表测得电路的端电压为 0 V，可能是（　　）。

A．外电路断路 B．外电路短路

C．电源内电阻为 0 Ω D．外电路电流比较小

7．欧姆定律有时可写为 $U=-IR$，说明（　　）。

A．$R<0$ B．R 提供功率 C．$U<0$ D．UI 取非关联参考方向

1-3 判断题

1．两点间的电压等于这两点电位的差。

2．参考点不同，各点的电位不同，但两点间的电压与参考点的选择无关。

3．元件的电压参考方向与电流参考方向是一致的，称为关联参考方向。

4．色环电阻的阻值能以色环标志来确定，在使用时不必再用万用表测试其实际阻值。

5．用万用表测量电阻的阻值时，将两表笔分别与电阻的两引脚相接，表笔可以不分正负极。

6．电流源可以短路，电压源不能短路。

7．电路中若电压不等于零，则必有电流通过。

8．用基尔霍夫电压定律列回路方程时，必须按顺时针方向绕行。

1-4 计算题

1．图 T1-6 给出了电阻元件的电压、电流的参考方向，试求未知的端电压 U 或电流 I，并指出它们的实际方向。

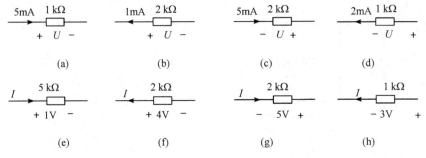

图 T1-6

2．电路如图 T1-7 所示，根据欧姆定律，试求电压 U 或电流 I。

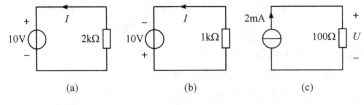

图 T1-7

3．电路如图 T1-8 所示，试求电阻 R 所消耗的功率。

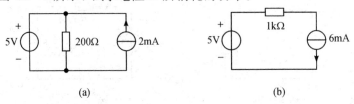

图 T1-8

4. 电路如图 T1 - 9 所示，试求电流 I。

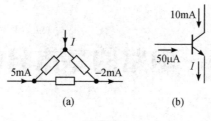

(a)　　　　　　　(b)

图 T1 - 9

5. 电路如图 T1 - 10 所示，试求电流 I 和电位 U_A。

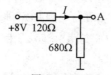

图 T1 - 10

6. 电路如图 T1 - 11 所示，试求电流 I，电位 U_A、U_B、U_C、U_D，以及电压 U_{BD} 和 U_{CD}。

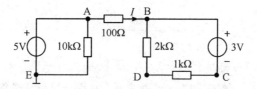

图 T1 - 11

7. 电路如图 T1 - 12 所示，当开关 S 打开和闭合时，试求 A、B 点的电位，以及电压 U_{AB}。

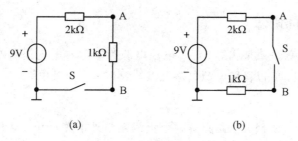

(a)　　　　　　　　　　(b)

图 T1 - 12

测试题(1)参考答案

第2章　电路的基本分析方法

电路分析的典型问题：在给定有关条件下，求所有支路或指定部分电路的电压、电流、功率等。本章主要介绍电路的基本分析方法：通过等效变换对电路进行简化，如电阻的串并联等效、电源的等效变换、戴维南定理等；叠加定理适用于求解电路参数较多时的情况；网络方程法是分析电路的一般方法，如支路电流法、回路电流法、节点电位法等。

2.1　电路的等效变换

观察与思考

一台笔记本电脑可以用稳压电源电路供电，也可以用一块锂电池供电。相对于锂电池，稳压电源的电路比较复杂。但不管哪种供电方式，对笔记本电脑（负载，外电路）来说，其使用效果是一样的，即复杂的稳压电源电路可以"等效"为一个简单的电池电源。

什么是"等效"呢？在电路中其他的复杂电路能否等效为简单的电路呢？

2.1.1　等效变换的概念

等效，顾名思义就是效果相等。因为电池电源为笔记本电脑提供的电压和电流与稳压电源电路提供的相同，所以稳压电源电路可以等效为一个电池电源。

1. 二端网络

在电路中，如果某一部分电路只有两个出线端与外电路连接，且从一端流入的电流等于从另一端流出的电流，这部分电路称为二端网络（又称为一端口网络，或单口网络）。例如，在图 2-1-1(a)所示电路中，左右各有一个二端网络。左边的二端网络含有电源，称为有源二端网络，用 N 表示，如图 2-1-1(b)所示；右边的二端网络不含电源，称为无源二端网络，用 N_0 表示，如图 2-1-1(c)所示。

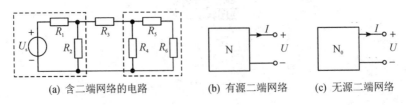

(a) 含二端网络的电路　　(b) 有源二端网络　　(c) 无源二端网络

图 2-1-1　二端网络

2. 等效网络

两个内部结构不同的二端网络 N_1 和 N_2，如图 2-1-2 所示，如果 N_1 和 N_2 在端口上的电压、电流关系相同，即 $I_1=I_2$、$U_1=U_2$，则认为 N_1 和 N_2 是等效的。这种等效是对二端网络的外电路而言的，即 N_1 和 N_2 对外电路具有相同的作用和影响。

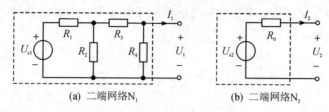

(a) 二端网络N_1　　　　(b) 二端网络N_2

图 2-1-2　等效的二端网络

3. 等效变换

既然等效的网络对外电路有相同的作用和影响，在进行分析时就可以相互替代，这种替代称为等效变换，其目的是将复杂的电路转化为简单电路。例如，在图 2-1-2 中，如果 N_1 和 N_2 等效，即满足 $I_1=I_2$、$U_1=U_2$，就可以用 N_2 替代 N_1，电路得到了简化。

综上所述，在电路分析中，不同的网络在与负载(或外电路)相连时，若在端口上有相同的电压、电流，则认为它们是等效的。等效则可替代，目的是简化电路的分析和计算，即将电路中的某一部分用一个对外具有相同电压、电流的简单电路来等效替代。这种等效变换的方法是一种非常实用的分析方法。

2.1.2　电阻的串联与并联

观察与思考

在教室里，一个开关可以控制多盏灯，电路是怎么连接的？

在实验室里，可以利用电压表和电流表测量不同大小的电压和电流，电压表和电流表往往都有多个量程，它们是根据什么原理设计制作的呢？

要回答以上问题则必须要提到两种最基本的电路：电阻串联电路和电阻并联电路。

1. 电阻的串联和分压

把若干个电阻元件一个接一个地依次连接起来，组成一条无分支电路，这样的连接方式称为电阻的串联，图 2-1-3(a)所示电路为 n 个电阻元件串联电路。串联电阻电路的主要作用是分压、限流。

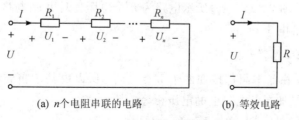

(a) n个电阻串联的电路　　　　(b) 等效电路

图 2-1-3　电阻的串联及其等效电路

电路基础与技能实训

1）电压、电流关系

在串联电路中，由于电流通路只有一条，所以由基尔霍夫电流定律可知，串联电路的电流关系特点是：通过各电阻的电流相等，即

$$I = I_1 = I_2 = \cdots = I_n$$

由基尔霍夫电压定律知，串联电路的电压关系特点是：串联电路两端的总电压等于各电阻两端的电压之和，即

$$U = U_1 + U_2 + \cdots + U_n = \sum_{k=1}^{n} U_k$$

2）等效电路

由串联电路的电压、电流关系及欧姆定律知

$$IR = IR_1 + IR_2 + \cdots + IR_n = I(R_1 + R_2 + \cdots + R_n)$$

所以，电阻串联的总电阻（等效电阻）R 等于各电阻之和，即

$$R = R_1 + R_2 + \cdots + R_n = \sum_{k=1}^{n} R_k \qquad (2-1-1)$$

图 2-1-3(a)所示的 n 个电阻串联的等效电路如图 2-1-3(b)所示，即在给两电路的两端加上相同的电压 U 时，会产生相同的电流 I。或者说两电路对外电路有相同的作用和影响。

3）电压分配

由串联电路的电压、电流关系及欧姆定律知

$$\frac{U}{R} = \frac{U_1}{R_1} = \frac{U_2}{R_2} = \cdots = \frac{U_n}{R_n}$$

所以，在第 k 个电阻上分得的电压为

$$U_k = \frac{R_k}{R} U \qquad (2-1-2)$$

即各电阻两端的电压与各电阻的阻值成正比。

4）功率分配

在串联电路中，各电阻消耗的功率为

$$P_k = I U_k = I^2 R_k \qquad (2-1-3)$$

即各电阻消耗的功率与各电阻的阻值成正比。

2. 电阻的并联和分流

把若干个电阻元件的一端连在一个节点上，另一端连在另一个节点上，这样的连接方式称为电阻的并联，图 2-1-4(a)所示电路为 n 个电阻元件并联电路。电阻并联电路的主要作用是分流或调节电流。

1）电压、电流关系

在并联电路中，由于电阻都接在两个节点之间，所以由基尔霍夫电压定律知，并联电路的电压关系特点是加在各电阻上的电压相等，即

$$U = U_1 = U_2 = \cdots = U_n$$

· 46 ·

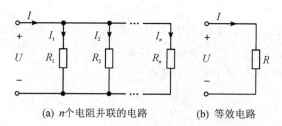

(a) n 个电阻并联的电路　　　(b) 等效电路

图 2-1-4　电阻的并联及其等效

由基尔霍夫电流定律知,并联电路的电流关系特点是并联电路两端的总电流等于通过各电阻的电流之和,即

$$I = I_1 + I_2 + \cdots + I_n = \sum_{k=1}^{n} I_k$$

2) 等效电路

由并联电路的电压、电流关系及欧姆定律知

$$\frac{U}{R} = \frac{U}{R_1} + \frac{U}{R_2} + \cdots + \frac{U}{R_n} = U\left(\frac{1}{R_1} + \frac{1}{R_2} + \cdots + \frac{1}{R_n}\right)$$

所以,电阻并联的总电阻(等效电阻)R 的倒数等于各电阻倒数之和,即

$$\frac{1}{R} = \frac{1}{R_1} + \frac{1}{R_2} + \cdots + \frac{1}{R_n} = \sum_{k=1}^{n} \frac{1}{R_k} \qquad (2-1-4)$$

若用电导的形式,则电阻并联的总电导 G 等于各电导之和,即

$$G = G_1 + G_2 + \cdots + G_n = \sum_{k=1}^{n} G_k \qquad (2-1-5)$$

图 2-1-4(a)所示的 n 个电阻并联的等效电路如图 2-1-4(b)所示,即在给两电路的两端加上相同的电压 U 时,会产生相同的电流 I,或者说两电路对外电路有相同的作用和影响。

3) 电流分配

由并联电路的电压、电流关系及欧姆定律知

$$IR = I_1 R_1 = I_2 R_2 = \cdots = I_n R_n$$

所以,在第 k 个电阻上分得的电压为

$$I_k = \frac{R}{R_k} I \qquad (2-1-6)$$

即通过各电阻的电流与各电阻的阻值成反比。

4) 功率分配

在并联电路中,各电阻消耗的功率为

$$P_k = I_k U = \frac{U^2}{R_k} \qquad (2-1-7)$$

即各电阻消耗的功率与各电阻的阻值成反比。

例 2.1.1　电路如图 2-1-5 所示,已知 $R_1 = 2\ \text{k}\Omega$,$R_2 = 3\ \text{k}\Omega$,$U_s = 12\ \text{V}$。

(1) 试用两种方法求总电流 I,以及 R_1 和 R_2 并联后的

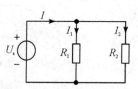

图 2-1-5　例 2.1.1电路

总电阻 R。

（2）在电阻 R_1 和 R_2 上消耗的功率分别为多少？

解　（1）方法一：

因为在并联电路中，$U_s = U_1 = U_2$，则有

$$I_1 = \frac{U_s}{R_1} = \frac{12 \text{ V}}{2 \text{ k}\Omega} = 6 \text{ mA}$$

$$I_2 = \frac{U_s}{R_2} = \frac{12 \text{ V}}{3 \text{ k}\Omega} = 4 \text{ mA}$$

所以

$$I = I_1 + I_2 = 6 \text{ mA} + 4 \text{ mA} = 10 \text{ mA}$$

$$R = \frac{U_s}{I} = \frac{12 \text{ V}}{10 \text{ mA}} = 1.2 \text{ k}\Omega$$

方法二：

因为并联电路的等效电阻

$$\frac{1}{R} = \frac{1}{R_1} + \frac{1}{R_2}$$

所以

$$R = \frac{R_1 R_2}{R_1 + R_2} = \frac{2 \text{ k}\Omega \times 3 \text{ k}\Omega}{2 \text{ k}\Omega + 3 \text{ k}\Omega} = 1.2 \text{ k}\Omega$$

$$I = \frac{U_s}{R} = \frac{12 \text{ V}}{1.2 \text{ k}\Omega} = 10 \text{ mA}$$

（2）R_1 和 R_2 上消耗的功率分别为

$$P_1 = U_s I_1 = 12 \text{ V} \times 6 \text{ mA} = 72 \text{ mW}$$

$$P_2 = U_s I_2 = 12 \text{ V} \times 4 \text{ mA} = 48 \text{ mW}$$

知识拓展

扩大测量电压、电流量程的原理

数字式万用表的核心是一个量程为 200 mV 的数字电压表头，其内阻大于 10^4 MΩ。因此，在测量电压时，可以忽略对被测电路的分流作用。

1. 扩大直流电压测量原理

直流电压测量原理电路如图 2-1-6 所示。$R_1 \sim R_5$ 组成电阻分压器，其总电阻等于 10 MΩ。待测电压 U_x 加在电阻分压器上，把 200 mV 的基本量程扩展为五量程。U_x 通过分压，经转换开关 S，把不高于 200 mV 的取样电压 U_{IN} 送入数字电压表头检测。例如，当转换开关 S 置于"20 V"挡位时，若 $U_x = 10$ V，则取样电压 U_{IN} 和通过电阻分压器的电流 I_x 分别为

$$U_{IN} = \frac{R_3 + R_4 + R_5}{R_1 + R_2 + R_3 + R_4 + R_5} U_x = \frac{100 \text{ k}\Omega}{10 \text{ M}\Omega} \times 10 \text{ V} = 100 \text{ mV}$$

$$I_x = \frac{U_x}{R_1 + R_2 + R_3 + R_4 + R_5} = \frac{10 \text{ V}}{10 \text{ M}\Omega} = 1 \ \mu\text{A}$$

所以，当 U_X 小于 1000 V 时，通过电阻分压器的电流 I_X 不大于 0.1 mA，电阻分压器的分流作用可忽略。

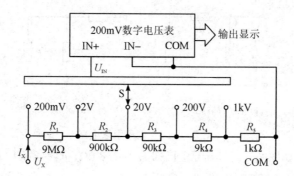

图 2-1-6　直流电压测量原理电路

2. 扩大直流电流测量原理

直流电流测量原理电路如图 2-1-7 所示。$R_1 \sim R_4$ 组成电流-电压转换电路，即将待测电流 I_X 转换为取样电压 U_{IN} 送入数字电压表头检测。I_X 经转换开关 S 或不同的插孔，可使不同量程的 U_{IN} 均不高于 200 mV。例如，当转换开关 S 置于"20 mA"挡位时，若 $I_X = 10$ mA，则取样电压 U_{IN} 为

$$U_{IN} = I_X(R_2 + R_3 + R_4) = 10 \text{ mA} \times 10 \text{ } \Omega = 100 \text{ mV}$$

由于测量电流时，万用表是串入电路的，所以万用表会分得不高于 200 mV 的电压。

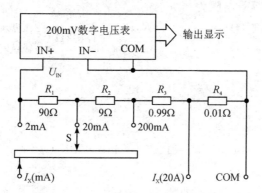

图 2-1-7　直流电流测量原理电路

3. 电阻的混联

在电路中，既有电阻的串联又有电阻的并联，称为电阻混联。对于简单的电阻混联，可以应用等效的概念，逐步求出各串、并联部分的等效电路，最终简化为只有一个电阻的等效电路。

在图 2-1-8(a)所示混联电路中，R_2 与 R_3 串联，再与 R_1 并联，等效电阻为

$$R = \left(\frac{1}{R_1} + \frac{1}{R_2 + R_3}\right)^{-1} = \frac{R_1(R_2 + R_3)}{R_1 + R_2 + R_3}$$

在图 2-1-8(b)所示混联电路中，R_2 与 R_3 并联，再与 R_1 串联，等效电阻为

$$R = R_1 + \left(\frac{1}{R_2} + \frac{1}{R_3}\right)^{-1} = R_1 + \frac{R_2 R_3}{R_2 + R_3}$$

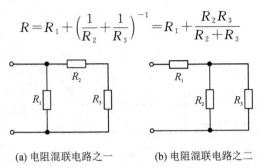

(a) 电阻混联电路之一   (b) 电阻混联电路之二

图 2-1-8 电阻混联电路

例 2.1.2 电路如图 2-1-9 所示，已知 $R_1 = 1.8\ \text{k}\Omega$，$R_2 = 2\ \text{k}\Omega$，$R_3 = 3\ \text{k}\Omega$，$U_s = 12\ \text{V}$。

(1) 试求电路的总等效电阻 R 和总电流 I；

(2) 试求电阻 R_3 两端的电压 U_3 和消耗的功率 P_3。

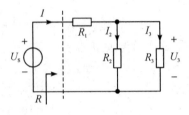

图 2-1-9 例 2.1.2 电路

解 (1) 电路的总等效电阻为

$$R = R_1 + \left(\frac{1}{R_2} + \frac{1}{R_3}\right)^{-1} = R_1 + \frac{R_2 R_3}{R_2 + R_3} = 1.8\ \text{k}\Omega + \frac{2\ \text{k}\Omega \times 3\ \text{k}\Omega}{2\ \text{k}\Omega + 3\ \text{k}\Omega} = 3\ \text{k}\Omega$$

电路的总电流为

$$I = \frac{U_s}{R} = \frac{12\ \text{V}}{3\ \text{k}\Omega} = 4\ \text{mA}$$

(2) 电阻 R_3 两端的电压为

$$U_3 = U_s - IR_1 = 12\ \text{V} - 4\ \text{mA} \times 1.8\ \text{k}\Omega = 4.8\ \text{V}$$

电阻 R_3 消耗的功率为

$$P_3 = \frac{U_3^2}{R_3} = \frac{4.8^2\ \text{V}}{3\ \text{k}\Omega} = 7.68\ \text{mW}$$

技术与应用

电子电路的简化画法

在实际电子电路中，通常把电源的负极作为电位的参考点，用"⊥"表示，称为接地点。如在图 2-1-10(a) 所示电路中，C 点为接地点，即零电位点。

为使电路图更简洁、便于分析，习惯上使用更简洁的画法：①各电源不用图形符号表示，改为只标出电源输出端的极性及电压值，电源的另一端默认接地；②各接地点默认为内部相连接。由此可将图 2-1-10(a) 电路简化为如图 2-1-10(b) 电路。注意，U_B 指 B 点到"地"的电位。

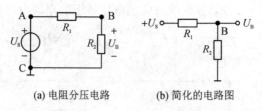

(a) 电阻分压电路　　　(b) 简化的电路图

图 2-1-10　电子电路的简化画法

图 2-1-11 所示为多电源电路及简化电路。

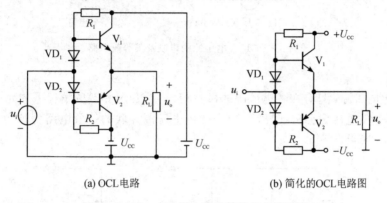

(a) OCL电路　　　　　　　　(b) 简化的OCL电路图

图 2-1-11　多电源电路及其简化电路画法

例 2.1.3　试求图 2-1-12 所示电路中 A、B 两端的等效电阻 R。

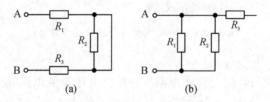

(a)　　　　　　　(b)

图 2-1-12　例 2.1.3 电路

解　图(a)电阻 R_2 被导线短路，故等效电阻为

$$R = R_1 + R_3$$

图(b)电阻 R_3 支路断开，无电流通过，故等效电阻为

$$R = \left(\frac{1}{R_1} + \frac{1}{R_2}\right)^{-1} = \frac{R_1 R_2}{R_1 + R_2}$$

2.1.3　理想电源的等效变换

在 1.4 节我们介绍了理想电源，即理想电压源和理想电流源。对于含有理想电源的有源二端网络，可以利用等效变换的方法进行简化。

1. 理想电压源的连接与等效

1) 串联

n 个理想电压源串联，如图 2-1-13(a)所示，可用一个等效电压源来代替，如图

2-1-13(b)所示。由 KVL 知，等效电压源的电压等于各串联电压源电压的代数和。即

$$U_s = U_{s1} + U_{s2} + \cdots + U_{sn} = \sum_{k=1}^{n} U_{sk} \qquad (2-1-8)$$

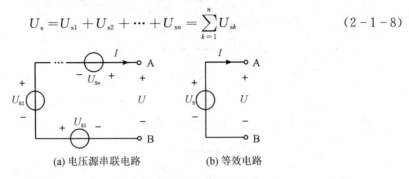

(a) 电压源串联电路　　　(b) 等效电路

图 2-1-13　电压源的串联及其等效电路

2) 并联

n 个理想电压源，只有在各电压源的极性相同、电压值相等的情况下才允许并联，否则与 KVL 相违背，电压源会出现异常。n 个理想电压源并联的等效电路为其中任一电压源，如图 2-1-14 所示。

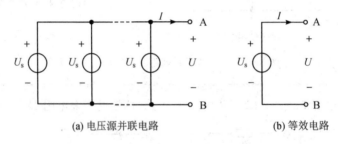

(a) 电压源并联电路　　　(b) 等效电路

图 2-1-14　电压源的并联及其等效电路

3) 与其他元件并联

与理想电压源并联的任何元件或支路，对理想电压源的电压均无影响。如图 2-1-15 所示，由 KVL 知，无论是图(a)中电压源 U_s 并联了电流源 I_s，还是图(b)中电压源 U_s 并联了电阻 R，其端口电压 U 依然为 U_s。所以，图 2-1-15(a)、(b)所示的并联电路，都可用一个等效电压源 U_s 来代替，如图 2-1-15(c)所示。

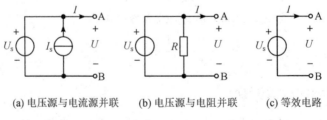

(a) 电压源与电流源并联　　(b) 电压源与电阻并联　　(c) 等效电路

图 2-1-15　电压源与其他元件的并联及其等效电路

2. 理想电流源的连接与等效

1) 串联

n 个理想电流源，只有在各电流源的方向一致、电流值相等的情况下才允许串联，否则与 KCL 相违背，电流源会出现异常。n 个理想电流源串联的等效电路为其中任一电流源，

如图 2 - 1 - 16 所示。

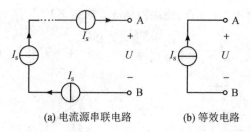

(a) 电流源串联电路　　　　(b) 等效电路

图 2 - 1 - 16　电流源的串联及其等效电路

2) 并联

n 个理想电流源并联，如图 2 - 1 - 17(a) 所示，可用一个等效电流源来代替，如图 2 - 1 - 17(b) 所示，由 KCL 知，等效电流源的电流等于各并联电流源电流的代数和。即

$$I_s = I_{s1} + I_{s2} + \cdots + I_{sn} = \sum_{k=1}^{n} I_{sk} \qquad (2-1-9)$$

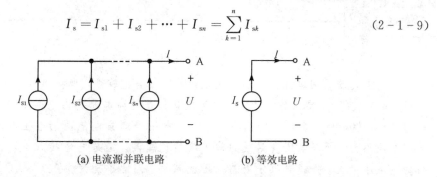

(a) 电流源并联电路　　　　　(b) 等效电路

图 2 - 1 - 17　电流源的并联及其等效电路

3) 与其他元件串联

与理想电流源串联的任何元件或支路，对理想电流源的电流均无影响。如图 2 - 1 - 18 所示，由 KCL 知，无论是图(a)中电流源 I_s 串联了电压源 U_s，还是图(b)中电流源 I_s 串联了电阻 R，其端口电流 I 依然为 I_s。所以，图 2 - 1 - 18(a) 和 (b) 所示的串联电路，都可用一个等效电流源 I_s 来代替，如图 2 - 1 - 18(c) 所示。

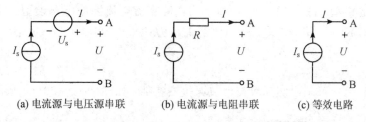

(a) 电流源与电压源串联　　　(b) 电流源与电阻串联　　　(c) 等效电路

图 2 - 1 - 18　电压源与其他元件的并联及其等效电路

2.1.4　实际电源模型及其等效变换

在实际应用中，电源总是有一定的内阻。实际电源在工作时，因内阻会消耗能量，所以对外电路会有影响。

1. 实际电压源

当实际电压源内阻消耗的能量不能忽略时，可采用一个理想电压源与其内阻的串联作为实际电压源的模型。图 2-1-19(a)所示为实际直流电压源的电路模型，其中 R_s 为电压源的内阻，它反映了电压源内部消耗能量的情况。根据 KVL，其端口电压、电流的关系为

$$U = U_s - IR_s \qquad (2-1-10)$$

由式(2-1-10)可画出实际直流电压源的伏安特性，如图 2-1-19(b)所示。

 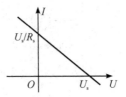

(a) 实际直流电压源电路模型　　(b) 实际直流电压源的伏安特性

图 2-1-19　实际直流电压源

知识拓展

干电池的内电阻

用电压表测量旧电池两端的电压，有时依然会比较高，但接入电路后却不能使负载(收音机、录音机等)正常工作。这种情况可以认为是因为电池的内电阻变大了，甚至比负载的电阻还大，但依然比电压表的内电阻小。用电压表测量电池两端电压时，电池内电阻分得的内电压不大，所以电压表测得的电压依然比较高。但是电池接入电路后，电池内电阻分得的内电压增大，负载电阻分得的电压就减小，因此不能使负载正常工作。要判断旧电池能不能使用，应该在有负载时测量电池两端的电压。有些性能较差的稳压电源，在有负载和没有负载两种情况下测得的电源两端的电压相差较大，也是因为电源的内电阻较大造成的。

2. 实际电流源

当实际电流源内阻消耗的能量不能忽略时，可采用一个理想电流源与其内阻的并联作为实际电流源的模型。图 2-1-20(a)所示为实际直流电流源的电路模型，其中 R_s 为电流源的内阻。根据 KCL，其端口电压、电流的关系为

$$I = I_s - \frac{U}{R_s} \qquad (2-1-11)$$

由式(2-1-11)可画出实际直流电流源伏安特性，如图 2-1-20(b)所示。

 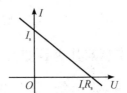

(a) 实际直流电流源电路模型　　(b) 实际直流电流源的伏安特性

图 2-1-20　实际直流电压源

3. 实际电源模型的等效变换

若已知一个实际电压源的电路模型，在不改变其端口处电压和电流的情况下，能否将其变换成一个实际电流源的电路模型？答案是肯定的。我们将这种不改变端口处伏安关系的变换称为等效变换。等效变换是一种非常有用的电路分析方法。

图 2-1-21(a)为实际电压源电路，其中 R_{su} 为其内阻；图 2-1-21(b)为实际电流源电路，其中 R_{si} 为其内阻。则式(2-1-10)和式(2-1-11)可写为

$$U_{AB} = U_s - IR_{su}$$

$$I = I_s - \frac{U_{AB}}{R_s}，\text{即 } U_{AB} = I_s R_{si} - IR_{si}$$

根据等效的要求，两电路端口处的电压和电流相等，由上述两式得

$$U_s - IR_{su} = I_s R_{si} - IR_{si}$$

当 $R_{su} = R_{si} = R_s$ 时，有

$$U_s = I_s R_s \text{ 或 } I_s = \frac{U_s}{R_s} \tag{2-1-12}$$

由式(2-1-12)可知，等效的条件为：实际电压源模型与实际电流源模型中的内阻相等。

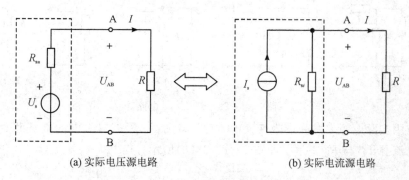

(a) 实际电压源电路　　　　　　　　(b) 实际电流源电路

图 2-1-21　两种实际电源电路模型的等效变换

注意：

(1) 等效变换是指对外电路等效，即把它们与相同的负载连接，负载两端的电压、流过负载的电流、负载消耗的功率都相同。

(2) 等效变换后，电流源的方向要与电压源的极性保持一致，即电流源内电流的方向总是由电压源的负极指向正极。

(3) 理想的电压源与理想的电流源不能等效变换。

实际电源模型就是一个有源二端网络，所以实际电源的等效变换可以推广为有源二端网络的等效变换，即参与等效变换的不局限于电源内阻，有源二端网络内的电源与电阻均可进行等效变换。

例 2.1.4　试将图 2-1-22(a)、(c)所示的电路等效变换为只有一个电源、一个电阻的电路。

解　图 2-1-22(a)电路为两个串联的实际电压源。由等效的概念知，可等效为一个电压源串联一个电阻，如图 2-1-22(b)所示。等效的电压源和等效的电阻为

$$U_s = U_{s1} - U_{s2}$$

$$R_s = R_{s1} + R_{s2}$$

图 2-1-22(c)电路为两个并联的实际电流源。由等效的概念知,可等效为一个电流源并联一个电阻,如图 2-1-22(d)所示。等效的电流源和等效的电阻为

$$I_s = I_{s1} - I_{s2}$$

$$R_s = \frac{R_{s1} R_{s2}}{R_{s1} + R_{s2}}$$

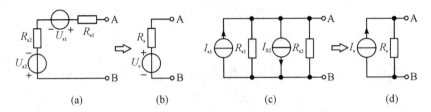

图 2-1-22 例 2.1.4 电路

例 2.1.5 试将图 2-1-23(a)所示的电路等效变换为一个实际电压源模型的电路。已知:$U_s = 8 \text{ V}$,$R_1 = 4 \text{ }\Omega$,$R_2 = 4 \text{ }\Omega$,$R_3 = 3 \text{ }\Omega$。

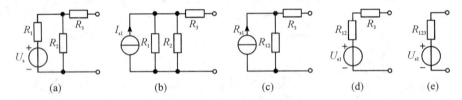

图 2-1-23 例 2.1.5 电路

解 应用实际电源串并联等效变换的方法,将图 2-1-23(a)中的电压源 U_s 与 R_1 串联变换为电流源 I_{s1} 与 R_1 并联,如图 2-1-23(b)所示,其中

$$I_{s1} = \frac{U_s}{R_1} = \frac{8 \text{ V}}{4 \text{ }\Omega} = 2 \text{ A}$$

图 2-1-23(b)中 R_1 与 R_2 并联,可等效为 R_{12},如图 2-1-23(c)所示,则有

$$R_{12} = \frac{R_1 R_2}{R_1 + R_2} = \frac{4 \text{ }\Omega \times 4 \text{ }\Omega}{4 \text{ }\Omega + 4 \text{ }\Omega} = 2 \text{ }\Omega$$

图 2-1-23(c)中电流源 I_{s1} 与 R_{12} 并联,可变换为电压源 U_{s1} 与 R_{12} 串联,如图 2-1-23(d)所示,则有

$$U_{s1} = I_{s1} R_{12} = 2 \text{ A} \times 2 \text{ }\Omega = 4 \text{ V}$$

图 2-1-23(d)中 R_{12} 与 R_3 串联,可等效为 R_{123},如图 2-1-23(e)所示,则有

$$R_{123} = R_{12} + R_3 = 2 \text{ }\Omega + 3 \text{ }\Omega = 5 \text{ }\Omega$$

所以,等效变换后的电压源模型的电路如图 2-1-23(e)所示。

练习与思考

2-1-1 某一个电路被等效替换为另一个电路,其等效的意义体现在哪里?

2-1-2 电阻的串联和并联各有什么特点?

2-1-3 电路如图 2-1-24 所示,试求等效电阻 R_{AB} 和 R_{BC}。

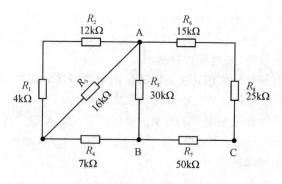

图 2-1-24

2-1-4　电压源和电阻并联的组合与电流源和电阻串联的组合能否进行等效变换？为什么？

2-1-5　电压源和电流源等效变换时，如何确定理想电压源和理想电流源的方向？

2-1-6　将图 2-1-25 所示电路简化为实际电压源模型。

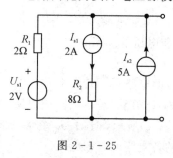

图 2-1-25

2.2　叠 加 定 理

观察与思考

手电筒一般用两节串联的 1.5 V 干电池供电，分析电路时可将它们叠加，等效为一个 3 V 的电源；也可以理解为灯泡两端得到的电压是 U_{s1} 和 U_{s2} 分别给灯泡供电结果的叠加，如图 2-2-1 所示。

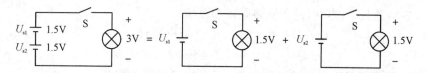

图 2-2-1　手电筒原理电路及等效叠加

在复杂的多电源电路中，是否也可以用叠加的思路和方法来分析电路呢？

2.2.1　叠加定理概述

线性电路是由线性元件及独立源组成的电路。线性元件的参数不随电压、电流的变化而改变。线性电路的基本性质之一就是具有叠加性，即叠加定理：在多个电源同时作用的线性电路中，任何支路的电流（或任意两点间的电压），都是各个电源单独作用时在此支路（或此两点间）所产生的电流（或电压）的代数和。

所谓电路中一个电源单独作用，就是将其余的电源置零，即将不作用的电压源做短路处理，不作用的电流源做开路处理，并保留电源的内阻。

利用叠加定理可以简化复杂电路的计算。下面结合例题来说明应用叠加定理的方法。

例 2.2.1　电路如图 2-2-2(a)所示，已知 $U_s = 6$ V，$I_s = 4$ mA，$R_1 = 1$ kΩ，$R_2 = 2$ kΩ，$R_3 = 3$ kΩ。试用叠加定理求解 I_3 和 U。

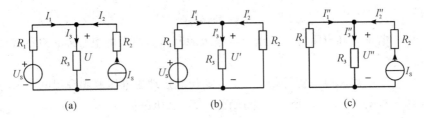

图 2-2-2　例 2.2.1 电路

解　(1) 假定各相关电流和电压的参考方向，如图 2-2-2(a)中的 I_1、I_2、I_3 和 U 所示。

(2) 画出各电源单独作用时的电路图。U_s 单独作用时，电路及 I_1'、I_2'、I_3' 和 U' 的参考方向如图 2-2-2(b)所示，此时 I_s 开路（若有内阻应保留）。I_s 单独作用时，电路及 I_1''、I_2''、I_3'' 和 U'' 的参考方向如图 2-2-2(c)所示，此时 U_s 短路（保留内阻）。

(3) 求各电源单独作用时的各支路电流和电压。

U_s 单独作用时：

$$I_3' = I_1' = \frac{U_s}{R_1 + R_3} = \frac{6\text{ V}}{1\text{ kΩ} + 3\text{ kΩ}} = 1.5\text{ mA}$$

$$U' = I_3' R_3 = 1.5\text{ mA} \times 3\text{ kΩ} = 4.5\text{ V}$$

I_s 单独作用时：

$$I_2'' = I_s = 4\text{ mA}$$

$$I_3'' = \frac{R_1}{R_1 + R_3} I_2'' = \frac{1\text{ kΩ}}{1\text{ kΩ} + 3\text{ kΩ}} \times 4\text{ mA} = 1\text{ mA}$$

$$U'' = I_3'' R_3 = 1\text{ mA} \times 3\text{ kΩ} = 3\text{ V}$$

(4) 求各电源共同作用时的各支路电流和电压。

$$I_3 = I_3' + I_3'' = 1.5\text{ mA} + 1\text{ mA} = 2.5\text{ mA}$$

$$U = U' + U'' = 4.5\text{ V} + 3\text{ V} = 7.5\text{ V}$$

若采用电源模型等效变换的方法求解，可以得到相同的结论。

应用叠加定理时要注意以下几点：

(1) 叠加定理只适用于求解线性电路的电压和电流，不能用叠加定理求功率（功率与电压或电流之间是平方关系）；不适用于非线性电路。

(2) 不作用独立源置零的方法：电压源短路，电流源开路，保留内阻。若有受控源，则任何时候都要保留。

(3) 应用叠加定理时，电路的结构参数必须前后一致。计算每个独立电源的响应时，不能改变原有电路的结构。

（4）解题时要标明各支路电流、电压的参考方向。叠加求代数和时要注意参考方向。若分电流、分电压与原电路中电流、电压的参考方向相反时，叠加时相应项前要带"－"号。

（5）线性电路中，所有电压源和电流源都增大（或减小）k 倍，则电路中的电流和电压也增大（或减小）k 倍数。当电路中只有一个独立源时，则电压或电流与独立源成正比。此特性称为线性电路的齐次性。

2.2.2　叠加定理的应用

例 2.2.2　电路如图 2-2-3(a)所示，已知 $U_{s1}=6$ V，$U_{s2}=1.5$ V，$R_1=R_2=R_3=1$ kΩ。试用叠加定理求解 I_1、I_2、I_3 和 U。

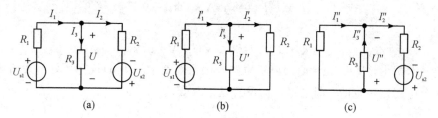

图 2-2-3　例 2.2.2 电路

解　U_{s1} 单独作用时，电路及 I_1'、I_2'、I_3' 和 U' 的参考方向如图 2-2-3(b)所示。则有

$$I_1'=\frac{U_{s1}}{R_1+\dfrac{R_2R_3}{R_2+R_3}}=\frac{6\ \text{V}}{1\ \text{k}\Omega+\dfrac{1\ \text{k}\Omega\times1\ \text{k}\Omega}{1\ \text{k}\Omega+1\ \text{k}\Omega}}=4\ \text{mA}$$

$$I_2'=\frac{R_3}{R_2+R_3}I_1'=\frac{1\ \text{k}\Omega}{1\ \text{k}\Omega+1\ \text{k}\Omega}\times4\ \text{mA}=2\ \text{mA}$$

$$I_3'=I_1'-I_2'=4\ \text{mA}-2\ \text{mA}=2\ \text{mA}$$

$$U'=I_3'R_3=2\ \text{mA}\times1\ \text{k}\Omega=2\ \text{V}$$

U_{s2} 单独作用时，电路及 I_1''、I_2''、I_3'' 和 U'' 的参考方向如图 2-2-3(c)所示。则有

$$I_2''=\frac{U_{s2}}{R_2+\dfrac{R_1R_3}{R_1+R_3}}=\frac{1.5\ \text{V}}{1\ \text{k}\Omega+\dfrac{1\ \text{k}\Omega\times1\ \text{k}\Omega}{1\ \text{k}\Omega+1\ \text{k}\Omega}}=1\ \text{mA}$$

$$I_3''=\frac{R_1}{R_1+R_3}I_2''=\frac{1\ \text{k}\Omega}{1\ \text{k}\Omega+1\ \text{k}\Omega}\times1\ \text{mA}=0.5\ \text{mA}$$

$$I_1''=I_2''-I_3''=1\ \text{mA}-0.5\ \text{mA}=0.5\ \text{mA}$$

$$U''=I_3''R_3=0.5\ \text{mA}\times1\ \text{k}\Omega=0.5\ \text{V}$$

所以各电流和电压为

$$I_1=I_1'+I_1''=4\ \text{mA}+0.5\ \text{mA}=4.5\ \text{mA}$$

$$I_2=I_2'+I_2''=2\ \text{mA}+1\ \text{mA}=3\ \text{mA}$$

$$I_3=I_3'-I_3''=2\ \text{mA}-0.5\ \text{mA}=1.5\ \text{mA}$$

$$U=U'-U''=2\ \text{V}-0.5\ \text{V}=1.5\ \text{V}$$

或

$$U=I_3R_3=1.5\ \text{mA}\times1\ \text{k}\Omega=1.5\ \text{V}$$

注意：本例中 I_3'' 和 U'' 的参考方向与 I_3 和 U 的参考方向相反，所以叠加时为"一"。

例 2.2.3 电路如图 2-2-4(a)所示，已知 $U_s=12$ V，$I_s=8$ mA，$R_1=1.8$ kΩ，$R_2=2.2$ kΩ，$R_3=3$ kΩ，$R_4=1$ kΩ。试用叠加定理求解 U。

解 U_s 单独作用时，电路及 U' 的参考方向如图 2-2-4(b)所示。则有

$$U'=\frac{R_4}{R_3+R_4}U_s=\frac{1\text{ kΩ}}{3\text{ kΩ}+1\text{ kΩ}}\times 12\text{ V}=3\text{ V}$$

I_s 单独作用时，电路及 U'' 的参考方向如图 2-2-4(c)所示。为方便分析，将其改画为如图 2-2-4(d)所示的形式。则有

$$I_4''=\frac{R_3}{R_3+R_4}I_s=\frac{3\text{ kΩ}}{3\text{ kΩ}+1\text{ kΩ}}\times 8\text{ mA}=6\text{ mA}$$

$$U''=I_4''R_4=6\text{ mA}\times 1\text{ kΩ}=6\text{ V}$$

所以总电压为

$$U=U'+U''=3\text{ V}+6\text{ V}=9\text{ V}$$

注意：本例中将图 2-2-4(c)所示电路改画为图 2-2-4(d)仅为更好地理解电流分配关系，两个电路是一致的，即电路结构没有发生改变。

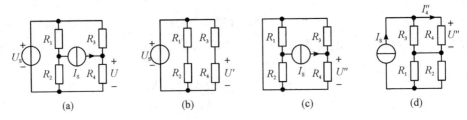

图 2-2-4 例 2.2.3 电路

例 2.2.4 电路如图 2-2-5(a)所示，已知 $U_s=10$ V，$I_s=5$ mA，$R_1=2$ kΩ，$R_2=1$ kΩ。试用叠加定理求解 U。

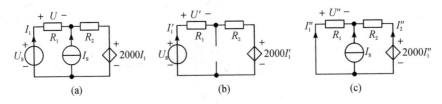

图 2-2-5 例 2.2.4 电路

解 U_s 单独作用时，电路及 I_1' 和 U' 的参考方向如图 2-2-5(b)所示。列出电路的 KVL 方程：

$$U_s=I_1'(R_1+R_2)+2000I_1'$$

得

$$I_1'=\frac{U_s}{R_1+R_2+2000}=\frac{10\text{ V}}{2000\text{ Ω}+1000\text{ Ω}+2000\text{ Ω}}=2\text{ mA}$$

$$U'=I_1'R_1=2\text{ mA}\times 2\text{ kΩ}=4\text{ V}$$

I_s 单独作用时，电路及 I_1''、I_2'' 和 U'' 的参考方向如图 2-2-5(c)所示。I_1''、I_2'' 分别为

$$I_1''=\frac{U''}{R_1}$$

$$I''_2 = \frac{2000 I''_1 + U''}{R_2} = \frac{2000 U''}{R_1 R_2} + \frac{U''}{R_2}$$

列出电路的 KCL 方程：

$$I''_1 + I''_2 + I_s = 0$$

有

$$\frac{U''}{R_1} + \frac{2000 U''}{R_1 R_2} + \frac{U''}{R_2} + I_s = 0$$

得

$$U'' = \frac{-I_s}{\frac{1}{R_1} + \frac{2000}{R_1 R_2} + \frac{1}{R_2}} = \frac{-5 \text{ mA}}{\frac{1}{2 \text{ k}\Omega} + \frac{2000 \ \Omega}{2 \text{ k}\Omega \times 1 \text{ k}\Omega} + \frac{1}{1 \text{ k}\Omega}} = -2 \text{ V}$$

所以总电压为

$$U = U' + U'' = 4 \text{ V} - 2 \text{ V} = 2 \text{ V}$$

注意：本例中含有受控源，受控源不能单独作用，所以当各独立源单独作用时，受控源必须始终保留在电路中。

练习与思考

2-2-1 从理想电源伏安特性出发，解释独立源置零时，为什么电压源相当于短路、电流源相当于开路？

2-2-2 应用叠加定理分析实际电路时，有人将实际电压源做短路处理，这样做对吗？应该怎么处理实际的电压源？

2-2-3 电路如图 2-2-6 所示，已知 $U_{s1} = 6 \text{ V}$，$U_{s2} = 1.5 \text{ V}$，$R_1 = R_2 = R_3 = 1 \text{ k}\Omega$。试用叠加定理求解 I_1、I_2、I_3 和 U。

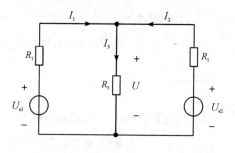

图 2-2-6

2-2-4 电路如图 2-2-7 所示，已知 $R_1 = R_2 = R_3 = R$，试用叠加定理求电压 U。

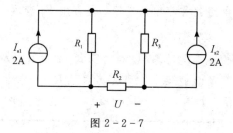

图 2-2-7

2.3　戴维南定理

前面提到，一台笔记本电脑无论用稳压电源供电，还是用电池供电，使用效果是一样的，即复杂的稳压电源电路可以"等效"为一个简单的电池电源。

那么复杂的电源电路如何"等效"为简单的电源电路呢？

2.3.1　戴维南定理概述

工程实际中，常常会遇到只需求解某一支路电压或电流的情况。在这种情况下，用前面学过的方法来计算就显得不够简便。1883 年，戴维南提出了解决这个问题的简便方法，即戴维南定理。

戴维南定理：任何一个含有独立电源和线性电阻的线性二端网络 N，如图 2-3-1(a)所示，对于外电路，可以用一个电压源 U_s 和内阻 R_s 的串联组合来等效置换，如图 2-3-1(b)所示。此电压源的电压 U_s 等于外电路断开时端口处的开路电压 U_{oc}，如图 2-3-1(c)所示，而电阻 R_s 等于该二端网络中全部独立电源置零后所得无源网络 N_0 的端口等效电阻 R_o，如图 2-3-1(d)所示。

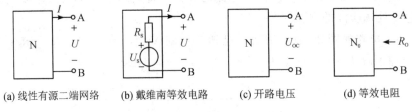

(a) 线性有源二端网络　　(b) 戴维南等效电路　　(c) 开路电压　　(d) 等效电阻

图 2-3-1　戴维南定理示例

输入电阻和输出电阻的概念

在电工电子技术中，会经常用到输入电阻和输出电阻。

1. 输入电阻

所谓负载，就是用电装置接在电源的输出端，一般可以用无源二端网络等效。那么该无源二端网络端口的等效电阻就称为输入电阻，通常用 R_i 表示。

2. 输出电阻

有源二端网络可等效为一个电压源 U_s 和内阻 R_s 的串联，如图 2-3-1(b)所示。如果用该有源二端网络作为电源给负载供电，那么其内阻 R_s 又称为该有源二端网络的输出电阻，即输出端口的等效电阻，如图 2-3-1(d)所示。输出电阻通常用 R_o 表示。

2.3.2　戴维南定理的应用

1. 等效变换法

对于一些含有电压源与电阻串联、电流源与电阻并联的电路，可根据两种实际电源模型的等效互换原理对电路进行变换、合并，将电路简化为戴维南等效电路。

例 2.3.1　试求图 2-3-2(a)所示电路的戴维南等效电路。

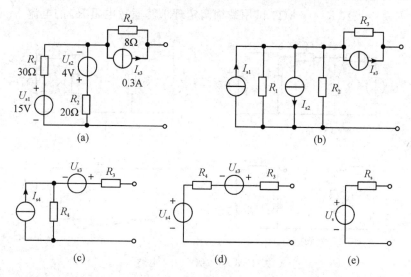

图 2-3-2　例 2.3.1 电路

解　利用 2.1.4 节学过的两种实际电源模型等效转换原理，将图 2-3-2(a)中的电压源模型 U_{s1}、R_1 及 U_{s2}、R_2 转换为电流源模型，如图 2-3-2(b)所示，其中 I_{s1} 和 I_{s2} 分别为

$$I_{s1} = \frac{U_{s1}}{R_1} = \frac{15\ \text{V}}{30\ \Omega} = 0.5\ \text{A}$$

$$I_{s2} = \frac{U_{s2}}{R_2} = \frac{4\ \text{V}}{20\ \Omega} = 0.2\ \text{A}$$

合并并联的电流源 I_{s1}、I_{s2} 及电阻 R_1、R_2，将电流源模型 I_{s3}、R_3 转换成电压源模型，如图 2-3-2(c)所示，其中 I_{s4}、R_4 和 U_{s3} 分别为

$$I_{s4} = I_{s1} - I_{s2} = 0.5\ \text{A} - 0.2\ \text{A} = 0.3\ \text{A}$$

$$R_4 = \frac{R_1 R_2}{R_1 + R_2} = \frac{30\ \Omega \times 20\ \Omega}{30\ \Omega + 20\ \Omega} = 12\ \Omega$$

$$U_{s3} = I_{s3} R_3 = 0.3\ \text{A} \times 8\ \Omega = 2.4\ \text{V}$$

再将电流源模型 I_{s4}、R_4 转换为电压源模型，如图 2-3-2(d)所示，其中 U_{s4} 为

$$U_{s4} = I_{s4} R_4 = 0.3\ \text{A} \times 12\ \Omega = 3.6\ \text{V}$$

最后合并串联的电压源和电阻，得到戴维南等效电路，如图 2-3-2(e)所示，其中 U_s、R_s 分别为

$$U_s = U_{s3} + U_{s4} = 2.4\ \text{V} + 3.6\ \text{V} = 6\ \text{V}$$

$$R_s = R_3 + R_4 = 12\ \Omega + 8\ \Omega = 20\ \Omega$$

2. 计算法

按照戴维南定理，先断开二端有源网络的外电路，求解其开路电压 U_{oc}，再将该网络内的所有独立源置零，即电压源短路、电流源开路，求解端口等效电阻 R_o，可得到戴维南等效电路，其中等效电压源 $U_s = U_{oc}$，电压源内阻 $R_s = R_o$。该方法适合较复杂电路的求解，下面结合例题来说明应用戴维南定理的方法。

例 2.3.2 电路如图 2-3-3(a)所示，已知：$U_{s1} = 18\ \text{V}$，$U_{s2} = 6\ \text{V}$，$R_1 = R_2 = 2\ \text{k}\Omega$，$R_3 = 4\ \text{k}\Omega$，$R_4 = 3\ \text{k}\Omega$，$R_5 = 6\ \text{k}\Omega$。试用戴维南定理求解通过电阻 R_3 的电流 I。

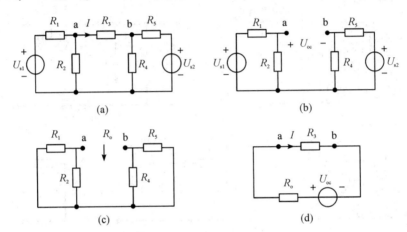

图 2-3-3 例 2.3.2 电路

解 (1) 因被求电流 I 为 R_3 所在的支路，所以先断开 R_3 支路，得如图 2-3-3(b)所示有源二端网络电路，再求端口的开路电压 U_{oc}。

$$U_{oc} = U_a - U_b = \frac{R_2}{R_1 + R_2}U_{s1} - \frac{R_4}{R_4 + R_5}U_{s2} = \frac{2\ \text{k}\Omega}{2\ \text{k}\Omega + 2\ \text{k}\Omega} \times 18\ \text{V} - \frac{3\ \text{k}\Omega}{3\ \text{k}\Omega + 6\ \text{k}\Omega} \times 6\ \text{V} = 7\ \text{V}$$

(2) 将图 2-3-3(b)电路中的独立源置零，得如图 2-3-3(c)所示无源二端网络电路，再求其等效电阻 R_o。

$$R_o = \frac{R_1 R_2}{R_1 + R_2} + \frac{R_4 R_5}{R_4 + R_5} = \frac{2\ \text{k}\Omega \times 2\ \text{k}\Omega}{2\ \text{k}\Omega + 2\ \text{k}\Omega} + \frac{3\ \text{k}\Omega \times 6\ \text{k}\Omega}{3\ \text{k}\Omega + 6\ \text{k}\Omega} = 3\ \text{k}\Omega$$

(3) 画戴维南等效电路，还原断开的 R_3 支路，得如图 2-3-3(d)所示电路，求电流 I。

$$I = \frac{U_{oc}}{R_o + R_3} = \frac{7\ \text{V}}{3\ \text{k}\Omega + 4\ \text{k}\Omega} = 1\ \text{mA}$$

注意：戴维南等效电路中，电压源 U_s 的方向要与所求开路电压 U_{oc} 的方向一致。

例 2.3.3 电路如图 2-3-4(a)所示，已知 $U_s = 12\ \text{V}$，$I_s = 8\ \text{mA}$，$R_1 = 1.8\ \text{k}\Omega$，$R_2 = 2.2\ \text{k}\Omega$，$R_3 = 3\ \text{k}\Omega$，$R_4 = 1\ \text{k}\Omega$。试用戴维南定理求解 U。

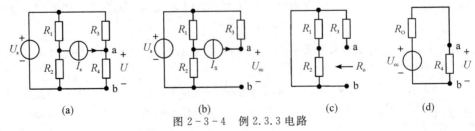

图 2-3-4 例 2.3.3 电路

解　(1) 先断开 R_4 支路，得如图 2-3-4(b)所示有源二端网络电路，则端口开路电压为

$$U_{oc} = U_a = U_s + I_s R_3 = 12\ \text{V} + 8\ \text{mA} \times 3\ \text{k}\Omega = 36\ \text{V}$$

(2) 将图 2-3-4(b)电路中的独立源置零，得如图 2-3-4(c)所示无源二端网络电路，则其等效电阻为

$$R_o = R_3 = 3\ \text{k}\Omega$$

(3) 画戴维南等效电路，还原断开的 R_4 支路，得如图 2-3-4(d)所示电路，则

$$U = \frac{R_4}{R_o + R_4} U_{oc} = \frac{1\ \text{k}\Omega}{3\ \text{k}\Omega + 1\ \text{k}\Omega} \times 36\ \text{V} = 9\ \text{V}$$

可以看出，本例题与例 2.2.3 完全相同，结论也相同。

技术与应用

有源二端网络等效电阻的测量

应用戴维南等效电路的关键是求解有源二端网络的开路电压 U_{oc} 和等效电阻 R_o。上述例题在求解 R_o 时，都是利用电阻的串、并联等效简化法求解的。在实际应用中，我们可能并不知道有源二端网络的具体结构及参数，或无法用电阻的等效简化法求解，这时就需要用测量的方式来求解其等效电阻 R_o。

1. 开路短路法

先测量有源二端网络的端口开路电压 U_{oc}，再测量端口短路电流 I_{sc}，如图 2-3-5 所示，则等效电阻 R_o 为

$$R_o = \frac{U_{oc}}{I_{sc}} \tag{2-3-1}$$

2. 外加负载法

若有源二端网络不适合将端口短路，则可外接已知负载 R_L，如图 2-3-6 所示，并测量 U 及 I_L，则

$$I_L = \frac{U_{oc}}{R_o + R_L} = \frac{U}{R_L}$$

所以，等效电阻 R_o 为

$$R_o = \left(\frac{U_{oc}}{U} - 1 \right) R_L \tag{2-3-2}$$

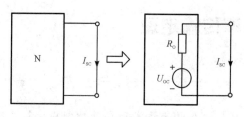

图 2-3-5　开路短路法求解等效电阻

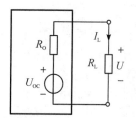

图 2-3-6　外加负载法求解等效电阻

3. 外加电源法

将有源二端网络的独立源置零，在端口加一电源 U，如图 2-3-7 所示，测量或计算端

口电流 I，则等效电阻 R_o 为

$$R_o = \frac{U}{I} \qquad\qquad (2-3-3)$$

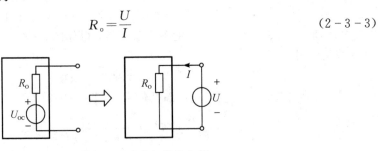

图 2-3-7　外加电源法求解等效电阻

上述用测量的方法求解有源二端网络等效电阻 R_o，无须了解网络的具体结构，因此在实验中得到了广泛应用。在进行理论分析时，即使已知网络的结构，也可采用上述方法来求解 R_o。

练习与思考

2-3-1　一个有源二端网络可以等效为一个_____和一个_____的串联。

2-3-2　在求有源二端网络的等效电阻时，电压源应该_____，电流源应该_____，受控源应该_____。

2-3-3　测量有源二端网络的等效内阻有哪几种方法？

2-3-4　一个有源二端网络能否等效为一个电流源和一个电阻的并联？

2-3-5　电路如图 2-3-8 所示。

(1) 当 R_3 断开时，试求 a、b 两端的开路电压 U_{oc}；

(2) 当 R_3 短路时，试求 a、b 两端的短路电流 I_{sc}；

(3) 试用戴维南定理求 U 和 I。

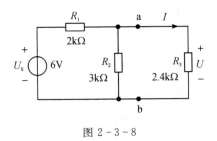

图 2-3-8

2.4　最大功率传输定理

观察与思考

任何电路都在进行着由电源到负载的功率传递。在电子技术和自动控制中，负载是一些用电设备，如天线、扬声器和耳机等。为了提高设备的利用率，总是希望负载尽可能获得最大的功率。那么在什么条件下，负载才能得到最大的功率呢？

在电路中，驱动负载的无论是信号源还是前级电路，通常都可以等效为一个线性有源二端网络。

由戴维南定理知，一个线性有源二端网络 N 可以等效为一个电压源 U_s 和内阻 R_s 的串联组合；而负载则可等效为一个电阻 R_L，如图 2-4-1 所示。当电压源 U_s 和内阻 R_s 均为固定值时，负载 R_L 取值不同，从有源二端网络 N 获得的功率也不同：若 $R_L \to \infty$，$U = U_s$ 最大，此时 $I = 0$，负载 R_L 获得的功率为零；若 $R_L = 0$，$I = \dfrac{U_s}{R_s}$ 最大，但此时 $U = 0$，负载 R_L 获得的功率也为零。那么负载 R_L 的取值为多少时才能获得最大的功率呢？

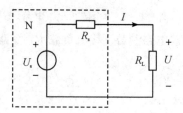

图 2-4-1　最大功率传输示意图

由图 2-4-1 可知，回路电流为

$$I = \frac{U_s}{R_s + R_L}$$

负载 R_L 获得的功率为

$$P_L = I^2 R_L = \left(\frac{U_s}{R_s + R_L} \right)^2 R_L \qquad (2-4-1)$$

由数学分析知，当 $\dfrac{\mathrm{d}P_L}{\mathrm{d}R_L} = 0$ 时，P_L 为最大值。则由

$$\frac{\mathrm{d}P_L}{\mathrm{d}R_L} = \frac{R_s - R_L}{(R_s + R_L)^3} U_s^2 = 0$$

得

$$R_L = R_s \qquad (2-4-2)$$

即当 $R_L = R_s$ 时，负载 R_L 可获得最大功率。

由此可得**最大功率传输定理**：有源二端网络的外接负载 R_L 等于其内阻 R_s 时，负载 R_L 可获得最大功率。通常把此时电路的工作状态称为负载匹配状态。

在负载匹配状态下，负载获得的最大功率为

$$P_{Lmax} = I^2 R_L = \frac{U_s^2}{4R_L} \qquad (2-4-3)$$

负载上的电压为

$$U = \frac{R_L}{R_s + R_L} U_s = \frac{1}{2} U_s$$

功率传输效率为

$$\eta_{max} = \frac{P_L}{P_s} \times 100\% = \frac{UI}{U_s I} \times 100\% = 50\%$$

例 2.4.1　电路如图 2-4-2(a)所示。已知：$U_{s1} = 10\ \mathrm{V}$，$U_{s2} = 5\ \mathrm{V}$，$R_1 = 300\ \Omega$，$R_2 = 200\ \Omega$。

(1) 负载 R_L 为多少时能从电路中获得最大功率？并求此最大功率。

(2) 若保持戴维南等效电路的 U_s 及 R_L 不变，$R_s=20\Omega$，R_L 获得的功率为多少？功率传输效率为多少？

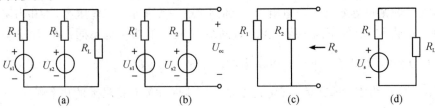

图 2-4-2　例 2.4.1 电路

解　(1) 首先求戴维南等效电路参数。移出负载 R_L 支路，如图 2-4-2(b)所示，由叠加定理可以得到开路电压为

$$U_{oc}=\frac{R_2}{R_1+R_2}U_{s1}+\frac{R_1}{R_1+R_2}U_{s2}=\frac{200\ \Omega\times10\ V}{300\ \Omega+200\ \Omega}+\frac{300\ \Omega\times5\ V}{300\ \Omega+200\ \Omega}=7\ V$$

再将图 2-4-2(b)中电源置零，如图 2-4-2(c)所示，等效电阻为

$$R_o=\frac{R_1R_2}{R_1+R_2}=\frac{300\ \Omega\times200\ \Omega}{300\ \Omega+200\ \Omega}=120\ \Omega$$

得到戴维南等效电路，如图 2-4-2(d)所示。其中，$U_s=U_{oc}=7\ V$，$R_s=R_o=120\ \Omega$。根据最大功率传输定理可知，当负载 $R_L=R_s=120\ \Omega$ 时可获得最大功率，即

$$P_{Lmax}=\frac{U_s^2}{4R_L}=\frac{7^2\ V}{4\times120\ \Omega}\approx0.102\ W$$

(2) 此时回路电流为

$$I=\frac{U_s}{R_s+R_L}=\frac{7\ V}{20\ \Omega+120\ \Omega}=0.05\ A$$

R_L 获得的功率和功率传输效率分别为

$$P_L=I^2R_L=0.05^2\ A\times120\ \Omega=0.3\ W$$

$$\eta=\frac{P_L}{P_s}=\frac{P_L}{U_sI}=\frac{0.3\ W}{7\ V\times0.05\ A}=85.7\%$$

从本例可知：如果是负载 R_L 固定，内阻 R_s 可变，则应尽量减小 R_s，才能增大 R_L 获得的功率，从而提高功率传输效率。当 $R_s=0$ 时，R_L 获得的功率最大，功率传输效率为 100%。

知识拓展 ～～～～～～～～～～～～～～～～～～～～～～～～～～～～～～～～～～～～

功率与效率的侧重

负载匹配时，负载虽然获得最大功率，但也只获得了电源提供功率的 50%，另外 50% 的功率都消耗在电源的内阻上了，功率传输效率不高。对于弱电系统，如通信、电子工程等，由于信号功率较小，所以如何使负载获得最大功率是主要问题，效率是次要问题，所以常需要系统工作在负载匹配状态。而对于强电系统，如电力系统，因传输的功率很大，必须把降低功率损耗、提高传输效率放在首位，所以强电系统不能工作在负载匹配状态。

练习与思考

2-4-1　负载匹配的条件是 $R_L=$ _____，此时功率传输效率为 _____。

2-4-2　在弱电系统中，一般将负载如何获得最大功率作为主要关注点；而在强电系统中，则更加注重电能的传输效率。为什么？

2-4-3　已知某电压源的开路电压为 15 V，当外接 48 Ω 电阻时，电流为 0.3 A。

(1) 试求该电压源外接多大负载可达到负载匹配？此时负载获得的功率为多少？

(2) 若负载为 8 Ω，负载获得的功率为多少？功率传输效率为多少？

*2.5　线性电路的一般分析方法

前面讨论了电阻的串并联、电源的等效变换、戴维南定理以及叠加定理等，利用这些原理和方法可以对电路进行简化和计算，它们是常用和有效的。但是利用上述方法改变了原电路的结构，这不利于对电路进行全面分析。本节介绍电路的一般分析方法：支路电流法、回路电流法和节点电位法。这些方法是在不改变电路结构的前提下，以电压或电流作为电路的基本变量，根据基尔霍夫定律（KCL 和 KVL）与元件的伏安关系（VAR）建立线性方程组，再通过求解线性方程组来分析电路。

2.5.1　支路电流法

支路电流法是电路最基本、最直观的分析方法。支路电流法是以各支路电流为电路的变量，根据 KCL 和 KVL 列写电路的方程组，再通过求解方程组对电路进行计算分析。下面以图 2-5-1 为例介绍支路电流法的求解过程。

在图 2-5-1 电路中，共有 4 个节点（$n=4$），6 条支路（$b=6$），3 个网孔（$m=3$），7 个回路（$l=7$）。设各支路电流的参考方向如图 2-5-1 所示，元件上的电压与电流取关联参考方向。为求 6 条支路的电流，需要建立 6 个方程的方程组。

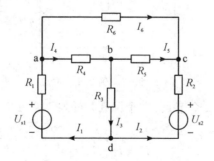

图 2-5-1　支路电流法示例

第一步，先列写各节点的 KCL 方程：

节点 a：$I_1-I_4-I_6=0$

节点 b：$I_4-I_3-I_5=0$

节点 c：$I_2+I_5+I_6=0$

节点 d：$I_3-I_1-I_2=0$

观察上述四个方程可知,任意三个方程求和都可得到第四个方程;若去掉其中任意一个方程,在剩下的三个方程中,任意一个方程都不能由其余两个方程得到,即四个方程中只有三个是独立方程。由此可以推广:当电路有 n 个节点时,可列出$(n-1)$个独立的 KCL 方程。在图 2-5-1 电路中,可任选三个节点方程作为独立方程,如选择 a、b、c 三个节点方程。

第二步,根据 KVL 列写各网孔的电压方程:

网孔 abda:$R_4 I_4 + R_3 I_3 - U_{s1} + R_1 I_1 = 0$

网孔 bcdb:$R_5 I_5 - R_2 I_2 + U_{s2} - R_3 I_3 = 0$

网孔 abca:$R_4 I_4 + R_5 I_5 - R_6 I_6 = 0$

以上三个方程中,任意一个方程都不能由另两个方程推导得出,所以这三个方程是独立方程。可以证明,另外四个回路的 KVL 方程均能由以上三个网孔方程组合而成。由此可以推广:当电路有 m 个网孔时,可列出 m 个独立的 KVL 方程。若列回路 KVL 方程,则所选回路中应至少包含一条新的支路,以保证方程为独立方程。独立方程对应的回路称为独立回路,在平面电路中网孔作为特殊的回路一定是独立回路,因为网孔一定含有独立支路,所以网孔数就是独立回路数。

由上述分析可见,图 2-5-1 电路有 6 条支路,而列出的 KCL 和 KVL 独立方程也正好有 6 个。由此可以推广:在平面电路中,当电路有 n 个节点、b 条支路、m 个网孔时,有

$$b - (n-1) = m \qquad (2-5-1)$$

即在通常情况下,网孔的 KVL 方程与节点的 KCL 独立方程联合,可以满足求解电路的需要。

联立求解上述独立方程,得到各支路电流,进而求解其他待求量。

例 2.5.1 电路如图 2-5-2 所示,已知 $U_{s1} = 6$ V,$U_{s2} = 1.5$ V,$R_1 = R_2 = R_3 = 1$ kΩ。试用支路电流法求解 I_1、I_2、I_3 和 U。

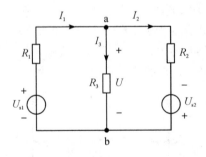

图 2-5-2 例 2.5.1 电路

解 电路有 3 条支路、2 个节点、2 个网孔,可列 1 个独立的 KCL 方程和 2 个独立的 KVL 方程。

列 KCL 方程: $\qquad\qquad I_1 - I_2 - I_3 = 0$

列 KVL 方程: $\qquad\qquad R_3 I_3 - U_{s1} + R_1 I_1 = 0$

$\qquad\qquad\qquad\qquad R_3 I_3 + U_{s2} - R_2 I_2 = 0$

将已知数代入以上三个方程,有

$$\begin{cases} I_1 - I_2 - I_3 = 0 \\ I_1 + I_3 = 6 \text{ mA} \\ I_2 - I_3 = 1.5 \text{ mA} \end{cases}$$

联立上述方程，解得：$I_1 = 4.5$ mA，$I_2 = 3$ mA，$I_3 = 1.5$ mA。所以

$$U = I_3 R_3 = 1.5 \text{ mA} \times 1 \text{ k}\Omega = 1.5 \text{ V}$$

本例题与例 2.2.2 完全相同，结论也相同。

综上所述，采用支路电流法分析电路的一般步骤为：

(1) 设定各支路电流的参考方向；

(2) 列写 $(n-1)$ 个节点的 KCL 方程；

(3) 列写各网孔的 KVL 方程；

(4) 联立求解上述方程组，得到各支路电流值；

(5) 根据需要进一步求解电压、功率等。

运用支路电流法的最大优点是可以直接求解出各支路的电流。但是当电路较复杂时，有多少条支路就需要列写多少个方程，求解多元方程的难度和计算量都会增大，所以需要寻求可以减少方程数的一般分析方法。

2.5.2　回路电流法

回路电流法是利用一组回路电流来建立电路方程组的方法，这样可以减少电路方程的数量，达到简化计算的目的。

仍以图 2-5-1 电路为例，为方便分析，现重新画电路图为图 2-5-3。假设在电路中的 3 个网孔中，沿回路边一侧流动着回路电流（实际为网孔电流），分别为 I_{l1}、I_{l2}、I_{l3}，从图示电流的方向可得到 6 个支路电流与回路电流的关系为

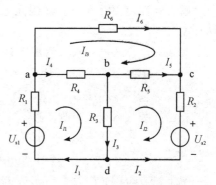

$$\left. \begin{aligned} I_1 &= I_{l1} \\ I_2 &= -I_{l2} \\ I_3 &= I_{l1} - I_{l2} \\ I_4 &= I_{l1} - I_{l3} \\ I_5 &= I_{l2} - I_{l3} \\ I_6 &= I_{l3} \end{aligned} \right\} \qquad (2-5-1)$$

图 2-5-3　回路电流法示例

由式(2-5-1)知，电路中所有支路电流均可用 3 个回路电流表示，若求解出这 3 个回路电流，就可以得到各支路电流。按顺时针方向列出 3 个网孔的 KVL 方程：

$$\left. \begin{aligned} R_4 I_4 + R_3 I_3 - U_{s1} + R_1 I_1 &= 0 \\ R_5 I_5 - R_2 I_2 + U_{s2} - R_3 I_3 &= 0 \\ R_6 I_6 - R_4 I_4 - R_5 I_5 &= 0 \end{aligned} \right\} \qquad (2-5-2)$$

将式(2-5-2)代入式(2-5-1)得

$$\left. \begin{aligned} R_4(I_{l1} - I_{l3}) + R_3(I_{l1} - I_{l2}) - U_{s1} + R_1 I_{l1} &= 0 \\ R_5(I_{l2} - I_{l3}) + R_2 I_{l2} + U_{s2} - R_3(I_{l1} - I_{l2}) &= 0 \\ R_6 I_{l3} - R_4(I_{l1} - I_{l3}) - R_5(I_{l2} - I_{l3}) &= 0 \end{aligned} \right\} \qquad (2-5-3)$$

以回路电流为变量，整理后得

$$\left. \begin{aligned} (R_1 + R_3 + R_4)I_{l1} - R_3 I_{l2} - R_4 I_{l3} &= U_{s1} \\ -R_3 I_{l1} + (R_2 + R_3 + R_5)I_{l2} - R_5 I_{l3} &= -U_{s2} \\ -R_4 I_{l1} - R_5 I_{l2} + (R_4 + R_5 + R_6)I_{l3} &= 0 \end{aligned} \right\} \qquad (2-5-4)$$

对式(2-5-4)方程组进行概括,得到回路电流法的一般方程形式:

$$\left.\begin{array}{l} R_{11}I_{l1}+R_{12}I_{l2}+R_{13}I_{l3}=U_{s11} \\ R_{21}I_{l1}+R_{22}I_{l2}+R_{23}I_{l3}=U_{s22} \\ R_{31}I_{l1}+R_{32}I_{l2}+R_{33}I_{l3}=U_{s33} \end{array}\right\} \qquad (2-5-5)$$

在式(2-5-5)中,R_{11}、R_{22}、R_{33} 具有重叠下标,称为独立回路的自电阻,分别为各独立回路中全部电阻之和,当独立回路的绕行方向与独立回路的电流方向一致时,自电阻取正值。其余电阻的下标不重叠,称为互电阻,均为两个独立回路的公共支路上的电阻,若通过互电阻的两个回路电流的方向一致,互电阻取正值,反之取负值。在线性电路中,有 $R_{12}=R_{21}$、$R_{13}=R_{31}$、$R_{23}=R_{32}$。U_{s11}、U_{s22}、U_{s33} 分别是各独立回路内所有电压源电压的代数和,当电压源电压方向与独立回路的绕行方向一致时取"+",反之取"-"。

由式(2-5-5)还可以看出,该方程组的方程数量比支路电流法少 3 个。由此可以推广:在平面电路中,当电路有 n 个节点、b 条支路、m 个网孔时,回路电流法列写的方程数为 m 个,即 $b-(n-1)$ 个,比支路电流法少 $(n-1)$ 个。

例 2.5.2 电路如图 2-5-4 所示,已知 $U_{s1}=6$ V,$U_{s2}=1.5$ V,$R_1=R_2=R_3=1$ kΩ。试用回路电流法求解 I_1、I_2、I_3。

解 电路有 2 个网孔,设网孔电流 I_{l1}、I_{l2} 的方向如图 2-5-4 所示。

按回路电流法的一般方程形式列写方程:

$$\begin{cases} (R_1+R_3)I_{l1}-R_3I_{l2}=U_{s1} \\ -R_3I_{l1}+(R_2+R_3)I_{l2}=U_{s2} \end{cases}$$

将已知数代入以上方程,有

$$\begin{cases} 2I_{l1}-I_{l2}=6 \text{ mA} \\ -I_{l1}+2I_{l2}=1.5 \text{ mA} \end{cases}$$

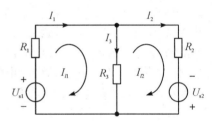

图 2-5-4 例 2.5.2 电路

解上述方程得:$I_{l1}=4.5$ mA,$I_{l2}=3$ mA。

由回路电流与支路电流的关系得

$$I_1=I_{l1}=4.5 \text{ mA}$$
$$I_2=I_{l2}=3 \text{ mA}$$
$$I_3=(I_{l1}-I_{l2})=4.5 \text{ mA}-3 \text{ mA}=1.5 \text{ mA}$$

本例题与例 2.2.2、例 2.5.1 完全相同,结论也相同。

上述分析均采用网孔电流为变量,称为网孔电流法,是回路电流法的特例。采用网孔电流法时,若所有网孔电流均设为顺时针方向,则自电阻为正值、互电阻为负值,可将列写回路 KVL 方程的方法归纳为:

自电阻×本网孔电流+互电阻×相邻网孔电流=网孔内所有电源的电压升

综上所述,采用回路电流法分析电路的一般步骤为:

(1)按网孔数选定一组独立回路,设定各回路电流的参考方向;

(2)以回路电流为变量,按回路电流法的一般方程形式列写回路的 KVL 方程;

(3)联立求解方程组,得到各回路电流;

(4)根据回路电流与支路电流的关系求解各支路电流;

(5)根据需要进一步求解电压、功率等。

2.5.3 节点电位法

回路电流法是利用独立回路的回路电流为变量来建立电路方程的。在实际分析中，也可以采用独立节点的节点电位为变量来列写电路方程。在有 n 个节点的电路中，有 1 个节点为非独立节点，若以此非独立节点为参考点(零电位点)，以其余 $(n-1)$ 个独立节点到参考点的电压，即独立节点的电位为变量，则需建立 $(n-1)$ 个方程。显然，节点电位法更适合节点数少、支路数多的电路。

仍以图 2-5-1 电路为例，为方便分析现重新画为图 2-5-5。该电路有 4 个节点，以节点 d 为参考点，设 a、b、c 的节点电位分别为 U_{n1}、U_{n2}、U_{n3}，则各支路电压与节点电位的关系为

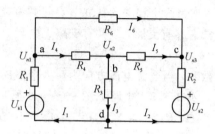

图 2-5-5 节点电位法示例

$$\left.\begin{aligned} U_{ad} &= U_{n1} \\ U_{ab} &= U_{n1} - U_{n2} \\ U_{ac} &= U_{n1} - U_{n3} \\ U_{bd} &= U_{n2} \\ U_{bc} &= U_{n2} - U_{n3} \\ U_{cd} &= U_{n3} \end{aligned}\right\} \qquad (2-5-6)$$

则用节点电位表示各支路电流为

$$\left.\begin{aligned} I_1 &= -\frac{U_{n1} - U_{s1}}{R_1} = -G_1(U_{n1} - U_{s1}) \\ I_2 &= -\frac{U_{n3} - U_{s2}}{R_2} = -G_2(U_{n3} - U_{s2}) \\ I_3 &= \frac{U_{n2}}{R_3} = G_3 U_{n2} \\ I_4 &= \frac{U_{n1} - U_{n2}}{R_4} = G_4(U_{n1} - U_{n2}) \\ I_5 &= \frac{U_{n2} - U_{n3}}{R_5} = G_5(U_{n2} - U_{n3}) \\ I_6 &= \frac{U_{n1} - U_{n3}}{R_6} = G_6(U_{n1} - U_{n3}) \end{aligned}\right\} \qquad (2-5-7)$$

列写节点 a、b、c 的 KCL 方程：

$$\left.\begin{aligned} I_1 - I_4 - I_6 &= 0 \\ I_4 - I_3 - I_5 &= 0 \\ I_2 + I_5 + I_6 &= 0 \end{aligned}\right\} \qquad (2-5-8)$$

将式(2-5-7)代入式(2-5-8)，并以节点电位作为变量，整理后得

$$\left.\begin{aligned} (G_1 + G_4 + G_6)U_{n1} - G_4 U_{n2} - G_6 U_{n3} &= G_1 U_{s1} \\ -G_4 U_{n1} + (G_3 + G_4 + G_5)U_{n2} - G_5 U_{n3} &= 0 \\ -G_6 U_{n1} - G_5 U_{n2} + (G_2 + G_5 + G_6)U_{n3} &= G_2 U_{s2} \end{aligned}\right\} \qquad (2-5-9)$$

与回路电流法相似，对式(2-5-9)方程组进行概括，得到节点电位法的一般方程形式：

$$\left.\begin{aligned} G_{11}U_{n1}+G_{12}U_{n2}+G_{13}U_{n3}&=I_{s11}\\ G_{21}U_{n1}+G_{22}U_{n2}+G_{23}U_{n3}&=I_{s22}\\ G_{31}U_{n1}+G_{32}U_{n2}+G_{33}U_{n3}&=I_{s33} \end{aligned}\right\} \tag{2-5-10}$$

在式(2-5-10)中，G_{11}、G_{22}、G_{33} 具有重叠下标，称为独立节点的自电导，分别为与各独立节点相连的所有支路电导之和，自电导取正值。其余电导的下标不重叠，称为互电导，均为两个相关的独立节点间共有支路的电导之和，互电导取负值。若两个独立节点之间没有共有支路，或共有支路无电导，则这两个独立节点间的互电导为零。在线性电路中，有 $G_{12}=G_{21}$、$G_{13}=G_{31}$、$G_{23}=G_{32}$。I_{s11}、I_{s22}、I_{s33} 分别是流入各独立节点所有电源电流的代数和，当电源电流方向为流入节点时取"＋"，反之取"－"。

例2.5.3 电路如图2-5-6所示，已知 $U_s=12\text{ V}$，$I_s=8\text{ mA}$，$R_1=1.8\text{ k}\Omega$，$R_2=2.2\text{ k}\Omega$，$R_3=3\text{ k}\Omega$，$R_4=1\text{ k}\Omega$。试用节点电位法求解 U。

解 以节点 d 为参考点，设 a、b、c 的节点电位分别为 U_{n1}、U_{n2}、U_{n3}，如图2-5-6所示。

由于 a 点的电位为 U_s，故仅需按节点电位法的一般方程形式列写 b、c 点的方程。又因 b、c 点之间为理想的电流源 I_s，其内阻为无穷大，即其电导为零，所以有

$$\begin{cases} -G_1U_{n1}+(G_1+G_2)U_{n2}=-I_s\\ -G_3U_{n1}+(G_3+G_4)U_{n3}=I_s \end{cases}$$

观察上述方程组可知，仅由 c 点的方程可得

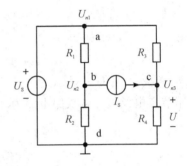

图2-5-6 例2.5.3电路

$$U=U_{n3}=\frac{I_s+G_3U_{n1}}{G_3+G_4}=\frac{8\text{ mA}+\dfrac{12\text{ V}}{3\text{ k}\Omega}}{\dfrac{1}{3\text{ k}\Omega}+\dfrac{1}{1\text{ k}\Omega}}=9\text{ V}$$

本例题与例2.2.3完全相同，结论也相同。

采用节点电位法时，因自电导为正值、互电导为负值，故可将上述方法归纳为

自电导×本节点电位＋互电导×相邻节点电位＝本节点所连电源的流入电流

综上所述，采用节点电位法分析电路的一般步骤为：

(1) 选定参考节点，以其他节点的电位作为变量；

(2) 按节点电位法一般方程形式，列写节点的 KCL 方程；

(3) 联立求解方程组，得到各节点电位；

(4) 根据需要进一步求解电流、电压、功率等。

练习与思考

2-5-1 应用支路电流法分析电路时，如何确定应列写的电路独立方程的数量？

2-5-2 支路电流法中所列方程必须为独立方程，如何才能确保所列方程为独立方程？

2-5-3 应用回路电流法分析电路时，应列写独立回路的 KVL 方程，如何才能确保

所选回路为独立回路？

2-5-4　采用网孔电流法分析电路时，需列_____个方程。按回路电流法的一般方程形式列写方程，若网孔电流均为顺时针方向，则自电阻为_____值、互电阻为_____值。

2-5-5　节点电位法的第一步是选择参考点，一般将参考点选在哪里？

2-5-6　采用节点电位法分析电路时，需列_____个方程。按节点电位法一般方程形式列写方程，自电导为_____值、互电导为_____值。

2.6　技　能　训　练

2.6.1　叠加定理验证

1. 实验目的

（1）加深对叠加定理和参考方向的理解；

（2）进一步熟练掌握直流电压源的使用方法；

（3）提高参考方向的运用能力。

2. 实验内容

验证叠加定理。

3. 实验器材

数字式万用表，直流电源，电阻：$1\text{ k}\Omega \times 3$。

4. 注意事项

（1）实验前，先进行理论计算，并将计算结果填入表 2-6-1 中，以便于与测量结果进行对比。

（2）在切换电源时，应先断开电源，不可带电操作。

（3）不作用的电源置零时，应从电路中移去不作用的电源，切不可直接做短路处理。

5. 实验电路

实验电路如图 2-6-1 所示，其中，$R_1 = R_2 = R_3 = 1\text{ k}\Omega$。

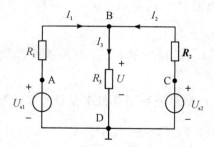

图 2-6-1　技能训练 2.6.1 电路

6. 实验步骤

（1）按图连接电路。调整直流电压源 $U_{s1} = 6\text{ V}$，$U_{s2} = 1.5\text{ V}$。

(2) U_{s1} 和 U_{s2} 同时作用时,用间接测量电流的方法测算各支路电流。测量各电阻两端的电压,则有

$$I_1 = \frac{U_{AB}}{R_1}, \quad I_2 = \frac{U_{CB}}{R_2}, \quad I_3 = \frac{U_{BD}}{R_3}$$

将测量结果和计算结果填入表 2-6-1 中。

表 2-6-1　叠加定理的验证测量结果

测量值 U/V			计算值		
				测算结果	理论计算
U_{s1} 和 U_{s2} 同时作用时	U_{AB}		I_1/mA		
	U_{CB}		I_2/mA		
	U_{BD}		U/V		
			I_3/mA		
U_{s1} 单独作用时	U'_{AB}		I'_1/mA		
	U'_{CB}		I'_2/mA		
	U'_{BD}		U'/V		
			I'_3/mA		
U_{s2} 单独作用时	U''_{AB}		I''_1/mA		
	U''_{CB}		I''_2/mA		
	U''_{BD}		U''/V		
			I''_3/mA		

(3) U_{s1} 作用时,保持 $U_{s1}=6$ V,撤去电压源 U_{s2},再将 C、D 点用短路线连接起来。

测量各电阻两端的电压 U'_{AB}、U'_{CB} 和 U'_{BD},并测算 I'_1、I'_2 和 I'_3,将测量值和测算结果填入表 2-6-1 中。

(4) U_{s2} 作用时,撤去电源 U_{s1},再将 A、D 点用短路线连接起来。重新接入电源 U_{s2},调整 $U_{s2}=1.5$ V。

测量各电阻两端的电压 U''_{AB}、U''_{CB} 和 U''_{BD},并测算 I''_1、I''_2 和 I''_3,将测量值和测算结果填入表 2-6-1 中。

(5) 验证实验结果。根据测量值和测算值来验证叠加定理,并与理论计算结果进行对比。

$I_1 = I'_1 + I''_1 =$

$I_2 = I'_2 + I''_2 =$

$I_3 = I'_3 + I''_3 =$

$U = U' + U'' =$

7. 总结与思考

（1）整理实验数据，撰写实验报告。

（2）在实验中，不作用的电压源应如何做置零处理？

（3）以电阻 R_3 为例，两电源同时作用时所消耗的功率是否也等于两个电源单独作用时所消耗的功率之和？为什么？试用实验数据计算说明。

2.6.2　戴维南等效电路参数的测定

1. 实验目的

（1）加深对戴维南定理及计算方法的理解；

（2）熟悉测量线性有源二端网络等效参数的一般方法。

2. 实验内容

（1）验证戴维南定理；

（2）测量线性有源二端网络的等效参数。

3. 实验器材

数字式万用表，直流电源，电阻：$1\ \text{k}\Omega \times 2$、$1.5\ \text{k}\Omega$、$2\ \text{k}\Omega$。

4. 注意事项

（1）实验前，先进行理论计算，并将计算结果填入相应的表格中，以便于与测量结果进行对比。

（2）不作用的电源应从电路中移去，切不可直接做短路处理。

5. 实验电路

实验电路如图 2-6-2 所示。

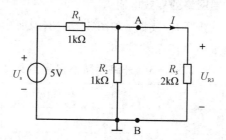

图 2-6-2　技能训练 2.6.2 电路

6. 实验步骤

（1）按图连接电路。调整直流电压源 $U_s = 5\ \text{V}$。

（2）测量电流 I。用间接测量电流的方法测算电流 I，测量电阻 R_3 两端的电压 U_{R3}，再测算电流 I，并将测量值和测算结果填入表 2-6-2 中。

（3）测量开路电压 U_{oc}。断开 R_3 支路，如图 2-6-3(a) 所示；测量 A、B 两点之间的电压 U_{AB} 即为 U_{oc}。将测量结果填入表 2-6-2 中。

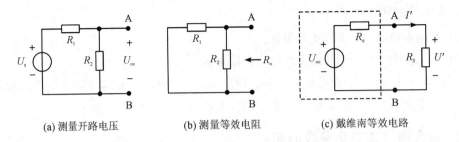

(a) 测量开路电压　　　　(b) 测量等效电阻　　　　(c) 戴维南等效电路

图 2-6-3　戴维南等效电路参数测定

表 2-6-2　戴维南定理的验证测量结果

测量内容	测量(算)值	理论计算值
U_{R3}/V		
I/mA		
U_{oc}/V		
R_o/Ω		
I'/mA		

(4) 测量二端网络的等效电阻 R_s。撤去电压源 U_s，换短路线，如图 2-6-3(b) 所示；测量 A、B 两点之间的电阻 R_{AB} 即为 R_o。将测量结果填入表 2-6-2 中，并与理论计算结果相比较。

(5) 计算。根据测量结果，由图 2-6-3(c) 所示戴维南等效电路得

$$I' = \frac{U_{oc}}{R_o + R_3}$$

将计算结果填入表 2-6-2 中。

*(6) 用其他方法测量二端网络的等效电阻 R_o。

① 开路短路法测量 R_o。断开 R_3 支路，如图 2-6-3(a) 所示；测量 A、B 两点之间的开路电压 U_{AB} 即为 U_{oc}。将测量结果填入表 2-6-3 中。

表 2-6-3　开路短路法测量结果

测量内容	U_{oc}/V	I_{sc}/mA	$R_o/\text{k}\Omega$
测量(算)值			
理论计算值			

再将直流电流表串入 A、B 两点之间，测量短路电流 I_{sc}，将测量结果填入表 2-6-3 中。根据测量结果可计算得

$$R_o = \frac{U_{oc}}{I_{sc}}$$

② 外加负载法测量 R_o。先测量开路电压 U_{oc}，如图 2-6-3(b) 所示，并将测量结果填入表 2-6-4 中。然后将已知负载 R_L 接入 A、B 两点之间，如图 2-6-4 所示，再测量 R_L 两端的电压 U_L，将测量结果填入表 2-6-4 中。

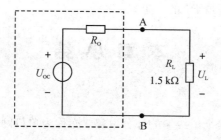

图 2 - 6 - 4　外加负载法测量电路

根据测量结果可计算得

$$R_o = \left(\frac{U_{oc}}{U_L} - 1\right) R_L$$

表 2 - 6 - 4　外加负载法测量结果

测量内容	U_{oc}/V	U_L/V	$R_o/k\Omega$
测量（算）值			
理论计算值			

③ 外加电源法测量 R_o。撤去电压源 U_s，换短路线；断开 R_3 支路；在 A、B 两点之间加直流电压源 U，再串入直流电流表，如图 2 - 6 - 5 所示。调整直流电压源输出不同电压 U，测量相应的电流 I，将测量结果填入表 2 - 6 - 5 中。

根据测量结果可计算得

$$R_o = \frac{U}{I}$$

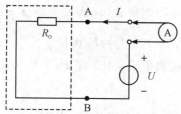

图 2 - 6 - 5　外加电源法测量电路

表 2 - 6 - 5　外加电源法测量结果

	U/V	1	2	3
	I/mA			
$R_o/k\Omega$	测算值			
	理论计算值			

7. 总结与思考

（1）整理实验数据，撰写实验报告。

（2）比较理论计算与实验测量的结论。

（3）比较用不同方法测量 R_o 的结果。

本 章 小 结

1. 基本概念

二端网络：任何具有两个出线端的部分电路，亦称为单口网络或一端口网络。

二端有源网络：含有电源的二端网络。

二端无源网络：不含电源的二端网络。

等效：当二端网络 N_1 和 N_2 对外电路具有相同的电压和电流时，它们互为等效电路，尽管其内部结构和元件参数不同。所有等效均指对外电路作用的效果。

2. 电阻的串联与并联

（1）电阻串联电路：以 2 个电阻串联的直流电路为例。

电路中电流强度处处相等，即 $I=I_1=I_2$。

总电压等于各部分电路电压之和，即 $U=U_1+U_2$。

总电阻等于各电阻之和，即 $R=R_1+R_2$。

电压的分配与电阻成正比，即 $U_1:U_2=R_1:R_2$。

各电阻消耗的功率与各电阻的阻值成正比，即 $P_1:P_2=R_1:R_2$。

（2）电阻并联电路：以 2 个电阻并联的直流电路为例。

干路电流等于各支路电流之和，即 $I=I_1+I_2$。

各支路两端电压相等，即 $U=U_1=U_2$。

总电阻的倒数等于各支路电阻倒数之和，即 $\dfrac{1}{R}=\dfrac{1}{R_1}+\dfrac{1}{R_2}$。

电流的分配与电阻成反比，即 $I_1:I_2=R_2:R_1$。

各电阻消耗的功率与各电阻阻值成反比，即 $P_1:P_2=R_2:R_1$。

3. 独立电源的等效

（1）n 个电压源串联时，等效为一个电压源，其电压为 n 个电压源电压的叠加；n 个电流源并联时，等效为一个电流源，其电流为 n 个电流源电流的叠加。

（2）电压源与电流源串联时，等效为电流源；电压源与电流源并联时，等效为电压源。

（3）只有大小和极性相同的理想电压源才能并联；只有大小和方向相同的理想电流源才能串联。

4. 实际电源

（1）实际电源是有内阻的。

（2）实际电压源模型：理想电压源 U_s 与内阻 R_s 的串联；实际电流源模型：理想电流源 I_s 与内阻 R_s 的并联。

（3）两种实际电源模型可以等效互换，且满足 $U_s=I_s R_s$；理想电压源与理想电流源之间不能等效互换。

（4）两种实际电源模型的等效，可推广为线性二端有源网络的等效。

5. 叠加定理

在多个电源同时作用的线性电路中，任何支路的电流（或任意两点间的电压），都是各个电源单独作用时在此支路（或此两点间）所产生的电流（或电压）的代数和。

应用要点：不作用的电压源短路；不作用的电流源开路。

注意事项：叠加定理应用范围是线性电路中的电流和电压。因此，叠加定理不适用于非线性电路；不能用叠加定理求功率。

6. 戴维南定理

任何一个含有独立电源和线性电阻的线性二端网络 N，可以用一个电压源 U_s 和内阻 R_s 的串联组合来等效置换，此电压源的电压 U_s 等于外电路断开时端口处的开路电压 U_{oc}，内阻 R_s 等于该二端网络中全部独立电源置零后所得无源网络 N_0 的端口等效电阻 R_0。

应用要点：外电路开路求电压；独立源置零求内阻。

7. 最大功率传输定理

由线性单口网络传递给可变负载 R_L 的功率为最大的条件：负载 R_L 应与戴维南等效电阻 R_s 相等，即 $R_L = R_s$。负载所得的最大功率为 $P_{Lmax} = \dfrac{U_s^2}{4R_L}$。

测试题（2）

2-1　填空题

1. 若二端网络内部含有独立电流源，称为_____二端网络；若二端网络内部不含电源，称为_____二端网络。

2. 二端网络有_____个出线端与外电路连接。

3. 电路如图 T2-1 所示，已知电源电压为 6 V，R_1、R_2 的阻值均为 3 kΩ，为了使电流表的示数为 1 mA，应使 R_1 和 R_2 _____联，即应闭合开关_____，断开开关_____。

4. 电路如图 T2-2 所示，变阻器 R_P 的最大阻值是 R 的 3 倍，当 S 闭合时，则电压表最大值为_____ V，最小值为_____ V。

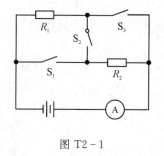

图 T2-1

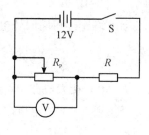

图 T2-2

5. 电路如图 T2-3 所示，当 S 闭合、滑片向左移动时，各表显示数的变化趋势为：电流表 A 将_____，电压表 V_1 表将_____，电压表 V_2 将_____，灯泡 HL 的亮度将_____。

6. 电路如图 T2-4 所示。① 要使 HL_1、HL_2 串联，需连接_____；② 要使 HL_1、HL_2 并联，需连接_____和_____。

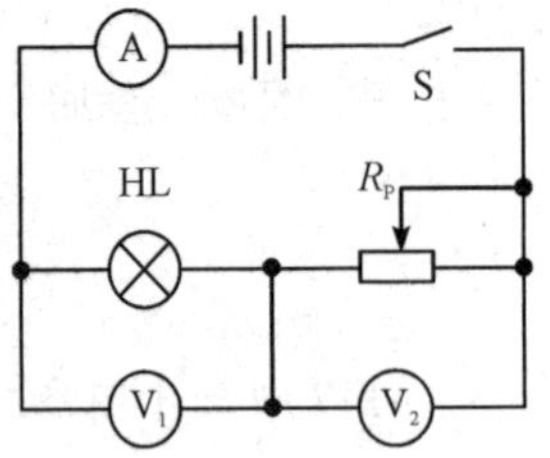

图 T2-3 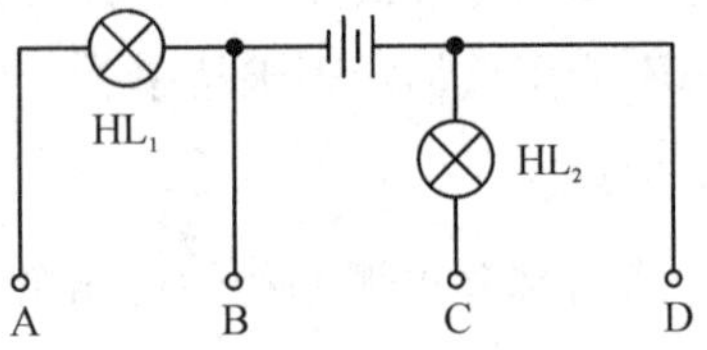   图 T2-4

7. 一个实际电源可以用一个_____与_____的串联形式来表示，当电源的内阻等于_____时，可视为理想电压源。

8. 叠加原理适用于_____电路，计算 U、I、P 中不适用叠加原理的是_____。

9. 某有源二端网络，测得其开路电压为 6 V，短路电流为 3 A，则其等效电压源为 U_s =_____ V，R_0 =_____ Ω。

10. 运用叠加定理进行理论分析时，对不作用的电源应做_____处理：即对独立电压源做_____处理，其内阻应该_____；对独立电流源做_____处理，其内阻应该_____。若有受控源，则必须始终_____在电路中。

11. 在实验中运用叠加定理时，应_____不作用的电压源，再用_____连接电路。

12. 用戴维南定理求等效电路的电阻时，对原网络内部的电压源做_____处理，电流源做_____处理。

13. 一个有源线性二端网络可以用一个_____和内阻的_____组合来等效置换。

14. 负载获得最大功率时称负载与电源相_____，负载获得最大功率的条件是_____。

2-2 单选题

1. 二端网络又称为（   ）网络。
   A. 二端口   B. 单口   C. 线性   D. 非线性

2. 若两个二端网络连接相同的外电路，且在两个端口上有相同的（   ）时，则认为它们是等效的。
   A. 电压   B. 电位   C. 电流   D. 电压和电流

3. 电阻 R_1、R_2 串联接入电路中，已知 $R_1=2R_2$，那么相同时间内通过 R_1 和 R_2 的电流之比为（   ）；R_1 和 R_2 上的电压之比为（   ）。
   A. 1:3   B. 1:2   C. 1:1   D. 2:1

4. 电阻 R 与 r 串联后接入电路，为使 r 两端电压是总电压的 1/3，则电阻 r =（   ）。
   A. $R/3$ B. $R/2$ C. $2R$ D. $3R$

5. 用一只开关同时控制两盏灯,开关与灯的连接方式是(　　),两盏灯的连接方式是(　　)。

A. 串联　　　　　　　　　　B. 并联

C. 可能串联,也可能并联　　D. 以上都不对

6. 图 T2-5 所示各电路中,A、B 端的等效电阻 R_{AB} 分别为多少? 图(a)中 R_{AB} 为 (　　)kΩ,图(b)中 R_{AB} 为(　　)kΩ,图(c)中 R_{AB} 为(　　)kΩ,图(d)中 R_{AB} 为 (　　)kΩ。

A. 1.2　　　　　B. 1.8　　　　　C. 3　　　　　D. 5

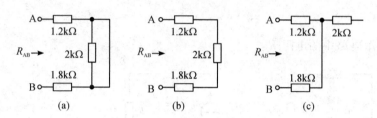

图 T2-5

7. 电路如图 T2-6 所示,图(a)可等效为(　　),图(b)可等效为(　　),图(c)可等效 为(　　),图(d)可等效为(　　)。

A. 电压源　　　　B. 电流源　　　　C. 电阻　　　　D. 开路

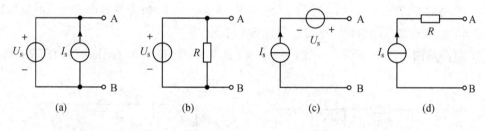

图 T2-6

8. 如果电压源的内阻 R_s 固定,则当负载 R_L 为(　　)时,R_L 可获得最大的功率;如 果负载 R_L 固定,则当内阻为 R_s 为(　　)时,R_L 可获得最大的功率。

A. ∞　　　　　　B. R_s　　　　　C. R_L　　　　　D. 0

2-3　判断题

1. 理想电压源与理想电流源不能等效互换。

2. 实际的电源都有内阻。

3. 两个电阻并联后的总电阻一定大于其中任何一个电阻。

4. 求电路中某元件的功率时,可用叠加定理。

5. 所谓 U_{s1} 单独作用、U_{s2} 不起作用,含义是使 $U_{s2}=0$,但仍接在电路中。

6. 所谓电流源不起作用,意思是它不产生电流,即使 $I_s=0$,在电路模型上就是电流源 开路。

7. 一个有源二端网络不能等效为一个电流源与内阻的并联。

8. 当负载取得最大功率时,电源的效率为 100%。

2-4 计算题

1. 试求图 T2-7 所示电路中的电压 U。

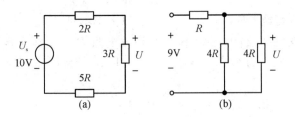

图 T2-7

2. 试求图 T2-8 所示电路中的电阻 R_2。

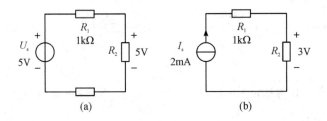

图 T2-8

3. 电路如图 T2-9 所示,已知:$U_s=12$ V,$R_2=1$ kΩ。当开关 S 断开时,电流表的读数为 4 mA,当开关 S 闭合时,电流表的读数为多少?

4. 电路如图 T2-10 所示,已知:$U_s=6$ V,$R_1=1$ kΩ,$R_2=2$ kΩ,$R_3=3$ kΩ,$R_4=3$ kΩ。试求电压 U。

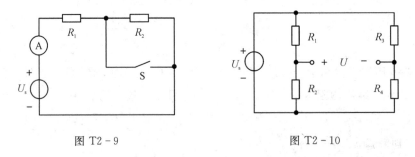

图 T2-9   图 T2-10

5. 试将图 T2-11 所示各电路分别等效变换为一个电压源和一个电阻的二端网络。

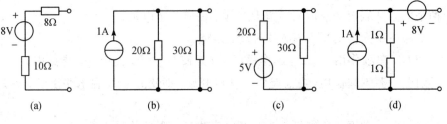

图 T2-11

6. 电路如图 T2-12 所示, 已知: $U_s = 10$ V, $I_s = 40$ mA, $R_1 = 150$ Ω, $R_2 = 100$ Ω。试用叠加定理求电压 U。

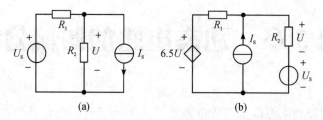

(a)　　　　　　　　　　(b)

图 T2-12

7. 电路如图 T2-13 所示, 已知: $U_s = 10$ V, $R_1 = 0.5$ kΩ, $R_2 = 2$ kΩ, $R_3 = 1.5$ kΩ, $R_4 = 1$ kΩ。

(1) 若 $R = 3$ kΩ, 用戴维南定理求电压 U;

(2) 当电阻 R 为何值时可获得最大功率? 此最大功率为多少?

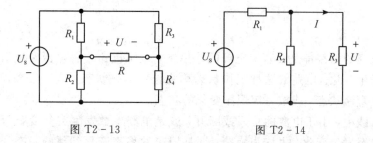

图 T2-13　　　　　　　　图 T2-14

8. 电路如图 T2-14 所示, 已知: $U_s = 10$ V, $R_1 = 200$ Ω。

(1) 当 $R_2 = 300$ Ω, $I = 20$ mA 时, 用戴维南定理求电压 U;

(2) 当 $R_3 = 100$ Ω 时, 电阻 R_2 为何值时 R_3 可获得最大功率? 此最大功率为多少?

测试题(2)参考答案

第3章　动态电路的时域分析

电阻器、电容器和电感器是组成电路的三大基本元件，电容器和电感器是储能元件。本章主要介绍电容器和电感器的基本特性，线性动态电路的过渡过程、换路定律、初始值等基本概念，以及 RC 串联电路和 RL 串联电路过渡过程的时域分析。同时，还介绍了电容器和电感器的识别与检测方法等实践性操作技能。

3.1　概　　述

1. 稳态与暂态

前两章研究的电路都是在直流电源的作用下，电阻电路中各电压和电流的大小、方向都不随时间发生变化。电路的这种工作状态称为稳定工作状态，简称**稳态**，即电路中的电压和电流处于直流状态，或按一定规律变化的状态。

在工程实践中，由于电源的接通或断开，或是电路参数发生突然变化等原因，都会使电路的工作状态发生变化，也称为**换路**，即从原来的稳态变化到新的稳态。例如在普通照明电路中，当开关接通后，电路由断路状态转变为通路状态。在换路时，电路中的电压和电流可能无法瞬间达到新的稳态，需要一定的中间过程，这个过程称为**暂态**过程，或过渡过程，即电路从一种稳态转换到另一种稳态的中间过程。处于过渡过程的电路称为动态电路。

引起电路产生过渡过程的内因是电路中存在储能元件，即电路中存在电容或电感。引起电路产生过渡过程的外因是由于电路的开关动作，或电路参数发生了变化。

2. 储能元件

能够储存电能的元件称为储能元件，包括电容器和电感器。电容器将电能转变为电场能量储存起来，电感器将电能转变为磁场能量储存起来。

3. 动态电路的研究方法

研究动态电路过渡过程是正确认识和应用电路理论的基础。一般采用以下两种方法研究动态电路：

（1）时域分析法：以时间为自变量，研究动态电路的电压、电流随时间变化的过程，得到动态电路变化规律的方法。

（2）频域分析法：以频率为自变量，将电压或电流的暂态过程分解为各种频率正弦波的组合，从而得到动态电路变化规律的方法。

时域分析与频域分析是对模拟信号的两个观察面。一般来说，时域的表示较为形象与直观；频域分析则更为简练，剖析问题更为深刻和方便。本书仅讨论动态电路的时域分析法。

3.2　电容器

　　电容器 C 与灯泡 HL 串联在电路里，如图 3-2-1 所示，其中 U_s 为直流电压源的电压。开始时开关 S 置于位置"1"，HL 不亮；将 S 置于位置"2"，接通的瞬间 HL 发光，随后逐渐变暗，最后熄灭；再将 S 置于位置"3"，接通瞬间 HL 又发光，随后又逐渐变暗，最后熄灭。

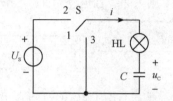

图 3-2-1　电容与灯泡串联电路

　　为什么会有这样的现象呢？通过学习电容的相关知识后即可解释上述现象。

3.2.1　电容器的基本概念

1. 电容器的基本结构与符号

　　简单地讲，电容器就是一种用来储存电荷的"容器"，任何两个彼此绝缘而又互相靠近的导体都可以看成是一个电容器。最典型的电容器是平行板电容器，其结构示意图如图 3-2-2 所示，两块金属板之间用绝缘介质隔开，其中这两块金属板称为极板。电容器的主要电磁特性是储存电场能量。

　　电容器接上电源后，在两极板上将分别聚集等量的正、负电荷，这个过程叫作电容器的**充电**过程。带正电荷的极板叫作正极板，带负电荷的极板叫作负极板，与此同时两极板间建立起电场，并储存电场能量。当电源断开后，电荷在一段时间内仍聚集在极板上，内部电场仍然存在，所以电容器是一种能够储存电场能量的元件。此时若用导线将电容器两极板相连，两极板上的正、负电荷会中和，电容器失去电量，这个过程称为电容器的**放电**过程。

　　电容器的图形符号如图 3-2-3 所示。

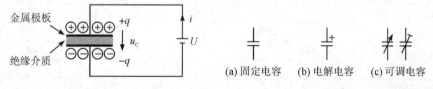

图 3-2-2　平行板电容器的结构示意图　　　图 3-2-3　电容器的电气符号

2. 电容器的电容量

　　作为一种用来储存电荷的"容器"，电容器能够储存多少电荷呢？实验表明：电容器任意一个极板所储存的电荷量 q 与两个极板间电压 u_C 的比值是一个常数。对于不同的电容器，这一比值则不相同，所以用这个比值来表示电容器储存电荷的能力，称为电容器的电容量，简称电容，用 C 表示。即

$$C = \frac{q}{u_C} \tag{3-2-1}$$

式中，q 的单位为库仑（C）；u_C 的单位为伏特（V）；C 的单位为法拉（F），简称法。在实际应

用中，由于法拉单位较大，所以常用的单位有微法(μF)和皮法(pF)，它们之间的换算关系为

$$1\ \text{F}=10^6\ \mu\text{F},\quad 1\ \mu\text{F}=10^6\ \text{pF}$$

通常电容器的电容量 C 是一个常数，即它只与极板面积的大小、形状、极板间的距离和电介质等电容器本身的结构和材料性质有关，与电容器所带的电量及电容器两极板间的电压无关，这种电容器称为线性电容元件。若电容器的电容量还与外加电压和所带电荷有关，则为非线性电容元件。本书中所涉及的电容器均为线性电容。

知识拓展

固定电容器型号命名方法

根据 GB/T 2470—1995，固定电容器型号由下列四部分组成：

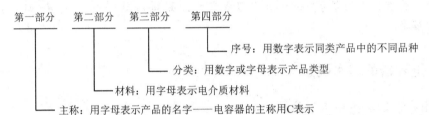

第一部分　第二部分　第三部分　第四部分

序号：用数字表示同类产品中的不同品种
分类：用数字或字母表示产品类型
材料：用字母表示电介质材料
主称：用字母表示产品的名字——电容器的主称用C表示

固定电容器型号的各部分含义见表 3-2-1。

表 3-2-1　固定电容器型号的含义

第一部分	第二部分（材料）	第三部分（分类）					第四部分
			瓷介电容器	云母电容器	有机介质电容器	电解电容器	
C	A：钽电解	1	圆形	非密封	非密封(金属箔)	箔式	序号
	B：非极性有机膜介质	2	管形(圆柱)	非密封	非密封(金属化)	箔式	
	C：1类陶瓷介质	3	迭片	密封	密封(金属箔)	烧结粉，非固体	
	D：铝电解	4	多层(独石)	独石	密封(金属化)	烧结粉，固体	
	E：其他材料电解	5	穿心		穿心		
	G：合金电解	6	支柱式		交流	交流	
	H：复合介质	7	交流	标准	片式	无极性	
	I：玻璃釉介质	8	高压	高压	高压		
	J：金属化纸介质	9			特殊	特殊	
	L：极性有机膜介质	G	高功率				
	N：铌电解						
	O：玻璃膜介质						
	Q：漆膜介质						
	S：3类陶瓷介质						
	T：2类陶瓷介质						
	V：云母纸介质						
	Y：云母介质						
	Z：纸介质						

例如，型号为 CCG1，表示为高功率陶瓷电容器。

┌──────────────┐
│ **技术与应用** │
└──────────────┘ ～～～～～～～～～～～～～～～～～～～～～～～～～～～～～～

电容器的作用

　　电容器是组成电子电路的基本元件之一，广泛应用于隔直、耦合、滤波、调谐、振荡等电路。在电力系统中，电容可以用来改善系统的功率因数，提高电能的利用率。在机械加工工艺中，电容还可用于电火花加工。

～～

3.2.2　电容器的伏安特性

　　由于电容器两极板间的电介质是绝缘的，所以理想电容器中不会有电流通过。通常所说的通过电容器的电流，实际是指电容器所在支路的电流。当电容器两极板间电压升高或降低时，极板上的电荷相应地聚集或减少，那么就会有电荷在电容器所在支路中定向移动形成电流。假设电容两端的电压 u_C 与电容所在支路的电流 i（可以理解为是电容元件中的电流）为关联参考方向，如图 3-2-4 所示。根据式（1-2-1）电流的定义

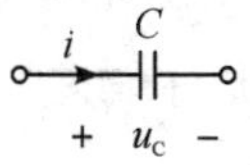

$$i = \frac{dq}{dt}$$

图 3-2-4　电容上电压与电流的关系

将式（3-2-1）代入上式，得

$$i = \frac{dCu_C}{dt} = C\frac{du_C}{dt}$$

即电容的伏安特性为

$$i = C\frac{du_C}{dt} \qquad\qquad (3-2-2)$$

　　式（3-2-2）表明，电容所在支路的电流 i 与电容两端电压 u_C 的变化率成正比。

　　（1）电容具有隔直流的作用。电压变化越快，du_C/dt 就越大，单位时间内通过导体横截面的电荷量就越多，电流就越大；反之，电压变化越慢，du_C/dt 就越小，单位时间内通过导体横截面的电荷量就越少，电流就越小。当电容上电压的变化率 $du_C/dt = 0$ 时，如所加电压为直流，则电容支路的电流 $i = 0$，即直流稳态时电容相当于开路，有隔直流的作用。

　　（2）电容两端的电压不能突变。如图 3-2-2 所示，当电容器接上电源后，在两极板上将会分别聚集等量的正、负电荷，两极板间建立起电场，即电容器两端有电压。极板上电荷的聚集或消失需要一个过程，所以电容两端电压的建立或消失也需要一个过程，故电容两端的电压不能突变。由式（3-2-2）亦可知，实际电路中的电流不可能无穷大，即 du_C/dt 必为有限值，故电容两端电压的变化率为有限值，也说明电容两端的电压不能突变。

　　根据电容的伏安特性，可以解释本节"观察与思考"的现象：当开关 S 从位置"1"置于位置"2"时，电容 C 两端的电压 u_C 将从 0 逐渐上升到 U_s，变化的 u_C 将在回路产生电流，使灯泡 HL 发光；当 $u_C = U_s$ 后，u_C 不再变化，不变化的 u_C 不能在回路产生电流，所以 HL 熄灭。当 S 从位置"2"置于位置"3"时，u_C 将从 U_s 逐渐降低到 0，变化的 u_C 会在回路产生电流，使

HL 发光；当 $u_C = 0$ 后，u_C 不再变化，不变化的 u_C 不能在回路中产生电流，所以灯泡 HL 熄灭。

3.2.3 电容器的主要参数

电容器的参数主要有标称容量、额定工作电压、允许偏差、绝缘电阻、能量损耗，以及电容的温度系数和频率特性等。其中，基本的参数是标称容量、额定工作电压和允许偏差，通常都将它们标在电容器的外壳上。

1. 标称容量

在电容器上所标明的电容量的数值称为标称容量。

2. 额定工作电压

电容器的额定工作电压俗称耐压，是电容器长期可靠工作时(一般不少于 10 000 h)所能承受的最大直流工作电压。当外加电压的最大值高于额定工作电压时，电容器极板间绝缘介质的绝缘性被破坏，将会形成较大的漏电流，这种现象称为**击穿**。

3. 允许偏差

电容器的实际容量与标称容量之间总有一定的误差，通常用标称容量与实际容量的差值跟标称容量之比的百分数来表示，叫作允许偏差。电容器的常用精度等级与允许偏差见表 3 - 2 - 2。

表 3 - 2 - 2　电容器的精度等级与允许偏差

精度等级	001	025	005	01 或 00	02 或 0	I	II	III
符号	B	C	D	F	G	J	K	M
允许偏差	±0.1%	±0.25%	±0.5%	±1%	±2%	±5%	±10%	±20%
精度等级	IV		V		VI		VII	
符号	Q		T		S		Z	
允许偏差	−10%～+30%		−10%～+50%		−20%～+50%		−20%～+80%	

技术与应用

电容器的标示方法

电容器参数的主要标示方法有直标法、数码法和文字符号法等。

1. 直标法

直标法是直接在电容器表面标出其主要参数和技术指标的一种方法。直标法大多用于一些体积较大的电容器，一般在外壳上标志为："型号-额定电压-标称容量-精度等级"，或标示其中的一部分参数。额定电压和标称容量直接用数字和单位符号标注，允许偏差可用百分数、精度等级或符号标出。如图 3 - 2 - 5(a)所示，左边为电解电容，额定电压值为 50 V，标称容量为 100 μF，两个电极中较长的为正极，较短的为负极，一般在负极一侧的外壳印有 "—" 符号；右边为金属化聚丙烯膜电容器(MKP 或 MPX)，标称容量为 2 μF，允许偏差为 ±5%，额定电压值为直流 1600 V。

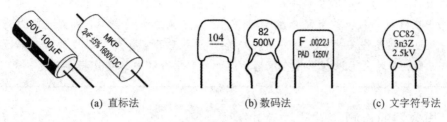

| (a) 直标法 | (b) 数码法 | (c) 文字符号法 |

图 3-2-5　电容器标示方法示例

2. 数码法

数码法是在电容器上用数码表示标称容值。① 3 位数：前 2 位为有效值，第 3 位表示倍率(仅第 3 位为 9 时表示 10^{-1} 倍)；电容的单位是皮法(pF)。② 无小数点时：一般为 1 位、2 位或 4 位数字，电容的单位是皮法(pF)。③ 带小数点时：电容的单位是微法(μF)。如图 3-2-5(b)所示，左边电容的 104 表示标称容量为 10×10^4 pF，即 0.1 μF；中间电容的 82 表示标称容量为 82 pF；左边电容的.0022 表示标称容量为 0.0022 μF，允许偏差为 $\pm 5\%$，额定电压值为 1250 V。

3. 文字符号法

文字符号法是用数字和单位文字符号的组合来表示电容器标称容量的一种方法。特点是省略 F，小数点用 p、n、μ、m 表示。如 10 p 代表 10 pF；n33 代表 0.33 nF，即 330 pF。如图 3-2-5(c)所示为陶瓷电容器，电容的标称容量为 3n3，即 3300 pF，允许偏差为 $-20\% \sim +80\%$，额定电压值为 2500 V。

4. 绝缘电阻

电容器的介质不是绝对不导电的，所以实际电容的电阻不是无穷大，一般在几百兆欧到几千兆欧之间，这个电阻称为电容器的绝缘电阻，或称漏电电阻。电容器的绝缘电阻大，漏电电流就小，性能就好。

5. 温度系数

温度系数是指在一定范围内，温度每变化1℃，电容量的相对变化值。温度系数越小越好。

6. 频率特性

频率特性是指电容器的参数随电场频率变化而变化的性质。在高频工作时，介质的介电常数会发生变化，随着工作频率的增高，电容量会相应减小，损耗增大。另外，电容器的分布参数，如极片电阻、引线和极片间的电阻、极片的自身电感、引线电感等都会影响电容器的性能。

知识拓展

分 布 电 容

任何两个相互绝缘的导体间都存在着电容效应，因此在电气设备中，存在着并非人为有意设置、然而又均匀分布在带电体之间的电容，称之为**分布电容**。例如，在输电线之间、输电线与大地之间、电子仪器的外壳与导线之间及线圈的匝与匝之间都存在分布电容。一一般分布电容的数值很小，约为零点几皮法到几个皮法，其作用可以忽略不计。但在长距离传输线路中或在频率很高的电路中影响却很大。为了减小分布电容，高频电路的导线要求很短，并且要经过适当安排，在检修高频电路时，一般不需要改变导线的排列和元件的位置。另一方面，有时又可以利用分布电容，例如可利用分布电容组成振荡回路。

3.2.4 电容器的检测

一般应用专用的电容表或电容电桥来检查电容器的容量和耐压。在没有专用仪表时，可利用电容器充放电的特性，用万用表的欧姆挡粗略地测试电容器的漏电阻，并判别电容值在 $1\sim1000~\mu F$ 电容器的质量好坏。电容器的常见故障有击穿短路、断路、漏电或电容值变化等。下面以数字式万用表为例简要介绍检测电容器的方法。

1. 测量电容器的容量

容量在 $100~pF\sim20~\mu F$ 的电容器，可以用数字式万用表的电容测量功能直接测量。选择合适的挡位，将电容器的两个引脚插入万用表面板上的 C_X 插孔即可读出电容值。

经验证明，对于容量小于 $100~pF$ 的电容器，直接测量结果的误差比较大，故可用间接测量的方法：用一只容量大于 $100~pF$ 的电容器 C_1，如 $220~pF$，与待测电容器 C_X 并联，测量并联后的总电容 C，则待测电容器的电容量为 $C_X = C - C_1$。其原理参见 3.2.5 节。

当待测电容大于 $20~\mu F$ 时，也要用间接测量的方法：用一只容量小于 $20~\mu F$ 的电容 C_1 与待测电容器 C_X 串联，测量串联后的总电容 C，则待测电容器的电容量为 $C_X = C_1 C/(C_1 - C)$。其原理见 3.2.5 节。

2. 用电阻挡检测电容器

1）观察电容器的充电过程

利用数字式万用表也可观察电容充电过程，借以估测电容器的质量。此方法适用于测量 $0.1\sim2000~\mu F$ 的电容器。

测量方法：将数字式万用表拨至合适的电阻挡，红、黑表笔分别接触被测电容器的两极，这时显示值将从"000"开始逐渐增加，直至显示溢出符号"1"。若始终显示"000"，说明电容器内部短路；若始终显示"1"，则可能是电容器内部开路，也可能是所选择的电阻挡不合适。

选择电阻挡量程的原则：当电容量较小时宜选用高阻挡，当电容量较大时应选用低阻挡。若用高阻挡测量大容量电容器，由于充电过程很缓慢，测量时间将会持续很久；若用低阻挡检查小容量电容器，由于充电时间极短，仪表会一直显示溢出，看不到变化过程。

2）测量漏电电阻

将挡位旋钮拨至 $20~M\Omega$ 或 $200~M\Omega$ 高电阻挡，测量电容的电阻值，阻值越大说明漏电电阻大，漏电电流小，性能较好。

3. 用电压挡检测电容器

用数字式万用表直流电压挡检测电容器，实际上是一种间接测量法，此方法适用于测量 $220~pF\sim1~\mu F$ 的小容量电容器，并且能精确测出电容器漏电流的大小。

测量方法：将挡位旋钮拨至直流电压 2 V 挡，先测量一个干电池的电压 U_s；再按图 3-2-6 所示，将红表笔接被测电容 C_X 的一个电极，黑表笔接电池负极。由图 2-1-6 知，直流电压 2 V 挡的内阻 $R_{IN}=1$ MΩ。当给 C_X 充电完成后，C_X 两端电压 U_C 接近 U_s，万用表显示的电压数值为 U_{IN}，则漏电电流 $I_D=U_{IN}/R_{IN}$。I_D 值越小性能越好，I_D 通常在 nA 级。

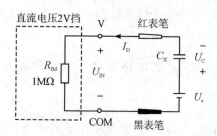

图 3-2-6　用数字式万用表测量小电容器的电容量

4. 用蜂鸣器挡检测电容器

使用蜂鸣器挡可以迅速检验电解电容器的质量好坏。测试方法如下：将挡位旋钮拨至蜂鸣器挡，用两表笔分别与电容器的两端相接触，应能听到一阵急促的蜂鸣声，随即声响减弱直至终止，同时显示溢出符号"1"。接着再将两表笔对调测量一次，蜂鸣器应再次发出蜂鸣声，随即声响减弱直至终止，最终显示溢出符号"1"。此种情况表明被测电解电容器基本正常。若蜂鸣器一直发出蜂鸣声，说明电解电容器内部短路。若重复对调表笔进行测量，蜂鸣器始终不响，且总显示"1"，则表明电容器内部断路或容量消失。

在对电容器检测时应注意：① 检测前应先将电容器两引脚短路，使电容器放电；② 测量电解电容器时，红表笔接电容器正极，黑表笔接电容器负极；③ 在测量过程中两手不得触碰电容电极。

> **提示**
>
> 若电容器的电容太小，则无法用万用表测试其质量好坏。
>
> 小容量电容器，可以用一只耳机、一节 1.5 V 电池，按图 3-2-7 所示电路接法来判别。若耳机一端与被测电容器相触碰，耳机发出"咔咔"声，连续碰几下，声音变小，说明电容器是好的；若连续触碰，一直有"咔咔"声，说明电容器内部短路或严重漏电；若没有声音，说明电容器内部开路。
>
>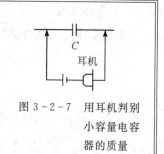
>
> 图 3-2-7　用耳机判别小容量电容器的质量

3.2.5　电容器的串联与并联

在实际使用电容器时，常常会遇到单个电容器的容量或额定电压不能满足电路要求的情况，此时需要把电容器组合起来使用。电容器的基本组合方式有并联和串联，本节讨论其特点和应用。

1. 电容器的并联

将多个电容器的一端连接在一起，另一端也连接在一起的方式称为电容器的并联。两个电容器并联及其等效电路如图 3-2-8 所示。

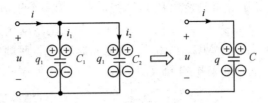

图 3-2-8 两个电容器的并联及其等效电路

1）电压、电流关系

由基尔霍夫电压定律可知，并联电路的电压关系特点是：加在各电容上的电压相等，即

$$u = u_1 = u_2$$

由基尔霍夫电流定律可知，并联电路的电流关系特点是：并联电路两端的总电流等于通过各电容的电流之和，即

$$i = i_1 + i_2$$

2）等效电容

根据电容器的伏安关系，将式(3-2-2)代入电容并联电路的电压、电流关系，得

$$C \frac{\mathrm{d}u}{\mathrm{d}t} = C_1 \frac{\mathrm{d}u}{\mathrm{d}t} + C_2 \frac{\mathrm{d}u}{\mathrm{d}t} = (C_1 + C_2) \frac{\mathrm{d}u}{\mathrm{d}t}$$

$$C = C_1 + C_2 \tag{3-2-3}$$

即电容并联的总电容(等效电容)C 等于各电容之和。

推广：n 个电容器并联的等效电容为

$$C = C_1 + C_2 + \cdots + C_n = \sum_{k=1}^{n} C_k \tag{3-2-4}$$

3）储存电量

根据电容器并联电路的电压关系，将式(3-2-1)代入式(3-2-3)，得

$$\frac{q}{u} = \frac{q_1}{u} + \frac{q_2}{u} = \frac{q_1 + q_2}{u}$$

$$q = q_1 + q_2$$

即电容器组储存的总电量等于各电容器所储存的电量之和。

推广：n 个电容器并联的总电量为

$$q = q_1 + q_2 + \cdots + q_n = \sum_{k=1}^{n} q_k \tag{3-2-5}$$

4）电容器组的最高工作电压

由于电容器并联时，各电容器上的电压相等，因此外加电压一定不能超过其中任一个电容器的额定电压，否则额定电压较低的电容器就有被击穿的危险。

2. 电容器的串联

将多个电容器首尾相接连成一个无分支的电路，称为电容器的串联。两个电容的串联及其等效电路如图 3-2-9 所示。

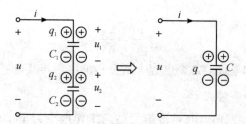

图 3 - 2 - 9 两个电容器的串联及其等效电路

1) 电压、电流关系

由基尔霍夫电压定律可知，串联电路的电压关系特点是：加在串联电路两端的总电压等于各电容两端电压之和，即

$$u = u_1 + u_2$$

由基尔霍夫电流定律知，串联电路的电流关系特点是：通过各电容的电流相等，即

$$i = i_1 = i_2$$

2) 储存电量

由于串联电路中通过各电容的电流相等，所以各电容元件储存的电荷量相等，且等于电容元件组储存的总电荷量，即

$$q = q_1 = q_2 \qquad\qquad (3-2-6)$$

推广：n 个电容器串联时，各电容元件储存的电荷量相等，即

$$q = q_1 = q_2 = \cdots = q_n \qquad\qquad (3-2-7)$$

3) 等效电容

根据电容的定义，将式(3-2-1)代入电容串联电路的电压关系，得

$$\frac{q}{C} = \frac{q_1}{C_1} + \frac{q_2}{C_2}$$

将式(3-2-6)代入上式，得

$$\frac{1}{C} = \frac{1}{C_1} + \frac{1}{C_2}$$

即两个电容器串联的等效电容为

$$C = \frac{C_1 C_2}{C_1 + C_2} \qquad\qquad (3-2-8)$$

推广：n 个电容器串联时，等效电容为

$$\frac{1}{C} = \frac{1}{C_1} + \frac{1}{C_2} + \cdots + \frac{1}{C_n} = \sum_{k=1}^{n} \frac{1}{C_k} \qquad\qquad (3-2-9)$$

4) 电压分配

两个电容器串联时，由式(3-2-1)和式(3-2-6)知

$$C_1 = \frac{q}{u_1}, \quad C_2 = \frac{q}{u_2}$$

所以

$$C_1 u_1 = C_2 u_2$$

即

$$\frac{u_1}{u_2}=\frac{C_2}{C_1} \qquad (3-2-10)$$

可以看出，电容器串联时，每个电容上所分得的电压与其电容量成反比。

5）电容器组的最高工作电压

当 n 个相同的电容串联时，电容器组的最高工作电压为单个电容器额定电压的 n 倍，故电容器串联可提高工作电压。当电容量和额定电压都不相同的电容器串联时，必须使每个电容器上的工作电压均不超过其额定电压。尤其要注意小电容器的额定电压，因为电容器串联使用时，小电容上分得的电压大，所以应该首先保证小电容器上的工作电压不超过其额定电压。

电容器组的最高工作电压 $U_{\max}$ 可以用以下方法计算：求出各电容器允许储存的电量（即电容乘以耐压），选择其中最小的一个（用 $q_{\min}$ 表示）作为电容器组储存电量的极限值，电容器组的 $U_{\max}$ 等于 $q_{\min}$ 除以总电容 C，即

$$U_{\max}=\frac{q_{\min}}{C} \qquad (3-2-11)$$

例 3.2.1　三个电容器的标示分别为：.003、500 V，202、400 V，1n8、300 V。

（1）这三个电容的标称容值分别为多少？

（2）这三个电容串联时，总电容为多少？

（3）这三个电容串联时，最高工作电压为多少？

解　（1）标示为".003"的电容值为：$0.003\ \mu F=3000\ pF$。

标示为"202"的电容值为：$20\times10^2\ pF=2000\ pF$。

标示为"1n8"的电容值为：$1.8\ nF=1800\ pF$。

（2）这三个电容串联时，由

$$\frac{1}{C}=\frac{1}{C_1}+\frac{1}{C_2}+\frac{1}{C_3}=\frac{1}{3000\ pF}+\frac{1}{2000\ pF}+\frac{1}{1800\ pF}=\frac{1}{720\ pF}$$

得

$$C=720\ pF$$

（3）这三个电容串联时，各电容所允许储存的电量分别为

$$q_1=C_1u_1=3000\ pF\times500\ V=1.5\ \mu C$$
$$q_2=C_2u_2=2000\ pF\times400\ V=0.8\ \mu C$$
$$q_3=C_3u_3=1800\ pF\times300\ V=0.54\ \mu C$$

比较后，得

$$q_{\min}=0.54\ \mu C$$

则最高工作电压

$$U_{\max}=\frac{q_{\min}}{C}=\frac{0.54\ \mu C}{720\ pF}=750\ V$$

例 3.2.2　两个电容器，电容值均为 $1000\ \mu F$，额定电压均为 $600\ V$。

（1）若不考虑漏电阻，这两个电容器串联后的总电容和总耐压值是多少？能否加 1000 V 的直流电压？

（2）若一个电容器的漏电阻为 20 MΩ，另一个电容的漏电阻为 80 MΩ，这两个电容器串联后能不能加 1000 V 的直流电压？

解　（1）若不考虑电容器漏电，则两电容器串联后：

总电容

$$C=\frac{C_1 C_2}{C_1+C_2}=\frac{1000\ \mu\text{F}\times 1000\ \mu\text{F}}{1000\ \mu\text{F}+1000\ \mu\text{F}}=500\ \mu\text{F}$$

最高工作电压

$$U_{\max}=2U_N=2\times 600\ \text{V}=1200\ \text{V}$$

故两电容器串联后可以加 1000 V 的直流电压。

（2）若考虑电容器漏电，则两电容串联后：若不忽略电容器的漏电，则其等效电路为电容器与漏电电阻并联，如图 3-2-10 所示。加上电压后，有漏电电流流过漏电阻，这时电容器两端的电压不再按电容量成反比分配，而与漏电阻成正比分配。

根据电阻串联时，电阻上的电压与其阻值成正比的关系，可得

$$U_1=\frac{R_1}{R_1+R_2}U=\frac{20\ \text{M}\Omega}{20\ \text{M}\Omega+80\ \text{M}\Omega}\times 1000\ \text{V}=200\ \text{V}$$

$$U_2=\frac{R_2}{R_1+R_2}U=\frac{80\ \text{M}\Omega}{20\ \text{M}\Omega+80\ \text{M}\Omega}\times 1000\ \text{V}=800\ \text{V}$$

分配在 C_2 两端的电压超过了电容器的额定电压，所以在电容器组两端不能加 1000 V 的直流电压。

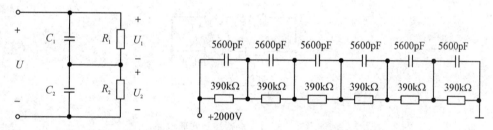

图 3-2-10　电容器漏电电阻等效电路　　图 3-2-11　某雷达显示器的高压滤波电路

当漏电不可忽略时，电容器上的电压与漏电电阻成正比分配，即漏电电阻大的分得的电压高，漏电电阻小的分得的电压低。因此当多个电容器串联使用时，应在每个电容器上并联适当的电阻。例如，图 3-2-11 所示为某雷达显示器的高压电源滤波电路，用若干个规格相同的电容器串联作为滤波电容。这些电容器虽然规格相同，但其漏电电阻值往往相差很大。为了使各电容器上电压均匀分配，在每个电容器上都要并联一个电阻，此电阻阻值的选择应该比电容器的漏电电阻小很多，这样各电容器上的电压基本由并联电阻决定。如果各电容器上并联的电阻阻值相同，那么各电容器上的电压就能够均匀分配。

练习与思考

3-2-1　根据电容的定义：$C=q/u_C$，有人认为：(1)当电量 $q=0$ 时，电容 C 也为零；(2)电容 C 跟电量 q 成正比，跟端电压 u_C 成反比。这两种说法对吗？为什么？

3-2-2　有人说："电容器的电容 C 越大，其储存的电场能量就一定越大"。这个说法对吗？为什么？

3-2-3　电容器两极板间有绝缘介质，电路并不闭合，为什么在充、放电过程中电路中会出现电流？

3-2-4　用直流电压对一个容量为 $0.1\ \mu F$ 的电容器充电，在时间间隔为 $100\ \mu s$ 内相应的电压变化了 $10\ V$，求该段时间内充电电流。

3-2-5　电容器两端的电压能够突变吗？为什么？

3-2-6　试比较电容器串联与电阻串联时特性的异同，以及电容器并联与电阻并联时特性的异同。

3-2-7　将 $0.001\ \mu F$、$120\ V$ 和 $2000\ pF$、$200\ V$ 的电容器并联使用，其等效电容为多少？最高工作电压为多少？

3-2-8　将 $2\ \mu F$、$160\ V$ 和 $10\ \mu F$、$250\ V$ 两只电容器串联，接在 $300\ V$ 直流电压源上，每只电容上的电压为多少？是否安全？

3.3　电　感　器

观察与思考

将电感器 L 与灯泡 HL_1 串联，再并联电阻 R 与灯泡 HL_2 的串联，然后接直流电压源 U_s，如图 3-3-1 所示。当开关 S 闭合时，两个灯泡哪一个先亮？为什么？

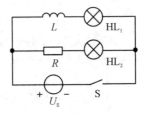

图 3-3-1　电感演示实验电路

现象：开关 S 闭合，灯泡 HL_2 立刻亮，且保持亮度不变；灯泡 HL_1 逐渐变亮，之后保持亮度不变。说明有电流通过电感器时，产生了自感现象，感应电动势阻碍了电流的增大，所以 HL_1 开始时不亮，后逐渐变亮。当电感器充电完毕，HL_1 亮度才不变。开关 S 断开，两灯泡逐渐变暗直至熄灭，说明电感器有储能作用。

3.3.1　电感器的基本概念

1. 电感器的基本结构与符号

电感器是电子电路中常用的一种元器件，又称为电感线圈，它由漆包线或纱包线等各种规格的导线绕在绝缘骨架上构成，导线的匝与匝之间、层与层之间相互绝缘，绝缘骨架可是空心的，也可以包含铁芯或磁芯，如图 3-3-2 所示。本课程讨论的电感元件是实际电感器件的理想化模型。电感器的主要电磁特性是储存磁场能量。

电感器的图形符号如图 3-3-3 所示。

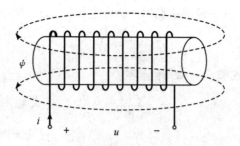

图 3 - 3 - 2　电感器的结构示意图

(a) 固定电感　(b) 可调电感　(c) 磁芯电感　(d) 铁芯电感

图 3 - 3 - 3　电感器的电气符号

2. 电感器的电感量

若图 3 - 3 - 2 所示线圈的匝数为 N，当变化的电流 i 通过电感线圈时，就会有变化的磁通 ϕ 和变化的磁链 ψ 穿过线圈，且 $\psi = N\phi$。电感器产生磁链的能力称为电感量，简称电感，用 L 表示。即

$$L = \frac{\psi}{i} \tag{3 - 3 - 1}$$

式中，ϕ 和 ψ 的单位均为韦伯（Wb）；i 的单位为安培（A）；L 的单位为亨利（H），简称亨。在实际应用中，由于亨利单位过大，所以常用的单位有毫亨（mH）和微亨（μH），它们之间的换算关系为

$$1\ \mathrm{H} = 10^3\ \mathrm{mH}$$
$$1\ \mathrm{mH} = 10^3\ \mu\mathrm{H}$$

若电感器的电感量 L 是一个常数，即它只与线圈的大小、形状等电感器本身的结构和材料性质有关，与通过线圈的电流无关，则这种电感器称为线性电感元件。若电感器的电感量还与通过线圈的电流有关，则为非线性电感元件。本书中所涉及的均为线性电感。

需要注意的是，只有空心线圈，且附近不存在铁磁材料时，其电感量才是一个常数，即为线性电感。为了增大电感量，实际应用中常在线圈中放置铁芯或磁芯。例如收音机的中周调谐电路中的线圈都放置了磁芯，以增大电感量、减小元件体积。

3.3.2　电感器的伏安特性

电感器会阻碍电流的变化。如果电感器在没有电流通过的状态下，当电路接通时，电感器两端将产生感应电压，试图阻碍电流流过；如果电感器在有电流通过的状态下，当电路断开时，电感器将产生反向感应电压，试图维持电流不变。

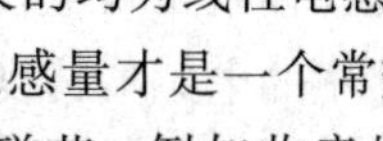

根据电磁感应定律，当通过电感线圈的电流 i 发生变化时，电感线圈的磁场也会产生相应的变化，即 ϕ 和 ψ 会产生变化，电感两端会产生感应电压 u_L，如图 3 - 3 - 4 所示，当线圈

图 3 - 3 - 4　电感上电压与
电流的关系

中的电流 i 与磁链 ψ 符合右手螺旋法则时，感应电压 u_L 为

$$u_L = \frac{\mathrm{d}\psi}{\mathrm{d}t} \tag{3-3-2}$$

将式(3-3-1)代入式(3-3-2)得

$$i = \frac{\mathrm{d}Li}{\mathrm{d}t} = L\,\frac{\mathrm{d}i}{\mathrm{d}t}$$

即电感的伏安特性为

$$u_L = L\,\frac{\mathrm{d}i}{\mathrm{d}t} \tag{3-3-3}$$

上式表明，电感两端的电压 u_L 与通过电感电流 i 的变化率成正比。

(1) 电感具有通直流的作用。电流变化越快，$\mathrm{d}i/\mathrm{d}t$ 就越大，感应电压也越大，对电流的阻碍作用增强；反之，电压变化越慢，$\mathrm{d}i/\mathrm{d}t$ 就越小，感应电压也越小，对电流的阻碍作用减弱。当电流的变化率 $\mathrm{d}i/\mathrm{d}t=0$ 时，若通过的电流为直流，则电感两端的感应电压 $u_L=0$，即直流稳态时电感相当于短路，有通直流的作用。

(2) 通过电感的电流不能突变。如图3-3-2所示，当电流通过电感器时，在线圈中将存储磁链。磁链的产生或消失需要一个过程，所以通过电感电流的增大或消失也需要一个过程，故通过电感的电流不能突变。由式(3-3-3)亦可知，实际电路中的感应电压不可能无穷大，即 $\mathrm{d}i/\mathrm{d}t$ 必为有限值，故通过电感的电流变化率为有限值，也说明通过电感的电流不能突变。

3.3.3 电感器的主要参数

电感器的主要参数有电感量、允许偏差、额定工作电流、品质因数、分布电容、直流电阻等。

1. 电感量

电感量反映了电感元件储存磁场能量的能力。电感器电感量的大小主要取决于线圈的匝数、绕制方式、有无磁芯或磁芯材料等。通常，线圈匝数越多、绕制得越密集，电感量就越大。有磁芯的线圈比无磁芯的线圈电感量大；磁芯导磁率越大的线圈，电感量也越大。

2. 允许偏差

允许偏差是指电感器上标称的电感量与实际电感的允许误差值。一般用于振荡或滤波等电路中的电感器精度要求较高，允许偏差为 $\pm0.2\%\sim\pm0.5\%$；用于耦合、高频扼流的电感器精度要求不高，允许偏差为 $\pm10\%\sim\pm15\%$。电感器的常用精度等级与允许偏差与电容器相似，见表3-2-2。

3. 额定工作电流

电感器的额定电流是指电感元件正常工作时，允许通过的最大电流。若工作电流超过额定电流，电感元件就会因过热而改变参数，甚至烧坏；或使线圈受到过大电磁力的作用而发生机械变形。电感器的额定工作电流常用字母表示，见表3-3-1。

表3-3-1 电感器的额定工作电流

字　母	A	B	C	D	E
额定工作电流/mA	50	150	300	700	1600

4. 品质因数

品质因数也称 Q 值，是衡量电感器质量的主要参数。Q 值反映了电感线圈的"品质"，Q 值越高，电感线圈的损耗越小，效率越高。

5. 分布电容

分布电容是指线圈的匝与匝之间，线圈与磁芯之间，线圈与地之间，线圈与金属之间存在的电容。电感器的分布电容越小，其稳定性越好，在高频工作时的性能越好。分布电容会使等效耗能电阻变大，品质因数变小。

6. 直流电阻

电感器在直流电流下测得的电阻即为直流电阻。电感器的直流电阻越小，损耗越小，Q 值越高。

 知识拓展

实际电感的等效电路

由于实际的电感器存在分布电容和直流电阻，尽管它们的数值很小，但在工作频率较高或电流较大时，仍不能忽略不计。此时，实际电感器的等效电路如图 3-3-5 所示，图中 L 为实际电感器的理想化模型，C_0 为分布电容，r 为直流内阻。

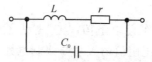

图 3-3-5　实际电感器的等效电路

技术与应用

电感器的标示方法

电感器参数标示的主要方法有直标法、数码法、文字符号法、色标法等。

1. 直标法

直标法在电感线圈的外壳上直接用数字和文字标出电感线圈的电感量、允许偏差及最大工作电流等主要参数，如图 3-3-6(a)所示。

(a) 直标法　　(b) 数码法　(c) 文字符号法　　(d) 色标法

图 3-3-6　电感器标注方法示例

2. 数码法

数码法是在电感器上用 3 位数码表示标称电感量：前 2 位为有效值，第 3 位表示倍率（仅第 3 位为 9 时表示 10^{-1} 倍）；电感的单位是微亨（μH）。如图 3-3-6(b)所示，220 表示 22×10^0，即 22 μH。

3. 文字符号法

文字符号法是用数字和文字符号的组合来表示电感器的标称电感量的一种方法。特点是省略 H，小数点用 R、N 表示：用 R 表示小数点时，单位为 pH；用 N 表示小数点时，单位为 nH。如图 3-3-6(c)所示，1R5 表示 1.5 pH。

4. 色标法

色标法是用色环表示电感量，单位为 μH，第 1、2 位表示有效数字，第 3 位表示倍率，第 4 位为误差，如图 3-3-6(d)所示。色环颜色的含义与电阻器的相同，见表 1-3-2。

色环电感与色环电阻的外形相近，通常色环电感的外形以短粗居多，色环电阻的外形通常是细长的，使用时要注意区分。

3.3.4　电感器的检测

电感器的常见故障有线圈断路、线圈短路、线圈断股。

普通万用表不具备专门测试电感线圈的功能，但可以借助万用表的欧姆挡来判断其通、断情况，作为电感的粗略检查；另外，可从外观上查看磁芯(铁芯)是否断裂、破碎。如果要测量电感大小或 Q 值、判断匝间是否短路，需借助其他仪表进行。

1. 电感器的通、断检测

将万用表拨至 200 Ω 或更小的低电阻挡，红、黑表笔各接电感器的任一引出端，测量电感器的直流电阻。电感器直流电阻值的大小与绕制电感器线圈所用的漆包线直径、绕制圈数有直接关系，根据测出的电阻值大小，将测量值与其技术标准所规定的值相比较就可以判断电感器的好坏。具体可分下述 3 种情况进行鉴别：

(1) 只要能测出电阻值，就可认为被测电感器是正常的。

(2) 若电阻值为零，表明其内部有短路性故障。

(3) 若电阻值为∞，则表明线圈断路。

2. 电感线圈的绝缘性能检测

检测电感线圈的外壳(屏蔽罩)与各管脚之间的电阻，若电阻值为无穷大，表明电感器正常；若电阻值为零，表明电感器有短路性故障；若电阻值小于无穷大，但大于零，表明电感器有漏电性故障。

3.3.5　电感器的串联与并联

在电路中偶尔也会出现电感器的串联或并联的情况。由于电感器存储的是磁场能量，所以电感器的串联或并联要考虑电感器之间磁场的相互作用。

1. 电感器之间的磁场无相互作用

当电感之间是相互独立的，即磁场不存在相互作用时，则电感之间的互感 $M=0$。

1) 独立电感的串联

两个独立电感器串联及其等效电路如图 3-3-7 所示。可以证明：两个独立电感器串联，其等效电感为

$$L = L_1 + L_2 \qquad (3-3-4)$$

推广：n 个独立电感器串联的总电感为

$$L = L_1 + L_2 + \cdots + L_n = \sum_{k=1}^{n} L_k \qquad (3-3-5)$$

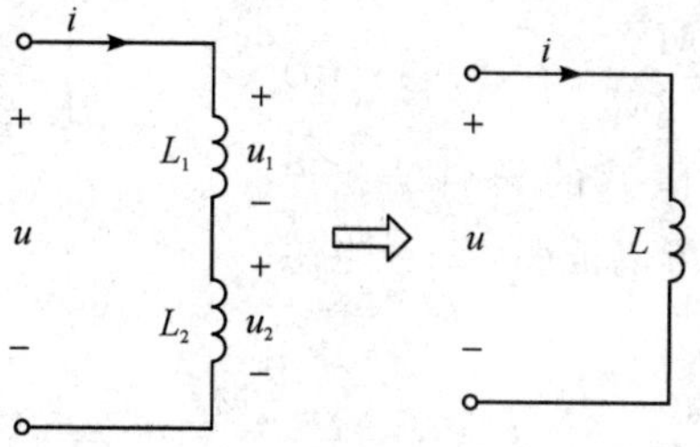

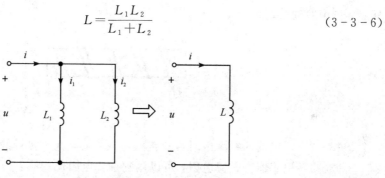

图 3-3-7　独立电感器的串联及其等效电路

2) 独立电感的并联

两个独立电感器并联及其等效电路如图 3-3-8 所示。可以证明：两个独立电感器并联，其等效电感为

$$L = \frac{L_1 L_2}{L_1 + L_2} \qquad (3-3-6)$$

图 3-3-8　独立电感器的并联及其等效电路

推广：n 个独立电感器并联的总电感为

$$\frac{1}{L} = \frac{1}{L_1} + \frac{1}{L_2} + \cdots + \frac{1}{L_n} = \sum_{k=1}^{n} \frac{1}{L_k} \qquad (3-3-7)$$

* 2. 电感器之间的磁场有相互作用

当两个电感之间的磁场存在相互作用时，则电感之间存在互感 M。

1) 电感的串联

若两个电感顺串，如用同样方法绕在同一骨架上的两个电感，即两电感的异名端相连接，如图 3-3-9(a)所示。可以证明：两个电感器串联的等效电感为

$$L = L_1 + L_2 + 2M \qquad (3-3-8)$$

若两个电感反串，即两电感的同名端相连接，如图 3-3-9(b)所示。可以证明：两个电感器串联的等效电感为

$$L = L_1 + L_2 - 2M \qquad (3-3-9)$$

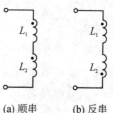

(a) 顺串　　(b) 反串

图 3-3-9　两个电感器的串联

2）电感的并联

若两个电感顺并，即两电感的同名端相连接，如图 3-3-10(a)所示。可以证明：两个电感器并联的等效电感为

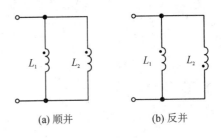

$$L = \frac{L_1 L_2 - M^2}{L_1 + L_2 - 2M} \qquad (3-3-10)$$

若两个电感反并，即两电感的异名端相连接，如图 3-3-10(b)所示。可以证明：两个电感器并联的等效电感为

(a) 顺并　　　　(b) 反并

图 3-3-10　两个电感器的并联

$$L = \frac{L_1 L_2 - M^2}{L_1 + L_2 + 2M} \qquad (3-3-11)$$

练习与思考

3-3-1　通过电感器的电流能够突变吗？为什么？

3-3-2　有的线圈为了消除电感，常采用导线打折后双线并绕的方法，如图 3-3-11 所示，试说明理由。

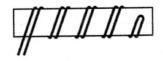

图 3-3-11

3-3-3　电感器的线圈中时常放置铁芯或磁芯，其主要目的是什么？

3-3-4　电感器有直流电阻，可以用它替代电阻使用吗？为什么？

3-3-5　试比较电容器串联与独立电感器串联时特性的异同，以及电容器并联与独立电感器并联时特性的异同。

3.4　线性电路的暂态过程

观察与思考

电路如图 3-4-1 所示。通过前面的学习我们知道，当 $t=0$ 时，开关 S 闭合后，三盏灯将会出现如下现象：

（1）电阻支路中的灯泡 HL_1 立即发亮，并且亮度不变化。这表明流过 HL_1 的电流保持不变，即直接进入了新的稳态。

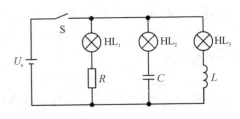

图 3-4-1　电路的暂态过程

（2）电容支路中的灯泡 HL_2 立即点亮而后逐渐变暗，最后熄灭，进入新的稳态。这表明流过 HL_2 的电流由大变小，直至为零。

（3）电感支路中的灯泡 HL_3 由暗逐渐变亮，最后亮度不再变化，进入新的稳态。这表明流过 HL_3 的电流由小变大，最后保持不变。

由于电阻不是储能元件，故电阻支路没有过渡过程。而电容器和电感器是储能元件，它们需要经过充电或放电，即需要经过过渡过程才能进入新的稳态。在过渡过程中，电压和电流是怎么变化的？过渡过程需要多长时间？

3.4.1 换路定律

由上述现象可知，开关 S 闭合时，电路发生了换路。当电路发生换路时，由于电路含有电容器、电感器等储能元件，而能量的聚集或者释放需要一个过程，即能量不能跃变，故产生了过渡过程。当电路发生换路时，在电容元件中存储的电场能量不能跃变，这反映在电容元件上表现为电容电压 u_C 不能跃变；在电感元件中存储的磁场能量不能跃变，这反映在电感元件上表现为电感电流 i_L 不能跃变。

由上述分析以及实验证明可以得到换路定律：当电路含有储能元件时，在换路瞬间，换路前后的电容电压和电感电流不能跃变。

设当 $t=0$ 时，电路发生换路，并以 $t=0_-$ 表示换路前的终结瞬间，$t=0_+$ 表示换路后的初始瞬间，换路经历的时间是从 0_- 到 0_+，这个时间间隔为零，则换路定律表示为

$$\left.\begin{array}{l} u_C(0_-)=u_C(0_+) \\ i_L(0_-)=i_L(0_+) \end{array}\right\} \qquad (3-4-1)$$

应当注意，换路定律只说明与电磁能量有直接关系的物理量 u_C（或 q）和 i_L（或 ψ）不能跃变，但电路中的其他物理量，如电容元件中的电流 i_C，电感上的电压 u_L 及电阻上的电压 u_R、电流 i_R 是可以跃变的。

3.4.2 RC 电路充放电过程

1. 充电过程

电容的充电过程，是指电容器原来不带电或带少量的电，在外加电压的作用下，使其带电或电量继续增加的过程。

RC 充电电路如图 3-4-2 所示，若电容无初始储能，即 $u_C(0_-)=0$，称为零状态。在 $t=0$ 时，开关 S 由位置"2"置于位置"1"，电路发生换路时，由基尔霍夫电压定律可知：

$$U_s=u_R+u_C$$

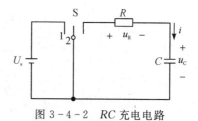

图 3-4-2 RC 充电电路

理论分析可以证明，过渡过程中电容上的电压 u_C、电阻上的电压 u_R、通过电容的电流 i_C 分别为

$$u_C(t)=U_s(1-e^{-\frac{t}{\tau}}) \qquad (3-4-2)$$

$$u_R(t)=U_se^{-\frac{t}{\tau}} \qquad (3-4-3)$$

$$i(t)=i_C(t)=i_R(t)=\frac{U_s}{R}e^{-\frac{t}{\tau}} \qquad (3-4-4)$$

式中，$\tau = RC$，称为时间常数，单位为秒(s)，在充电电路中它反映了电容器的充电速率。

根据 u_C、u_R、i_C 的表达式可得到其变化曲线，如图 3-4-3 所示。

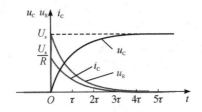

图 3-4-3　RC 充电电路的电压电流变化曲线

（1）u_C 没有跃变，u_R、i_C 发生了跃变，即 $u_C(0_+) = u_C(0_-) = 0$；$u_R(0_-) = 0$、$u_R(0_+) = U_s$，$i_C(0_-) = 0$，$i_C(0_+) = U_s/R$。

（2）u_C、u_R、i_C 均由 $t = 0_+$ 时的初始值按指数规律变化。

（3）从理论上讲，充电过程要到 $t = \infty$ 时才完成。从表 3-4-1 可知，实际应用中经过 $3\tau \sim 5\tau$ 的时间，u_C 就可达到最大值的 95%~99%，所以在工程计算中认为此时充电过程结束，电路进入新稳态。

表 3-4-1　RC 充电电路中 u_C 随时间的变化情况

t		0	τ	2τ	3τ	4τ	5τ
u_C		$U_s(1-e^0)$	$U_s(1-e^{-1})$	$U_s(1-e^{-2})$	$U_s(1-e^{-3})$	$U_s(1-e^{-4})$	$U_s(1-e^{-5})$
		0	$0.632U_s$	$0.865U_s$	$0.95U_s$	$0.982U_s$	$0.993U_s$
i_C		$\dfrac{U_s e^0}{R}$	$\dfrac{U_s e^{-1}}{R}$	$\dfrac{U_s e^{-2}}{R}$	$\dfrac{U_s e^{-3}}{R}$	$\dfrac{U_s e^{-4}}{R}$	$\dfrac{U_s e^{-5}}{R}$
		$\dfrac{U_s}{R}$	$\dfrac{0.368U_s}{R}$	$\dfrac{0.135U_s}{R}$	$\dfrac{0.05U_s}{R}$	$\dfrac{0.018U_s}{R}$	$\dfrac{0.007U_s}{R}$

（4）时间常数 τ 越小，曲线越陡峭，过渡过程进行得越快；时间常数 τ 越大，曲线越平坦，过渡过程进行得越慢。在相同电源电压下，不同 τ 值的 u_C 曲线如图 3-4-4 所示，这里 $\tau_1 < \tau_2 < \tau_3$。

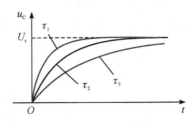

图 3-4-4　τ 对过渡过程的影响

2. 放电过程

电容的放电过程，是指电容元件上电荷减少的过程，即电容电压降低的过程。

在图 3-4-2 所示电路中，若电容已经充过电，且 $u_C = U_0$。在 $t = 0$ 时，开关 S 由位置 "1"置于位置"2"，电路发生换路。为方便分析，现将换路后的电路重画为图 3-4-5，注意：

u_R 与 i 定义的方向与图 3-4-2 相反。由电容的换路定律可知，换路瞬间电容上的电压不能突变，即换路后瞬间的电容电压等于换路前一时刻电容电压 U_0，所以有 $u_C(0_+)=u_C(0_-)=U_0$。此时由基尔霍夫电压定律可知

$$u_R = u_C$$

理论分析可以证明，过渡过程中电容上的电压 u_C、电阻上的电压 u_R、通过电容的电流 i_C 分别为

$$u_C(t)=u_R(t)=U_0 e^{-\frac{t}{\tau}} \tag{3-4-5}$$

$$i(t)=i_C(t)=i_R(t)=\frac{U_0}{R}e^{-\frac{t}{\tau}} \tag{3-4-6}$$

与电容充电电路相同，式中 $\tau=RC$，称为时间常数，单位为秒(s)，在放电电路中它反映了电容器的放电速率。

根据 u_C、u_R、i_C 的表达式可得到其变化曲线，如图 3-4-6 所示。

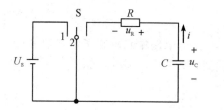
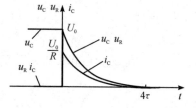

图 3-4-5　RC 放电电路　　　图 3-4-6　RC 放电电路的电压电流变化曲线

(1) u_C 没有跃变，u_R、i_C 发生了跃变，即 $u_C(0_+)=u_C(0_-)=U_0$；$u_R(0_-)=0$、$u_R(0_+)=U_0$，$i_C(0_-)=0$、$i_C(0_+)=U_0/R$。

(2) u_C、u_R、i 均由 $t=0_+$ 时的初始值按指数规律变化。

(3) 从理论上讲，放电过程要到 $t=\infty$ 时才完成。与电容充电电路相同，在工程计算中认为经过 $3\tau \sim 5\tau$ 的时间放电过程结束，电路进入新稳态。

(4) 与电容充电电路相同，时间常数 τ 越小，曲线越陡峭，过渡过程进行得越快；时间常数 τ 越大，曲线越平坦，过渡过程进行得越慢。

例 3.4.1　电路如图 3-4-5 所示，已知：$C=10\ \mu F$，$R=20\ k\Omega$；当 $t=0$ 时，$u_C(0)=U_0=10\ V$。试求：

(1) 放电时的最大电流 $i_{\max}$；

(2) 当 $t=0.6\ s$ 时，电容上的电压 u_C。

解　$\tau=RC=20\ k\Omega\times10\ \mu F=0.2\ s$

(1) 当 $t=0$ 时，放电电流最大，由式(3-4-6)得

$$i_{\max}=i(0)=\frac{U_0}{R}e^{-\frac{0}{\tau}}=\frac{10\ V}{20\ k\Omega}=0.5\ mA$$

(2) 当 $t=0.6\ s$ 时，由式(3-4-5)得

$$u_C(t)=10\ V\times e^{-\frac{0.6}{0.2}}\approx0.5\ V$$

3.4.3 *RL* 电路充放电过程

1. 充电过程

RL 充电电路如图 3-4-7 所示，若电感无初始储能，即 $i_L(0_-)=0$，称为零状态。在 $t=0$ 时，开关 S 由位置"2"置于位置"1"，电路发生换路，此时由基尔霍夫电压定律可知

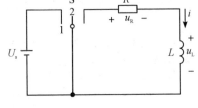

图 3-4-7　*RL* 充电电路

$$U_s=u_R+u_L$$

理论分析可以证明，过渡过程中通过电感的电流 i_L、电阻上的电压 u_R、电感上的电压 u_L 分别为

$$i(t)=i_L(t)=i_R(t)=\frac{U_s}{R}(1-e^{-\frac{t}{\tau}}) \tag{3-4-7}$$

$$u_R(t)=i_R(t)R=U_s(1-e^{-\frac{t}{\tau}}) \tag{3-4-8}$$

$$u_L(t)=U_s-u_R(t)=U_se^{-\frac{t}{\tau}} \tag{3-4-9}$$

式中，$\tau=L/R$ 称为时间常数，单位为秒(s)，在充电电路中它反映了电感器的充电速率。

根据 i_L、u_R、u_L 的表达式可得到其变化曲线，如图 3-4-8 所示。

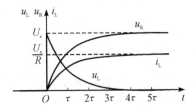

图 3-4-8　*RL* 充电电路的电压电流变化曲线

（1）i_L、u_R 没有跃变，u_L 发生了跃变，即 $i_L(0_+)=i_L(0_-)=0$，$u_R(0_+)=u_R(0_-)=0$；$u_L(0_-)=0$、$u_L(0_+)=U_s$。

（2）i_L、u_R、u_L 均由 $t=0_+$ 时的初始值按指数规律变化。

（3）从理论上讲，充电过程要到 $t=\infty$ 时才完成。与电容充电相同，在工程计算中认为经过 $3\tau\sim5\tau$ 的时间充电过程结束，电路进入新稳态。

（4）时间常数 τ 越小，曲线越陡峭，过渡过程进行得越快；时间常数 τ 越大，曲线越平坦，过渡过程进行得越慢。

2. 放电过程

在图 3-4-7 所示电路中，若电感已经充过电，且 $i=I_0$。在 $t=0$ 时，开关 S 由位置"1"置于位置"2"，电路发生换路。为方便分析，现将换路后的电路重画为图 3-4-9。由电容的换路定律可知，换路瞬间通过电感的电流不能突变，即换路后瞬间通过电感的电流等于换路前一时刻的电流 I_0，所以有 $i_L(0_+)=i_L(0_-)=I_0$。此时由基尔霍夫电压定律可知

$$u_R=-u_L$$

根据理论分析可以证明，过渡过程中通过电感的电流 i_L、电阻上电压 u_R、电感上电压 u_L 分别为

$$i(t) = i_{\mathrm{L}}(t) = i_{\mathrm{R}}(t) = I_0 \mathrm{e}^{-\frac{t}{\tau}} \tag{3-4-10}$$

$$u_{\mathrm{R}}(t) = i_{\mathrm{R}}(t)R = I_0 R \mathrm{e}^{-\frac{t}{\tau}} \tag{3-4-11}$$

$$u_{\mathrm{L}}(t) = -u_{\mathrm{R}}(t) = -I_0 R \mathrm{e}^{-\frac{t}{\tau}} \tag{3-4-12}$$

与电感充电电路相同，式中 $\tau = L/R$，称为时间常数，单位为秒(s)，在放电电路中它反映了电感器的放电速率。

根据 i_{L}、u_{R}、u_{L} 的表达式可得到其变化曲线，如图 3-4-10 所示。

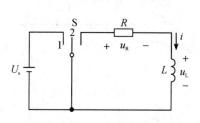

图 3-4-9　RL 放电电路

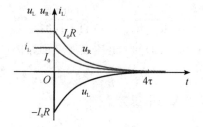

图 3-4-10　RL 放电电路的电压电流变化曲线

(1) i_{L}、u_{R} 没有跃变，u_{L} 发生了跃变，即 $i_{\mathrm{L}}(0_+) = i_{\mathrm{L}}(0_-) = I_0$，$u_{\mathrm{R}}(0_+) = u_{\mathrm{R}}(0_-) = I_0 R$；$u_{\mathrm{L}}(0_-) = 0$，$u_{\mathrm{L}}(0_+) = -I_0 R$。

(2) i_{L}、u_{R}、u_{L} 均由 $t = 0_+$ 时的初始值按指数规律变化。

(3) 从理论上讲，充电过程要到 $t = \infty$ 时才完成。与电感充电相同，在工程计算中认为经过 $3\tau \sim 5\tau$ 的时间充电过程结束，电路进入新稳态。

(4) 时间常数 τ 越小，曲线越陡峭，过渡过程进行得越快；时间常数 τ 越大，曲线越平坦，过渡过程进行得越慢。

例 3.4.2　电路如图 3-4-11 所示，其中 J 是电阻为 $R = 250\ \Omega$、电感为 $L = 25\ \mathrm{H}$ 的继电器，该继电器的释放电流为 4 mA。已知 $R_1 = 230\ \Omega$，电源电动势 $U_{\mathrm{s}} = 24\ \mathrm{V}$，在 S 闭合前电路处于直流稳态。试求：当 S 闭合后多长时间继电器开始释放？

解　S 闭合前，继电器中电流为

$$I_0 = i_{\mathrm{L}}(0_-) = \frac{U_{\mathrm{s}}}{R_1 + R}$$

$$= \frac{24\ \mathrm{V}}{230\ \Omega + 250\ \Omega} = 50\ \mathrm{mA}$$

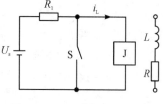

图 3-4-11　例 3.4.2 电路

S 闭合后，继电器 J 所在回路的时间常数为

$$\tau = \frac{L}{R} = \frac{25\ \mathrm{H}}{250\ \Omega} = 0.1\ \mathrm{s}$$

由式(3-4-10)知，继电器 J 所在回路的电流为

$$i_{\mathrm{L}}(t) = I_0 \mathrm{e}^{-\frac{t}{\tau}} = 50\ \mathrm{mA} \times \mathrm{e}^{-\frac{t}{0.1}} = 50 \times \mathrm{e}^{-10t}\ \mathrm{mA}$$

当 S 闭合后，i_{L} 由 50 mA 下降到 4 mA 所需时间，由

$$4\ \mathrm{mA} = 50 \times \mathrm{e}^{-10t}\ \mathrm{mA}$$

得

$$\ln \frac{4}{50} = -10t$$

解得 $t = 0.25\ \mathrm{s}$。故可知，当 S 闭合 0.25 s 后，继电器开始释放。

例 3.4.3 电路如图 3-4-12 所示，已知电源电压 $U_s=10$ V，电阻 $R=100$ Ω、电感 $L=10$ mH、电压表的内阻 $R_v=100$ kΩ、量程为 20 V。当 $t<0$ 时，电路处于直流稳态；当 $t=0$ 时，开关 S 断开。试求此时电压表两端的电压 u_v 的表达式。

解 S 断开前，通过电感的电流为

$$I_0=i_L(0_-)=\frac{U_s}{R}=\frac{10 \text{ V}}{100 \text{ Ω}}=100 \text{ mA}$$

S 断开后，电压表所在回路的时间常数为

$$\tau=\frac{L}{R+R_v}=\frac{10 \text{ mH}}{100 \text{ Ω}+100 \text{ kΩ}}\approx0.1 \text{ μs}$$

由式(3-4-10)知，电压表所在回路的电流为

$$i_L(t)=I_0 e^{-\frac{t}{\tau}}=100 \text{ mA}\times e^{-\frac{t}{0.1 \text{ μs}}}$$

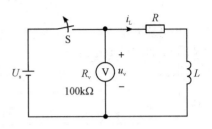

图 3-4-12 例 3.4.3 电路

则电压表上的电压为

$$u_v(t)=-i_L(t)R_v=-I_0 R_v e^{-\frac{t}{\tau}}=-100 \text{ mA}\times100 \text{ kΩ}\times e^{-\frac{t}{0.1 \text{ μs}}}=-10 \ 000 e^{-\frac{t}{0.1 \text{ μs}}} \text{ V}$$

由此可见，在 S 断开的瞬间，电压表上的电压最高，为 $-10\ 000$ V，电压表将会损坏。

从上例可知，在含有电感的电路中，当电路断电的瞬间，电感线圈可能会产生较高的感应电压，严重危害电子设备的安全。为使电感能够安全放电，可增加放电电路，如图 3-4-13 所示。电路中 VD 为二极管，在 S 闭合时，VD 相当于开路；当 S 断开后，由于电感产生的感应电压反向，此时 VD 相当于短路，不仅为电感提供了放电通路，也降低了电感产生的感应电压。

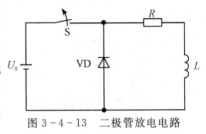

图 3-4-13 二极管放电电路

知识拓展

二极管的基本特性简介

二极管的基本特性是单向导电性。当给二极管加正向电压时(简称正偏)，二极管相当于短路，如图 3-4-14(a)所示；当给二极管加反向电压时(简称反偏)，二极管相当于开路，如图 3-4-14(b)所示。

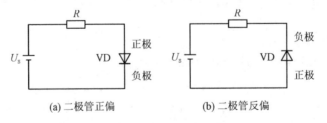

(a) 二极管正偏   (b) 二极管反偏

图 3-4-14 二极管电路

关于二极管的详细性能，将在后续课程中学习。

练习与思考

3-4-1　列举日常生活中应用过渡过程的地方。

3-4-2　RC 电路充、放电过程中的时间常数表示什么意思？它和哪些量有关系？

3-4-3　电路如图 3-4-15 所示，已知 $U_s = 10$ V，$C = 10$ μF，$R_1 = 100$ Ω，$R_2 = 100$ kΩ，电容为零状态。当开关 S 由"2"置于"1"时，时间常数 $\tau_1 = $_____，大约需要 _____ ms 时间，$u_C$ 可达到 9.9 V 以上。当电容器充电至 10 V 后，将 S 由"1"置于"2"，时间常数 $\tau_2 = $_____，大约需要_____ s 时间，$u_C$ 可降到 0.5 V。

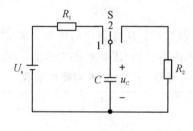

图 3-4-15

3-4-4　RL 电路充、放电过程中的时间常数表示什么意思？它和哪些量有关系？

3-4-5　电路如图 3-4-16 所示，已知 $U_s = 10$ V，$L = 10$ mH，$R = 100$ Ω，在 $t < 0$ 时电路处于直流稳态。当 $t = 0$ 时开关 S 由"1"置于"2"，时间常数 $\tau = $_____，电阻 R 上电压 u_R 的最大值为_____ V。

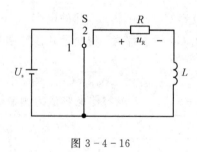

图 3-4-16

3.5　技　能　训　练

3.5.1　电容和电感的检测

1. 实验目的

（1）学会正确识读和测量电容器；

（2）学会判别电解电容器的极性；

（3）学会判别电感器的质量好坏。

2. 实验内容

电容器和电感器的识别与检测。

3. 实验器材

数字式万用表，常用电容器和电感器若干。

4. 注意事项

（1）数字式万用表的红表笔接内部电源正极，黑表笔接内部电源负极。

（2）在每次测量前，要对电容或电感进行放电处理。

（3）在测量过程中，两手不得触碰电极。

5. 实验步骤

1）识别常用电容器

（1）识别提供的不同类型电容器，并将识别结果填入表 3-5-1 中。

（2）用万用表直接测量标称值小于 20 μF 电容的电容值，并将测量结果填入表 3-5-1 中。

表 3-5-1 电容器的识别

序号	识别					测量
	标识标志	标称容量	允许偏差	额定电压	有无极性	电容值
1						
2						
3						

2）测量大电容器的电容值

将一标称值大于 20 μF 电容 C_X 与一个 10 μF 的电容 C_1 相串联，用万用表测量总电容 C，根据式（3-5-1）可计算出 C_X 的电容值，将测量和计算结果填入表 3-5-2 中。

$$C_X = \frac{C_1 C}{C_1 - C} \qquad (3-5-1)$$

表 3-5-2 大电容器电容值的测量结果

序号	C_1	C	C_X
1			
2			

3）判别电解电容器的极性

使用数字式万用表判别：①先测量电解电容器任意两极间的漏电阻。②交换红、黑表笔，再一次测量电解电容器的漏电阻。③如果电解电容器性能良好，在两次测量中，阻值大的一次是正向接法，即红表笔接的是正极，黑表笔接的是负极。

4）检测常用电容器的质量

（1）测量电容器的漏电阻，分析检测结果，进一步判断电容器的性能。

（2）将万用表拨到欧姆挡（$R \times 20$ M 或 $R \times 200$ M），测量电容两极间的电阻（若是电解电容则应红表笔接正极、黑表笔接负极），同时观察数字式万用表显示数字的变化过程，并将测量结果填入表 3-5-3 中。

表 3‑5‑3　电容器的检测

序号	电容器类型	万用表挡位	漏电阻	显示数字的变化过程	结论
1					
2					
3					
4					
5					

5）测量电感的直流电阻

将万用表拨至 200 Ω 或更小的低电阻挡，测量电感两极间的电阻，并将测量结果填入表 3‑5‑4 中。电感器的直流电阻一般小于 10 Ω，若测量出的阻值为 0，说明电感内部短路；若阻值较大，可能是电感线圈多股线中有几股断线；若阻值为无穷大，说明电感开路。

表 3‑5‑4　电感器的识别与检测

序号	标识标志	标称电感量	允许偏差	万用表挡位	直流电阻	结论
1						
2						

6. 总结与思考

（1）整理实验数据，撰写实验报告。

（2）在测量前，电容和电感为什么要进行放电处理？

（3）在测量电容器的漏电阻时，为何时常观察不到数字式万用表显示的变化过程？

3.5.2　RC 电路充放电的观测

1. 实验目的

（1）初步掌握示波器和信号发生器的基本使用方法；

（2）加深理解 RC 电路充放电过程中电容电压的变化规律，以及时间常数 τ 与 R、C 之间的关系。

2. 实验内容

用示波器观察 RC 电路充放电过程。

3. 实验器材

双踪示波器，信号发生器，电阻：5.1 kΩ、10 kΩ，电容：0.01 μF、0.1 μF。

4. 注意事项

在每次测量前，要对电容进行放电处理。

5. 实验步骤

1）测量 RC 电路电容 C 的电压 u_C

（1）实验电路。按图 3‑5‑1(a)连接电路，选取 $R = 5.1$ kΩ，$C = 0.1$ μF。

（2）调整信号发生器，从信号发生器 CH1 通路输出方波电压 u：频率 $f = 100$ Hz、电压峰

-峰值 $U=4$ V。用示波器 CH1 通路测量 u，观察并记录 u 的波形，将结果填入表 3-5-5 及表 3-5-6 中。

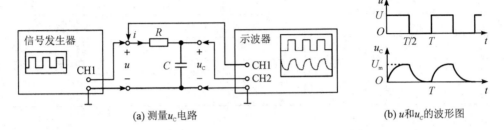

(a) 测量 u_C 电路   (b) u 和 u_C 的波形图

图 3-5-1 技能训练 3.5.2 电路之一及波形

表 3-5-5 RC 充放电电路 u_C 测量结果

	RC 取值	$\tau=RC/\text{ms}$	波 形	峰-峰值 U 或 U_m/V
u				
u_C	$R=5.1\ \text{k}\Omega$ $C=0.1\ \mu\text{F}$			
	$R=5.1\ \text{k}\Omega$ $C=0.01\ \mu\text{F}$			
	$R=10\ \text{k}\Omega$ $C=0.1\ \mu\text{F}$			

(3) 将信号发生器 CH1 通路输出的方波电压 u 同时接入 RC 电路的输入端，用示波器的 CH2 通路测量 C 两端电压 u_C，如图 3-5-1(a) 所示。观察并记录 u_C 的波形，测量 u_C 的峰-峰值 U_m，将结果填入表 3-5-5 中。

当方波 u 的幅度上升为 U 时，相当于电压为 U 的直流电压源对电容 C 充电；当 u 下降为 0 时，相当于电容 C 对电阻 R 放电。u 和 u_C 的波形应与图 3-5-1(b) 中相关的波形类似。

(4) 分别选取 $R=5.1\ \text{k}\Omega$，$C=0.01\ \mu\text{F}$；以及 $R=10\ \text{k}\Omega$，$C=0.1\ \mu\text{F}$ 连接电路。用示波器测量 u_C 的波形，以及峰-峰值 U_m，将结果填入表 3-5-5 中。

2) 测量 RC 电路电阻 R 的电压 u_R

(1) 实验电路。按图 3-5-2(a) 连接电路，选取 $R=5.1\ \text{k}\Omega$，$C=0.1\ \mu\text{F}$。

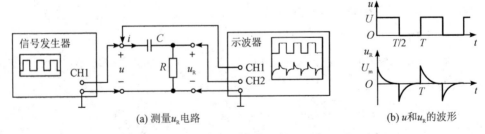

(a) 测量 u_R 电路   (b) u 和 u_R 的波形

图 3-5-2 技能训练 3.5.2 电路之二及波形

（2）将信号发生器 CH1 通路输出的方波电压 u 接入用示波器的 CH1 通路和 RC 电路的输入端，用示波器的 CH2 通路测量 R 两端电压 u_R，如图 3-5-2(a) 所示。观察并记录 u_R 的波形，测量 u_R 的峰-峰值 U_m，将结果填入表 3-5-6 中。

表 3-5-6 RC 充放电电路 u_R 测量结果

	RC 取值	$\tau = RC$/ms	波 形	峰-峰值 U 或 U_m/V
u				
u_R	$R=5.1\,\text{k}\Omega$ $C=0.1\,\mu\text{F}$			
	$R=5.1\,\text{k}\Omega$ $C=0.01\,\mu\text{F}$			
	$R=10\,\text{k}\Omega$ $C=0.1\,\mu\text{F}$			

（3）分别选取 $R=5.1\,\text{k}\Omega$，$C=0.01\,\mu\text{F}$，以及 $R=10\,\text{k}\Omega$，$C=0.1\,\mu\text{F}$ 连接电路。用示波器测量 u_R 的波形，以及峰-峰值 U_m，将结果填入表 3-5-6 中。

6. 总结与思考

（1）整理实验数据，撰写实验报告。

（2）电流 i 的波形应该是什么形状？

（3）比较三组测量结果，随着时间常数 τ 的增大，u_C 和 u_R 的波形有什么变化规律？

本 章 小 结

1. 基本概念

稳态：即稳定工作状态，指电路中的电压和电流处于直流状态，或按一定规律变化的状态。

换路：指电路的工作状态发生了变化。引起换路的原因是电源的接通或断开，或是电路参数发生了突然变化。

暂态：即过渡过程，又称为动态，指电路从一种稳态转换到另一种稳态的中间过程。

动态电路：指处于暂态的电路。电路产生动态的内因是电路中存在储能元件，外因是发生了换路。

2. 动态元件

1）电容器

电容器是储能元件，其储存电场能量的能力用电容量 C 表示，简称电容。

电容具有隔直流的作用。电容两端的电压不能突变。

2）电感器

电感器是储能元件，其储存磁场能量的能力用电感量 L 表示，简称电感。

电感具有通直流的作用。通过电感的电流不能突变。

3. 电容、电感与电阻的主要特性对比

电容、电感与电阻的主要特性对比见表 3-1。

表 3-1　电容、电感与电阻的主要特性对比

比较项目	电阻 R	电容 C	电感 L
元件参数	$R=\dfrac{u_R}{i}$	$C=\dfrac{q}{u_C}$	$L=\dfrac{\psi}{i}$
伏安关系	$i=\dfrac{u_R}{R}$	$i=C\dfrac{\mathrm{d}u_C}{\mathrm{d}t}$	$u_L=L\dfrac{\mathrm{d}i}{\mathrm{d}t}$
换路定律	无记忆元件	$u_C(0_-)=u_C(0_+)$ 电压不能跃变	$i_L(0_-)=i_L(0_+)$ 电流不能跃变

4. 电容串联和并联的主要特性

电容串联和并联的主要特性对比见表 3-5-8。

表 3-2　电容串联和并联的主要特性对比

比较项目	并　联	串　联
等效电容	$C=C_1+C_2+\cdots+C_n$	$\dfrac{1}{C}=\dfrac{1}{C_1}+\dfrac{1}{C_2}+\cdots+\dfrac{1}{C_n}$
电压关系	$u=u_1=u_2=\cdots=u_n$	$u=u_1+u_2+\cdots+u_n$
电流关系	$i=i_1+i_2+\cdots+i_n$	$i=i_1=i_2=\cdots=i_n$
工作电压	等于各电容器中额定工作电压最小者	等于各电容元件中允许储存电量的最小值除以总电容

5. 独立电感串联和并联的主要特性

独立电感串联和并联的主要特性对比见表 3-3。

表 3-3　独立电感串联和并联的主要特性对比

比较项目	并　联	串　联
等效电容	$\dfrac{1}{L}=\dfrac{1}{L_1}+\dfrac{1}{L_2}+\cdots+\dfrac{1}{L_n}$	$L=L_1+L_2+\cdots+L_n$
电压关系	$u=u_1=u_2=\cdots=u_n$	$u=u_1+u_2+\cdots+u_n$
电流关系	$i=i_1+i_2+\cdots+i_n$	$i=i_1=i_2=\cdots=i_n$

6. *RC* 电路的充、放电过程

时间常数：$\tau=RC$。

（1）*RC* 充电电路：电路中的电流、电阻上的电压按指数规律衰减，电容上的电压按指数规律上升。

（2）*RC* 放电电路：电路中的电流、电阻上的电压、电容上的电压都按指数规律衰减。

经过 $3\tau\sim5\tau$ 的时间，可认为充电或放电过程结束，电路进入新稳态。

7. *RL* 电路的充、放电过程

时间常数：$\tau=L/R$。

（1）*RL* 充电电路：电路中的电流、电阻上的电压按指数规律上升，电感上的电压按指

数规律衰减。

（2）RL 放电电路：电路中的电流、电阻上的电压、电感上的电压都按指数规律衰减。

经过 $3\tau \sim 5\tau$ 的时间，可认为充电或放电过程结束，电路进入新稳态。

测试题（3）

3-1　填空题

1. 当电路中的电压和电流都处于直流状态时，称为_____工作状态。

2. 在电源开关接通时，电路的工作状态发生了变化，称为_____。

3. 将 1000 pF 的电容接到 10 V 的直流电源上，稳态时电容两端的电压为_____，通过电容的电流为_____。

4. 两个相互绝缘、而又靠近的导体间存在_____效应。

5. 一个标识为"103"的电容，其电容量为_____ μF。

6. 在 RC 充放电电路中，电容的_____不能跃变，_____可以跃变；在 RL 充放电电路中，电感的_____不能跃变，_____可以跃变。

7. 电路如图 T3-1 所示，已知：$U_s=12$ V，$R=20$ kΩ，$C=10$ μF。在 $t=0$ 时，开关 S 由位置"2"置于位置"1"。则时间常数 $\tau=$_____ s；i_C 的最大值为_____ mA，且在 $t=$_____时刻 i_C 有最大值；i_C 的最小值为_____ mA，理论上在 $t=$_____时刻 i_C 有最小值，在实际应用中当 $t>$_____ s 可认为 i_C 有最小值；u_C 的最大值为_____ V，理论上在 $t=$_____时刻 u_C 有最大值，在实际应用中当 $t>$_____ s 可认为 u_C 达到最大值；u_C 的最小值为_____ V，且在 $t=$_____时刻 u_C 有最小值。

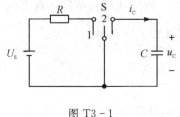 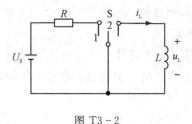

图 T3-1　　　　　　　　　　　　　图 T3-2

8. 电路如图 T3-2 所示，已知：$U_s=12$ V，$R=2$ kΩ，$L=10$ mH。在 $t=0$ 时，开关 S 由位置"2"置于位置"1"。则时间常数 $\tau=$_____ μs；i_L 的最小值为_____ mA，且在 $t=$_____时刻 i_L 有最小值；i_L 的最大值为_____ mA，理论上在 $t=$_____时刻 i_L 有最大值，在实际应用中当 $t>$_____ μs 时，可认达到 i_L 有最大值；u_L 的最小值为_____ V，理论上在 $t=$_____时刻 u_L 有最小值，在实际应用中当 $t>$_____ μs 时，可认为 u_C 有最小值；u_L 的最大值为_____ V，且在 $t=$_____时刻 u_L 有最大值。

3-2　单选题

1. 电容具有（　　）的特性，电感具有（　　）的特性。

A. 通直流　　　　B. 隔直流　　　　C. 稳定电压　　　D. 稳定电流

2. 电容元件的伏安关系是（　　）。（设电压、电流参考方向相关联）

A. $i=C\dfrac{\mathrm{d}u_C}{\mathrm{d}t}$ B. $i=\dfrac{1}{C}\dfrac{\mathrm{d}u_C}{\mathrm{d}t}$ C. $u_C=C\dfrac{\mathrm{d}i}{\mathrm{d}t}$ D. $u_C=\dfrac{1}{C}\dfrac{\mathrm{d}i}{\mathrm{d}t}$

3. 两个电容的容量分别为 $3\,\mu\mathrm{F}$ 和 $2\,\mu\mathrm{F}$。当两电容并联时，等效电容为（　　）$\mu\mathrm{F}$；当两电容串联时，等效电容为（　　）$\mu\mathrm{F}$。

A. 1   B. 1.2   C. 5   D. 6

4. 电感元件的伏安关系是（　　）。（设电压、电流参考方向相关联）

A. $i=L\dfrac{\mathrm{d}u_L}{\mathrm{d}t}$ B. $i=\dfrac{1}{L}\dfrac{\mathrm{d}u_L}{\mathrm{d}t}$ C. $u_L=L\dfrac{\mathrm{d}i}{\mathrm{d}t}$ D. $u_L=\dfrac{1}{L}\dfrac{\mathrm{d}i}{\mathrm{d}t}$

5. 当电感线圈内置入磁芯后，电感量会（　　）。

A. 增大   B. 减小   C. 不变   D. 不确定

6. RC 电路的时间常数 $\tau=$（　　）。

A. RC B. $\dfrac{1}{RC}$ C. $\dfrac{R}{C}$ D. $\dfrac{C}{R}$

7. RC 电路经过（　　）时间可认为充电结束；RL 电路经过（　　）时间可认为放电结束。

A. 2τ B. 5τ C. 10τ D. ∞

8. RL 电路的时间常数 $\tau=$（　　）。

A. RL B. $\dfrac{1}{RL}$ C. $\dfrac{R}{L}$ D. $\dfrac{L}{R}$

3-3 判断题

1. 电容器的电容量 C 越大，其储存的电场能量一定多。

2. 根据电容的定义式 $C=q/U$ 可知，当电量 $q=0$ 时，电容 $C=0$。

3. 电容器两极板间有电介质绝缘，电路并不闭合，所以在任何情况下含有电容的支路都不会出现电流。

4. 在稳态下，电感器的电感量 L 的大小与通过电感的直流电流大小无关。

5. 电感元件上有电流流过，电感元件两端一定会有电压。

6. 电路发生换路时，一定会产生过渡过程。

7. RC 电路的时间常数 τ 越大，充电过程进行得就越慢。

8. RL 电路在换路时电流不能发生跃变。

3-4 画图题

1. 电路如图 T3-3 所示，已知：$U_s=10\,\mathrm{V}$，$R=5\,\mathrm{k}\Omega$，$C=10\,\mu\mathrm{F}$，开关 S 闭合前电容未充电。试求 S 闭合后电容电压 u_C 及回路电流 i_C 的表达式，并画出它们随时间变化的曲线。

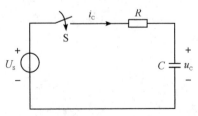

图 T3-3

2. 电路如图 T3 - 4 所示，已知：$R = 200\ \Omega$，$C = 100\ \mu F$，开关 S 闭合前电容电压为 10 V。试求 S 闭合后电容电压 u_C 及回路电流 i_C 的表达式，并画出它们随时间变化的曲线。

3. 电路如图 T3 - 5 所示，已知：$U_s = 5\ V$，$R = 100\ \Omega$，$L = 20\ mH$，开关 S 闭合前电感未充电。试求 S 闭合后电感电压 u_L 及回路电流 i_L 的表达式，并画出它们随时间变化的曲线。

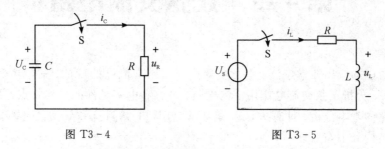

图 T3 - 4　　　　　　　　　　图 T3 - 5

测试题(3)参考答案

第4章 正弦交流电路

正弦交流电的应用非常广泛。本章主要介绍正弦交流电的特征、表示方法和基本的测量、观察方法，分析正弦交流电作用下的电阻、电感和电容元件的工作特点，并介绍正弦交流电稳态电路的基本分析、计算方法及其基本应用，电路阻抗和导纳的计算方法，以及变压器的基本结构和工作原理。

4.1 正弦交流电的基本概念

观察与思考

用示波器观察直流电压和正弦交流电压的波形，如图 4-1-1 所示。正弦交流电与直流电相比有什么特点？

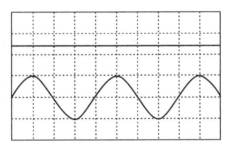

图 4-1-1 用示波器观察到的直流电压和正弦交流电压波形

直流电的大小和方向都不随时间变化，用示波器观察到的波形是一条直线，所以描述直流电只需要从大小和方向方面进行即可。而正弦交流电的大小和方向都按正弦规律随时间作周期性变化，故要完整地描述交流电，需要从交流电的变化范围、变化快慢和变化起点三方面来进行。

4.1.1 正弦量的三要素

在电路中将随时间按正弦或余弦规律作周期变化的电压或电流称为正弦量。正弦量作用下的电路称为正弦交流电路，简称交流电路。采用正弦交流电的主要原因有：① 便于产生，与直流发电机相比，交流发电机结构简单、成本低、效率高。② 便于传输，交流电可以通过变压器变换电压，在远距离输电时，通过升高电压以减少线路损耗。③ 便于使用，与直流电动机相比，交流电动机造价低廉、维护简便。④ 便于分析，同频率的正弦量相加或相减后仍为正弦量，正弦量对时间积分或微分后也仍为正弦量，非正弦周期信号可分解为若干正弦信号的叠加。所以学习正弦交流电的知识具有实际意义。

1. 模拟信号

电路中的电压或电流并不总是直流，它们的大小和方向会随时间的变化而连续变化，称为模拟量，在电子信息工程中又称为模拟信号。常见的几种模拟信号有：

(1) 瞬变信号：指随着时间的增加幅值衰减至零的信号。例如，在 RC 充放电电路中的电流就是按指数规律衰减的，称为单边指数信号，如图 4-1-2 所示。

(2) 周期信号：指瞬时幅值随时间重复变化的信号。例如，信号发生器产生的方波电压信号，如图 4-1-3 所示。周期信号在所有时间 $t(-\infty<t<\infty)$ 范围内均满足

$$u(t)=u(t+kT) \tag{4-1-1}$$

式中，k 为整数，T 为周期。**周期**是信号波形重复出现所需要的最短时间，单位为秒(s)。周期信号在单位时间(即 1 s)内重复的次数称为**频率**，用符号 f 表示，单位为赫兹(Hz)。显然，周期与频率互为倒数，即

$$f=\frac{1}{T} \tag{4-1-2}$$

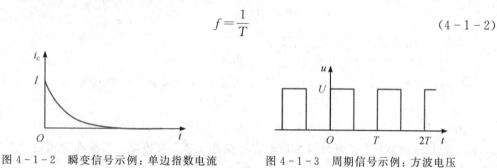

图 4-1-2　瞬变信号示例：单边指数电流　　　图 4-1-3　周期信号示例：方波电压

频率常用的单位有千赫(kHz)和兆赫(MHz)，它们之间的换算关系为

$$1\ kHz=10^3\ Hz$$
$$1\ MHz=10^3\ kHz$$

(3) 交变信号：又称为交流信号，指大小、方向随时间周期变化的信号，通常指一个周期内平均值为零的信号。例如，双向方波电压信号，如图 4-1-4 所示。

(4) 正弦交流信号：指大小、方向随时间按正弦规律周期变化的信号。例如，余弦波电压信号，如图 4-1-5 所示。

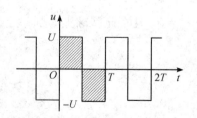
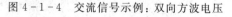
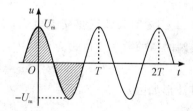

图 4-1-4　交流信号示例：双向方波电压　　　图 4-1-5　正弦信号示例：余弦波电压

2. 正弦交流信号的三要素

正弦交流电用 AC 表示，正弦交流信号在任一时刻的值称为瞬时值，正弦交流电压和电流的瞬时值用 $u(t)$ 和 $i(t)$ 表示，也可用 u 和 i 表示。以正弦电压为例，在指定的参考方向下，其瞬时值的数学表达式为

$$u = U_m \sin(\omega t + \varphi_u) \qquad (4-1-3)$$

其波形如图 4-1-6 所示。

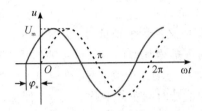

图 4-1-6　正弦电压波形

需要指出：①因为正弦交流电的实际方向是周期性变化的，所以规定正弦量正半波的方向为交流电的参考方向。②画波形图时通常以 ωt 为横坐标。③正弦函数也可以用余弦函数表示，故式(4-1-3)可写为

$$u = U_m \cos\left(\omega t - \frac{\pi}{2} + \varphi_u\right)$$

本书采用正弦函数表示正弦交流电。

在式(4-1-3)中，U_m 为振幅，ω 为角频率，φ_u 为初相位。其中，角频率 ω 是正弦量每秒变化的弧度数，单位为弧度/秒(rad/s)，角频率 ω 与频率 f 的关系为

$$\omega = 2\pi f \qquad (4-1-4)$$

由式(4-1-3)可知，正弦量瞬时值的表达式反映了正弦量随时间的变化规律，当 U_m、ω(即 f)和 φ_u 确定后，正弦量就可以确定地描述出来，故**振幅**、**频率**和**初相位**称为正弦量的三要素。

(1) 振幅：又称为幅度、幅值，反映了正弦量的变化范围。电压(电流)的振幅常用 $U_m(I_m)$ 表示，即大写字母并加注下标 m，如图 4-1-6 所示。振幅的单位与相应的电压(电流)单位保持一致。在式(4-1-3)所描述的交流电压中，振幅不仅是最大值，且恰好又是其峰值。

技术与应用

正弦量的峰-峰值

式(4-1-3)为纯正弦交流电压，若初相位 $\varphi_u = 0$，且在此基础上叠加一个直流电压 U_0，其瞬时值的数学表达式为

$$u = U_0 + U_m \sin(\omega t) \qquad (4-1-5)$$

其波形如图 4-1-7 所示。

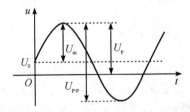

图 4-1-7　正弦量的峰值与峰-峰值

（1）直流分量 U_0：指波形中的直流成分，又称为平均值或均值，见图 4 - 1 - 7 所示的 U_0。纯交流量因为不含直流分量，所以其均值为 0。

（2）峰值 U_p：指交流量在一个周期内以零电平为参考基准的最大瞬时值，见图 4 - 1 - 7 所示的 U_p。对于纯交流量，峰值就等于振幅。

（3）峰-峰值 U_{pp}：波形的最小值称为谷值，峰值和谷值的差值称为峰-峰值，见图 4 - 1 - 7 所示的 U_{pp}。显然，峰-峰值是振幅的 2 倍，即 $U_{pp} = 2U_m$。在实际应用中，通常测量 U_{pp}。

（2）频率：反映了正弦量变化的快慢，频率越高，正弦量变化越快。由式（4 - 1 - 4）和式（4 - 1 - 2）可知，频率 f 与角频率 ω、周期 T 有唯一的对应关系，所以它们是从不同的侧面描述了正弦量变化的快慢。

（3）初相位：表示从正弦量在计时起点（$t = 0$）处已经经过的角度。电压（电流）的初相位常用 $\varphi_u(\varphi_i)$ 表示，如图 4 - 1 - 6 所示。初相位通常也用 φ_0 表示，其单位为弧度（rad）或度（°）。显然，初相位与计时起点有关，原则上计时起点是可以任意选择的。对某一个正弦量，计时起点不同，初相位也不同。为避免混乱，一般规定：$|\varphi_0| \leqslant \pi(180°)$。在对正弦交流电路进行分析和计算时，同一个电路中所有的电压和电流只能有一个计时起点。

4.1.2　正弦量的有效值

正弦量的瞬时值是随时间而变化的，在实际应用中常常不需要表示出正弦量的每一个瞬时值，为了方便衡量其大小，工程上采用有效值来表示。正弦量的有效值用大写字母表示，如正弦交流电压和正弦交流电流的有效值分别用 U 和 I 表示。

以电流为例，有效值是指在时间 T 内，若电阻 R 吸收交流电流 i 的电能等于吸收直流电流 I 的电能，则称 I 为交流电流 i 的有效值。即在时间 T 内，I 和 i 为电阻 R 提供了相等的电能，即

$$I^2 RT = \int_0^T i^2 R\, dt$$

则交流电流 i 的有效值为

$$I = \sqrt{\frac{1}{T} \int_0^T i^2\, dt} \qquad (4 - 1 - 6)$$

由式（4 - 1 - 6）知，有效值 I 是交流电流 i 的方均根，所以有效值也称作方均根值。

设正弦交流电流 $i = I_m \sin(\omega t)$，将其代入式（4 - 1 - 6）可得

$$I = \sqrt{\frac{1}{T} \int_0^T [I_m \sin(\omega t)]^2\, dt}$$

$$= \sqrt{\frac{1}{T} \int_0^T \frac{I_m^2}{2}[1 - \cos(2\omega t)]\, dt}$$

$$= \frac{1}{\sqrt{2}} I_m \qquad (4 - 1 - 7)$$

同理，设正弦交流电压 $u = U_m \sin(\omega t)$，可推出其有效值为

$$U = \frac{1}{\sqrt{2}} U_m \qquad (4 - 1 - 8)$$

式(4-1-7)和式(4-1-8)表明，正弦量的幅值是其有效值的$\sqrt{2}$倍；或正弦量的有效值是其幅值的$1/\sqrt{2}$倍，即0.707倍(简单估算时也可为0.7倍)。

在实际应用中，工程上说的正弦电压、电流一般是指有效值，如设备铭牌的额定值、电网的电压等级等；在测量时，交流电压、电流表读数均为有效值，但绝缘水平、耐压值指的是最大值。

知识拓展 ┈┈┈

部分国家民用电网电压标准

目前世界各国民用的供电电压大致分为两类：低压类，100～130 V，更侧重安全；高压类，200～240 V，更侧重效率。

表4-1-1 部分国家民用电网电压和频率

国家	电压/V	频率/Hz	国家	电压/V	频率/Hz
日本	100	50	德国、中国	220	50
加拿大、美国	120	60	菲律宾、韩国	220	60
墨西哥	127	60	新加坡、印度	230	50
俄国、法国	127/220	50	澳大利亚、英国	240	50

另外，工业用电频率称为工频。我国规定工业用电为380 V/50 Hz。

┈┈

例如，中国电网民用和工业用电交流电压分别为220 V和380 V，均指有效值，其最大值分别为$\sqrt{2}\times220=311$ V和$\sqrt{2}\times380=537$ V。灯泡上标注的220 V，指的是额定电压，为有效值。保险丝标注的1 A，则指最大值。

4.1.3 同频率正弦量的相位差

两个相同频率正弦量的相位之差称为相位差。在同一个正弦交流电路中，电压和电流的频率是相同的，但初相位一般不相同，如图4-1-8所示。

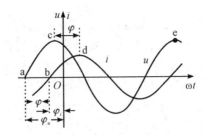

图4-1-8 两个同频率正弦量的相位差

设$u=U_\mathrm{m}\sin(\omega t+\varphi_u)$，$i=I_\mathrm{m}\sin(\omega t+\varphi_i)$，则相位差为

$$\varphi=(\omega t+\varphi_u)-(\omega t+\varphi_i)=\varphi_u-\varphi_i \tag{4-1-9}$$

由式(4-1-9)知，虽然正弦量的相位是随时间变化的，但两个同频率正弦量的相位差是不随时间变化的，等于它们初相位之差，且规定：$|\varphi|\leqslant180°(\pi)$。当正弦量的计时起点改

变时，它们的初相位也随之改变，但两者之间的相位差始终保持不变。

当 $\varphi > 0$ 时，称 u 超前 i 角度 φ，或 i 滞后 u 角度 φ，即 u 比 i 先开始 $\varphi°$。

当 $\varphi < 0$ 时，称 i 超前 u 角度 φ，或 u 滞后 i 角度 φ，即 i 比 u 先开始 $\varphi°$。

另外，从图 4-1-8 所示波形图看，可以比较由负到正的过零点，看哪一个先达到零点：a 点在前、b 点在后，故 u 超前 i；也可以看哪一个先达到正峰值点，c 点在前、d 点在后，故 u 超前 i。注意：一定要在半个周期内进行比较，在图 4-1-8 中，应比较 c、d 两点，而不是比较 d、e 两点。

几个特殊的相位关系：

(1) 同相：若两个同频率正弦量的相位差 $\varphi = 0$，称为同相，如图 4-1-9(a)所示。

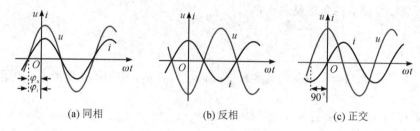

(a) 同相　　　　　　　(b) 反相　　　　　　　(c) 正交

图 4-1-9　特殊相位关系

(2) 反相：若两个同频率正弦量的相位差 $\varphi = \pm 180°$，称为反相，如图 4-1-9(b)所示。

(3) 正交：若两个同频率正弦量的相位差 $\varphi = 90°$，称为正交，如图 4-1-9(c)所示，电压超前电流 90°，或电流滞后电压 90°。注意：由于规定 $|\varphi| \leqslant 180°$，因此不能表述为电压滞后电流 270°，或电流超前电压 270°。

例 4.1.1　已知某电路中的电压 u 和电流 i 分别为：$u = 400\sin\left(2\times10^3\pi t + \dfrac{\pi}{6}\right)$ mV 和 $i = 15\sin\left(2\times10^3\pi t - \dfrac{\pi}{3}\right)$ mA，分别写出电压和电流的幅值、有效值，角频率、频率、周期，初相位以及电压与电流的相位差。

解　电压、电流的幅值和有效值分别为

$$U_m = 400 \text{ mV}$$

$$I_m = 15 \text{ mA}$$

$$U = \frac{1}{\sqrt{2}}U_m = \frac{400 \text{ mV}}{\sqrt{2}} = 282.8 \text{ mV}$$

$$I = \frac{1}{\sqrt{2}}I_m = \frac{15 \text{ mA}}{\sqrt{2}} = 10.6 \text{ mA}$$

角频率　　　　　　　　　$$\omega = 2\times10^3\pi(\text{rad/s})$$

频率　　　　　　$$f = \frac{\omega}{2\pi} = \frac{2\times10^3\pi}{2\pi} = 10^3 \text{ Hz} = 1 \text{ kHz}$$

周期　　　　　　　$$T = \frac{1}{f} = \frac{1}{1 \text{ kHz}} = 1 \text{ ms}$$

电压、电流的初相位及相位差分别为

$$\varphi_u = \frac{\pi}{6}\text{rad}$$

$$\varphi_i = -\frac{\pi}{3}\text{rad}$$

$$\varphi = \varphi_u - \varphi_i = \frac{\pi}{6} - \left(-\frac{\pi}{3}\right) = \frac{\pi}{2}\text{rad}$$

说明电压超前电流$\frac{\pi}{2}$(即 90°)。

例 4.1.2 已知电压 u_1 和 u_2 分别为：$u_1 = U_{m1}\sin\left(\omega t + \frac{3\pi}{4}\right)$ V，$u_2 = U_{m2}\sin\left(\omega t - \frac{\pi}{2}\right)$ V，问哪个电压滞后？滞后的角度是多少？

解 $\varphi = \varphi_1 - \varphi_2 = \frac{3\pi}{4} - \left(-\frac{\pi}{2}\right) = \frac{5\pi}{4}\text{rad}$

$\varphi > 0$，说明 u_1 超前 u_2，超前的角度为$\frac{5\pi}{4}$，即 u_2 滞后 u_1，滞后的角度为$\frac{5\pi}{4}$。由图 4-1-10 所示波形可以看出，u_1 滞后 u_2，滞后的角度为$\frac{3\pi}{4}$。由于规定 $|\varphi| \leqslant \pi$，故应采用后一种说法。

由此可见，若相位差 $\varphi > \pi$(即 180°)，可以采用$(2\pi - \varphi)$或$(360° - \varphi)$来表示相位差，同时将超前(滞后)改为滞后(超前)。同理，若相位差 $\varphi < -\pi(-180°)$，则采用$(2\pi + \varphi)$或$(360° + \varphi)$来表示相位差，同时将超前(滞后)改为滞后(超前)。

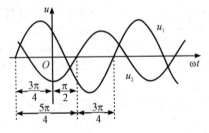

图 4-1-10 例 4.1.2 波形

练习与思考

4-1-1 试求下列正弦波的幅值、有效值、初相位、角频率、频率和周期。

(1) $6\sin(10\pi t)$；

(2) $4\sin(628t + 45°)$；

(3) $\sqrt{2}\cos(314t)$。

4-1-2 电压波形如图 4-1-11 所示，其最大值为 1 V，试写出时间起点分别定在 A、B、C、D、E 各点时的电压 u 的表示式。

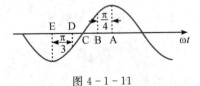

图 4-1-11

4 - 1 - 3　某正弦电压的频率为 50 Hz，初相位为 30°；当 $t=0$ 时，电压 $u(0)=5$ V，试写出该电压瞬时值的数学表达式 $u(t)$。

4 - 1 - 4　某电源适配器标示为："输入：100－240 V～50/60 Hz 1.2 A，输出：5 V⎓2 A"，试说明其中各数字及符号的含义。

4 - 1 - 5　已知 $i_1=10\sin(\omega t)$ mA，$i_2=5\sin(\omega t+60°)$ mA，哪个电流滞后？滞后的角度是多少？

4 - 1 - 6　已知 $i_1=10\sin(\omega t)$ mA，$i_2=5\sin(2\omega t+60°)$ mA，有人说："i_1 滞后 i_2 60°"，这个说法对吗？为什么？

4.2　正弦量的相量表示法及运算

观察与思考

在图 4 - 2 - 1(a)所示电路中，已知 $i_1=10\sin(\omega t)$ mA，$i_2=5\sin(\omega t+60°)$ mA，那么电路中的总电流 i 为多少？

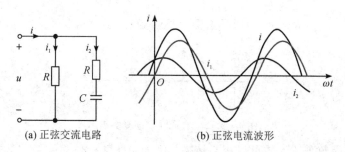

(a) 正弦交流电路　　　(b) 正弦电流波形

图 4 - 2 - 1　正弦交流电路及电流波形

由于 i_1 和 i_2 的频率相同，因此 i 依然是正弦波，即

$$i=i_1+i_2=10\sin(\omega t)+5\sin(\omega t+60°)=I_m\sin(\omega t+\varphi)$$

其中，$I_m=?$　$\varphi=?$

由 4.1.1 节可知，任意一个正弦量可由其振幅、频率和初相位三个要素决定。当两个正弦量的频率相同时，可以用三要素中的两个要素——振幅和初相位确定正弦量。即可将正弦量转换成复数的形式，在电路中称为相量，以便于简化分析和计算。

*4.2.1　复数及其运算

1. 复数的表示方法

由复数的知识可知，复数 A 有四种函数表达形式：

(1) 代数形式：

$$A=a+\mathrm{j}b \tag{4-2-1}$$

(2) 三角形式：

$$A = |A|(\cos\varphi + j\sin\varphi) \qquad (4-2-2)$$

（3）指数形式：

$$A = |A|e^{j\varphi} \qquad (4-2-3)$$

（4）极坐标形式：

$$A = |A|\angle\varphi \qquad (4-2-4)$$

在上述四种函数表达形式中，a 是复数 A 的实部，b 是复数 A 的虚部，$|A|$ 是复数的模，φ 是复数 A 的幅角。

j 是虚数，$j = \sqrt{-1}$ 或 $j^2 = -1$。在数学中是用 i 表示虚数，在电路分析中为了与电流 i 相区别而改用 j 表示虚数。

复数还可以在复平面上表示，如图 4-2-2 所示，其中横轴为实数轴，用"+1"表示；纵轴为虚数轴，用"+j"表示；有向线段 $\vec{A}$ 为复数 A，其长度为复数 A 的模 $|A|$，$\vec{A}$ 与横轴的夹角为复数 A 的幅角 φ，$\vec{A}$ 在横轴上的投影为复数 A 的实部 a，$\vec{A}$ 在纵轴上的投影为复数 A 的虚部 b。

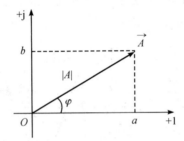

图 4-2-2　有向线段的复数表示

复数的四种函数表达形式可以相互转换，例如由图 4-2-2 可知，复数的代数形式与三角形式的转换关系为

$$\left.\begin{aligned} |A| &= \sqrt{a^2 + b^2} \\ \varphi &= \arctan\frac{b}{a} \end{aligned}\right\} \qquad (4-2-5a)$$

$$\left.\begin{aligned} a &= |A|\cos\varphi \\ a &= |A|\sin\varphi \end{aligned}\right\} \qquad (4-2-5b)$$

借助欧拉公式还可以将三角形式转换为指数形式，这里不一一叙述。

知识拓展 〜〜〜

欧 拉 公 式

在复数运算中，将复指数函数与三角函数联系起来的一个重要公式——欧拉公式，其表达式为

$$e^{j\varphi} = \cos\varphi + j\sin\varphi \qquad (4-2-7a)$$

欧拉公式的另一个表达形式为

$$\left.\begin{aligned} \cos\varphi &= \frac{e^{j\varphi} + e^{-j\varphi}}{2} \\ \sin\varphi &= \frac{e^{j\varphi} - e^{-j\varphi}}{j2} \end{aligned}\right\}$$

(4 - 2 - 7b)

式中，e 是自然对数的底，j 是虚数单位。

欧拉公式将指数函数的定义域扩大到复数，建立了三角函数和指数函数的关系，在现代数学分析、复变函数等领域有非常重要的地位。

2. 复数的基本运算

设 $X = a + jb = |X| \angle \varphi_1$，$Y = c + jd = |Y| \angle \varphi_2$，其中 a、b、c、d 均为实数，且 $|Y| \neq 0$。

1）复数相等

如果两个复数的实部和虚部分别相等，则称这两个复数相等。若 $X = Y$，则有

$$a + jb = c + jd \quad\Longleftrightarrow\quad \begin{cases} a = c \\ b = d \end{cases}$$

两个复数一般只能说相等或不相等，而不能比较大小。

2）复数的加减运算

复数的加减运算一般用代数形式或三角形式的表达式进行。复数的加减是复数的实部和虚部分别进行加减运算，则有

$$X \pm Y = (a + jb) \pm (c + jd) = (a \pm c) + j(c \pm d)$$

3）复数的乘除运算

复数的乘除运算一般用指数形式或极坐标形式的表达式进行。两个复数积的模为两个复数模的乘积，两个复数积的幅角为两个复数幅角之和，即

$$X \cdot Y = |X| e^{j\varphi_1} \cdot |Y| e^{j\varphi_2} = |X| \cdot |Y| e^{j(\varphi_1 + \varphi_2)}$$

$$X \cdot Y = |X| \angle \varphi_1 \cdot |Y| \angle \varphi_2 = |X| \cdot |Y| \angle (\varphi_1 + \varphi_2)$$

两个复数商的模为两个复数模的商，两个复数商的幅角为两个复数幅角之差，即

$$\frac{X}{Y} = \frac{|X| e^{j\varphi_1}}{|Y| e^{j\varphi_2}} = \frac{|X|}{|Y|} e^{j(\varphi_1 - \varphi_2)}$$

$$\frac{X}{Y} = \frac{|X| \angle \varphi_1}{|Y| \angle \varphi_2} = \frac{|X|}{|Y|} \angle (\varphi_1 - \varphi_2)$$

例 4.2.1　已知复数 $A = 3 \angle 60°$，$B = 2\sqrt{3} - j2$，试计算 $X_1 = A + B$ 和 $X_2 = A - B$，$Y = A \cdot B$，$Z = \dfrac{A}{B}$。

解　先将复数 A 的极坐标形式转换为代数形式，即

$$A = 3 \angle 60° = 3(\cos 60° + j\sin 60°) = 1.5 + j2.6$$

两个复数之和为

$$X_1 = A + B = (1.5 + j2.6) + (2\sqrt{3} - j2) = 4.96 + j0.6$$

两个复数之差为

$$X_2 = A - B = (1.5 + j2.6) - (2\sqrt{3} - j2) = -1.96 + j4.6$$

复数的加减也可以在复平面上进行求解，且在复平面上两个复数的加减运算符合平行四边形法则。在本例中，先在复平面中作复数 A 和 B，再连成平行四边形，从原点出发的对角线即为复数 A、B 之和 X_1。在复平面上求解两个复数之差时，可用式(4-2-8)进行。

$$A - B = A + (-B) \qquad (4-2-8)$$

即先在复平面中作复数 A 和 $-B$，再连成平行四边形，从原点出发的对角线即为复数 A、B 之差 X_2。

在复平面上，两个复数相加和相减的过程如图 4-2-3 所示。

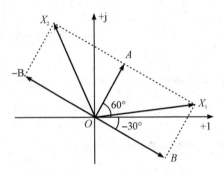

图 4-2-3　复平面上两个复数的加减

复数的乘除运算用指数形式或极坐标形式进行比较便捷。先将复数 B 的代数形式转换为极坐标形式，即

$$B = 2\sqrt{3} - j2 = \sqrt{(2\sqrt{3})^2 + (-2)^2} \angle \left(\arctan \frac{-2}{2\sqrt{3}}\right) = 4\angle(-30°)$$

两个复数之积为

$$Y = A \cdot B = 3\angle 60° \times 4\angle(-30°) = 12\angle 30°$$

两个复数之商为

$$Z = \frac{A}{B} = \frac{3\angle 60°}{4\angle(-30°)} = \frac{3}{4}\angle 90° = j\frac{3}{4}$$

4.2.2　正弦量的相量表示

由 4.1.1 节知，任意一个正弦量可由其振幅、频率和初相位三个要素决定。当两个正弦量的频率相同时，可以用三要素中的两个要素——振幅和初相位确定正弦量。即可将正弦量转换成复数的形式，在电路中称为相量，以便于简化分析和计算。

以电流 $i = I_m \sin(\omega t + \varphi)$ 为例，其三要素是振幅 I_m、角频率 ω 和初相位 φ。该电流 i 还可以用旋转矢量来表示。在图 4-2-4(a)所示的直角坐标系中，画出从原点 O 出发的矢量，该矢量的长度等于振幅 I_m、与横轴正方向的夹角为初相位 φ。若该矢量以角频率 ω 沿逆时针方向旋转，则该矢量在纵轴上的投影就是电流 $i = I_m \sin(\omega t + \varphi)$，如图 4-2-4(b)所示。可见，旋转矢量能完整地表达一个正弦量。

在稳态正弦交流电路中，当信号源是单一频率的正弦量时，电路中各电压和电流都是同频率的正弦量。因此，可以只用 $t = 0$ 时的旋转矢量来表示一个正弦量，即只用振幅和初相位表示正弦量，或是用有效值和初相位表示正弦量。

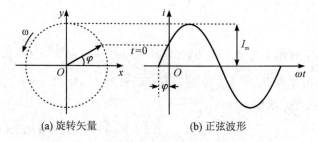

(a) 旋转矢量　　　　　　(b) 正弦波形

图 4 - 2 - 4　旋转矢量与正弦波形

这种只反映正弦量的振幅和初相位的矢量，与一般的空间矢量（如力、速度）不同，它仅仅是正弦量的一种表示方法。为了与一般的空间矢量相区别，我们把表示正弦量的矢量称为**相量**，用大写字母上加点"·"表示，例如用 $\dot{I}_m$ 表示正弦交流电流 i 振幅相量，用 $\dot{I}$ 表示正弦交流电流 i 的有效值相量。正弦电流与相量的这种关系可记为

$$i = I_m \sin(\omega t + \varphi) \longleftrightarrow \dot{I}_m = I_m \angle \varphi \tag{4-2-9}$$

$$i = \sqrt{2} I \sin(\omega t + \varphi) \longleftrightarrow \dot{I} = I \angle \varphi \tag{4-2-10}$$

式中，$\dot{I}_m = \sqrt{2} \dot{I}$。正弦交流电流 $i = I_m \sin(\omega t + \varphi)$ 的相量图如图 4 - 2 - 5 所示。

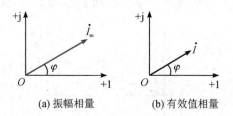

(a) 振幅相量　　　　　　(b) 有效值相量

图 4 - 2 - 5　正弦电流的相量图

特别要注意的是：相量是复数的一种形式，相量 $\dot{I}_m$ 或 $\dot{I}$ 与正弦电流 i 只是一种对应关系，而不是相等关系。通常情况下，一般用有效值相量来表示正弦量。

同理，正弦电压与相量的对应关系为

$$u = \sqrt{2} U \sin(\omega t + \varphi) \longleftrightarrow \dot{U} = U \angle \varphi \tag{4-2-11}$$

显然，将正弦量转换为相量后，相量的四则运算比较容易进行。

例 4.2.2　已知 $u_1 = 10\sqrt{2} \sin\left(\omega t + \dfrac{\pi}{4}\right) V$，$u_2 = 7.1 \sin\left(\omega t - \dfrac{\pi}{3}\right) V$，$i = 11.3 \sin\left(\omega t - \dfrac{\pi}{6}\right) mA$，试写出 u_1、u_2 和 i 的有效值相量，并画出相量图。

解　u_1 对应的相量为 $\dot{U}_1 = 10 \angle \dfrac{\pi}{4} = 10 \angle 45° (V)$

u_2 对应的相量为 $\dot{U}_2 = \dfrac{7.1}{\sqrt{2}} \angle \left(-\dfrac{\pi}{3}\right) = 5 \angle (-60°)(V)$

i 对应的相量为 $\dot{I} = \dfrac{11.3}{\sqrt{2}} \angle \left(-\dfrac{\pi}{6}\right) = 8 \angle (-30°)(mA)$

相量图如图 4 - 2 - 6 所示。

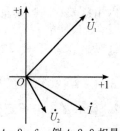

图 4 - 2 - 6　例 4.2.2 相量图

例 4.2.3 在本节"观察与思考"中,已知 $i_1 = 10\sin(\omega t)\,\mathrm{mA}$, $i_2 = 5\sin(\omega t + 60°)\,\mathrm{mA}$, 试求 $i = i_1 + i_2$。

解 i_1 对应的振幅相量为 $\dot{I}_{1\mathrm{m}} = 10\angle 0° = 10(\cos 0° + \mathrm{j}\sin 0°) = 10 + \mathrm{j}0\ \mathrm{mA}$

i_2 对应的振幅相量为 $\dot{I}_{2\mathrm{m}} = 5\angle 60° = 5(\cos 60° + \mathrm{j}\sin 60°) = 2.5 + \mathrm{j}4.33\ \mathrm{mA}$

方法一:用代数形式求解,有

$$\dot{I}_{\mathrm{m}} = \dot{I}_{1\mathrm{m}} + \dot{I}_{2\mathrm{m}} = (10 + \mathrm{j}0) + (2.5 + \mathrm{j}4.33) = 12.5 + \mathrm{j}4.33\ \mathrm{mA}$$

$$|I_{\mathrm{m}}| = \sqrt{12.5^2 + 4.33^2} = 13.23\ \mathrm{mA}$$

$$\varphi = \arctan\frac{4.33}{12.5} = 19.1°$$

则 i 对应的振幅相量为

$$\dot{I}_{\mathrm{m}} = 13.23\angle 19.1°\ \mathrm{mA}$$

所以

$$i = 13.23\sin(\omega t + 19.1°)\,\mathrm{mA}$$

方法二:在复平面上求解。先在复平面中作振幅相量 $\dot{I}_{1\mathrm{m}}$ 和 $\dot{I}_{2\mathrm{m}}$,再连成平行四边形,从原点出发的对角线即为振幅相量 $\dot{I}_{1\mathrm{m}}$、$\dot{I}_{2\mathrm{m}}$ 之和 $\dot{I}_{\mathrm{m}}$,如图 4-2-7 所示。

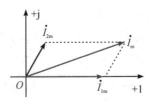

图 4-2-7 例 4.2.3 相量图

4.2.3 基尔霍夫定律的相量形式

线性电路在正弦交流电源的激励下,当电路处于正弦稳态时,各处的电压、电流都是与电源同频率的正弦量。而所有同频率的正弦量加减可以用对应的相量形式来进行计算,因此,在正弦交流电路中,KCL 和 KVL 可用相应的相量形式表示。

1. 基尔霍夫电流定律(KCL)的相量形式

由 1.5.2 节知,任何时刻,电路中任一节点电流的代数和为零。即

$$\sum i = 0 \qquad\qquad (4-2-12)$$

以相量表示同频率正弦电流,对应式(4-2-12)的基尔霍夫电流定律(KCL)的相量形式为

$$\sum \dot{I} = 0 \qquad\qquad (4-2-13)$$

式(4-2-13)表明:任何时刻,电路中任一节点正弦电流相量的代数和为零。

2. 基尔霍夫电压定律(KVL)的相量形式

由 1.5.3 节知,任何时刻,在电路的任一回路中,沿任一绕行方向,回路中各支路电压

的代数和为零。即

$$\sum u = 0 \tag{4-2-14}$$

以相量表示同频率正弦电压，对应式(4-2-14)的基尔霍夫电压定律(KVL)的相量形式为

$$\sum \dot{U} = 0 \tag{4-2-15}$$

式(4-2-15)表明：任何时刻，在电路的任一回路中，沿任一绕行方向，回路中各支路正弦电压相量的代数和为零。

为了简化正弦量的计算，可以借助相量形式进行：先将正弦量的瞬时值形式转换为相量形式，然后运用基尔霍夫定律的相量形式分析计算，最后将相量形式的结果再转换为对应的瞬时值形式。正弦量的分析计算思路如图 4-2-8 所示。

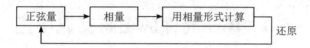

图 4-2-8　正弦量的分析计算思路

例 4.2.4　已知流入某节点的两个同频率正弦电流分别为：$i_1 = 10\sqrt{2}\sin(\omega t + 30°)$ (mA)，$i_2 = 10\sqrt{2}\sin(\omega t - 30°)$ (mA)。试求流出该节点的电流 $i = i_1 + i_2$，并画出相量图。

解　i_1 和 i_2 的有效值相量分别为

$$\dot{I}_1 = 10\angle 30° = 10(\cos 30° + j\sin 30°) = 5\sqrt{3} + j5 \text{ mA}$$

$$\dot{I}_2 = 10\angle(-30°) = 10[\cos(-30°) + j\sin(-30°)] = 5\sqrt{3} - j5 \text{ mA}$$

则

$$\dot{I} = \dot{I}_1 + \dot{I}_2 = (5\sqrt{3} + j5) + (5\sqrt{3} - j5) = 10\sqrt{3} + j0 = 10\sqrt{3}\angle 0° \text{ mA}$$

所以，流出该节点电流 i 的表达式为

$$i = 10\sqrt{3}\sqrt{2}\sin(\omega t) = 10\sqrt{6}\sin(\omega t) \text{ mA}$$

节点电流的相量图如图 4-2-9 所示。

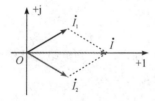

图 4-2-9　例 4.2.4 相量图

从上例可以看出，在正弦交流电路中，对有效值而言，一般有：$\sum I \neq 0$，$\sum U \neq 0$。即不能将电流、电压的有效值相量或振幅相量理解为电流、电压的有效值或振幅。

练习与思考

4-2-1 已知正弦电压 $u = 220\sqrt{2}\sin(\omega t + 30°)$ V，正弦电流 $i = 10\sqrt{2}\sin(\omega t + 60°)$ A，

试分别写出它们的相量表达式。

4-2-2 根据下列电压或电流的相量表达式，写出电压或电流的表达式。

(1) $\dot{U}=10\angle 90°(\text{V})$

(2) $\dot{I}=2\sqrt{2}\angle(-30°)(\text{A})$

4-2-3 根据下列电压或电流的相量表达式，写出电压或电流的代数表达式。

(1) $\dot{U}=220\angle 60°(\text{V})$

(2) $\dot{I}=10\angle 30°(\text{A})$

4-2-4 $I=1\text{ mA}$ 与 $\dot{I}=1\text{ mA}$ 有区别吗？为什么？

4-2-5 若电路中某节点上有三条支路，它们的同频率交流电流的有效值分别为 I_1、I_2 和 I_3，则这三个有效值也满足 $I_1+I_2+I_3=0$，这种说法对吗？

4.3 单一元件的正弦交流电路

观察与思考

当某一元件(如电阻或电容、电感)两端接上正弦交流电源后，该元件两端的电压与通过它的电流大小之间是否仍然符合欧姆定律？电压与电流的相位有什么关系？频率不同时又是什么状况？

严格地讲，单一参数的纯电阻、纯电容和纯电感元件是不存在的，它们仅仅是一种理想的无源元件，但分析单一元件在正弦交流电路中的特点是分析多元件电路的基础。

4.3.1 纯电阻交流电路

纯电阻电路是只有电阻负载的电路。常见的白炽灯、电炉、电烙铁等交流电路，都可以看作是纯电阻负载与正弦交流电源组成的电路。

1. 电压与电流的关系

1) 瞬时值、有效值、幅值

纯电阻交流电路如图4-3-1(a)所示，当电阻元件的瞬时电压和瞬时电流取关联参考方向时，由式(1-3-2)知，其伏安关系为

$$i=\frac{u}{R} \tag{4-3-1}$$

若加在电阻 R 两端的正弦电压为

$$u=\sqrt{2}U\sin(\omega t+\varphi_u) \tag{4-3-2}$$

则由式(4-3-1)可得通过电阻 R 的电流为

$$i=\frac{u}{R}=\frac{\sqrt{2}U\sin(\omega t+\varphi_u)}{R}=\sqrt{2}I\sin(\omega t+\varphi_i) \tag{4-3-3}$$

比较式(4-3-2)和式(4-3-3)可知，在纯电阻交流电路中，电压与电流的关系：

（1）电压 u 与电流 i 是同频率的正弦量。

（2）电压 u 与电流 i 是同相位的正弦量，即 $\varphi_u = \varphi_i$。u 与 i 的波形如图 $4-3-1(b)$ 所示。

（3）电压 u 与电流 i 的有效值关系为

$$I = \frac{U}{R} \tag{4-3-4}$$

（4）电压 u 与电流 i 的幅值关系为

$$I_m = \frac{U_m}{R} \tag{4-3-5}$$

可见，在纯电阻交流电路中，电压与电流的有效值（或幅值）关系符合欧姆定律。

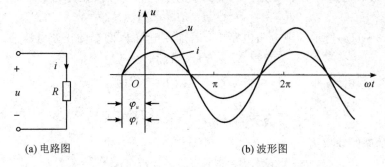

图 $4-3-1$ 　电阻电路图与波形图

2）相量关系

将加在电阻 R 两端的电压 u 与通过的电流 i 用相量表示，有

$$\dot{U} = U \angle \varphi_u$$

$$\dot{I} = I \angle \varphi_i$$

我们把元件在正弦稳态时的电压相量与电流相量之比定义为该元件的阻抗 Z，即

$$Z = \frac{\dot{U}}{\dot{I}} \tag{4-3-6}$$

式中，$\dot{U}$ 的单位为伏特（V），$\dot{I}$ 的单位为安培（A），阻抗的单位为欧姆（Ω）。

在纯电阻交流电路中，电阻元件的阻抗为

$$Z = \frac{\dot{U}}{\dot{I}} = \frac{U \angle \varphi_u}{I \angle \varphi_i} = \frac{IR \angle \varphi_u}{I \angle \varphi_i} = R \angle 0° = R$$

所以，在纯电阻交流电路中电压 u 与电流 i 的相量关系为

$$\dot{I} = \frac{\dot{U}}{Z} = \frac{\dot{U}}{R} \tag{4-3-7}$$

式（$4-3-7$）也称为相量形式的欧姆定律。

由此可得图 $4-3-1(a)$ 所示纯电阻电路的相量模型，如图 $4-3-2(a)$ 所示。由于在纯电阻交流电路中电压 u 与电流 i 同相，即 $\varphi_u = \varphi_i$，u 与 i 的相量图如图 $4-3-2(b)$ 所示。

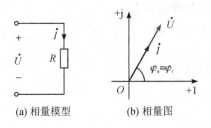

(a) 相量模型　　(b) 相量图

图 4 - 3 - 2　电阻电路的相量模型与相量图

2. 功率

元件的瞬时功率是任一瞬间该元件吸收能量的速率。当元件的电压、电流为关联参考方向时，元件吸收的瞬时功率 p 是其两端的瞬时电压和流经该元件的瞬时电流的乘积，即

$$p = ui \tag{4-3-8}$$

在图 4 - 3 - 1(a)所示的纯电阻电路中，若加在电阻 R 两端的正弦电压为

$$u = \sqrt{2}U\sin(\omega t)$$

即 $\varphi_u = 0$，则由式(4 - 3 - 1)可得通过电阻 R 的电流为

$$i = \frac{u}{R} = \frac{\sqrt{2}U\sin(\omega t)}{R} = \sqrt{2}I\sin(\omega t)$$

电阻 R 的瞬时功率为

$$p = ui = \sqrt{2}U\sin(\omega t) \cdot \sqrt{2}I\sin(\omega t) = UI[1 - \cos(2\omega t)] \geqslant 0 \tag{4-3-9}$$

电阻 R 的瞬时功率曲线如图 4 - 3 - 3 所示。可见瞬时功率以 2ω 的角频率交变，但始终大于零，表明电阻始终是吸收(消耗)功率的。

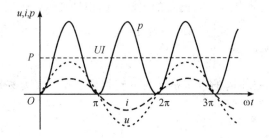

图 4 - 3 - 3　电阻的瞬时功率曲线

由于瞬时功率表述繁琐、难以测量，因此工程上常采用平均功率来描述，即瞬时功率在一个周期内的平均值。实际上，测量功率的仪器——瓦特计就是用于测量平均功率的。通常所说的正弦交流电路的功率指的也是平均功率，用大写字母 P 表示。根据平均功率的定义，有

$$P = \frac{1}{T}\int_0^T p(t)\mathrm{d}t \tag{4-3-10}$$

将式(4 - 3 - 9)代入式(4 - 3 - 10)得

$$P = \frac{1}{T}\int_0^T UI[1 - \cos(2\omega t)]\mathrm{d}t = UI = \frac{U^2}{R} = I^2R \tag{4-3-11}$$

由于平均功率反映了元件消耗电能实际的情况，因此又称为有功功率。

例 4.3.1　已知某电炉的额定功率为 1500 W，额定电压为交流 220 V，那么该电炉的

等效电阻为多少? 在正常工作时, 工作电流为多少? 若在电路中接入保险丝, 应选用什么规格的保险丝?

解　因为额定电压指交流电压的有效值, 所以由式(4-3-11)可得:

等效电阻为

$$R = \frac{U^2}{P} = \frac{220^2 \text{ V}}{1500 \text{ W}} = 32.27 \ \Omega$$

工作电流为

$$I = \frac{P}{U} = \frac{1500 \text{ W}}{220 \text{ V}} = 6.818 \text{ A}$$

电流的最大值为

$$I_\mathrm{m} = \sqrt{2} \, I = \sqrt{2} \times 6.818 \text{ A} = 9.642 \text{ A}$$

所以应该选用 10 A 以上的保险丝。

4.3.2　纯电感交流电路

将电感线圈接在正弦交流电源的两端构成一个单回路, 若忽略电感线圈的内阻和分布电容, 则可视为一个纯电感交流电路。

1. 电压与电流的关系

1) 瞬时值、有效值、幅值

纯电感交流电路如图 4-3-4(a)所示, 当电感元件的瞬时电压和瞬时电流取关联参考方向时, 由式(3-3-3)知, 其伏安关系为

$$u = L \frac{\mathrm{d}i}{\mathrm{d}t} \tag{4-3-12}$$

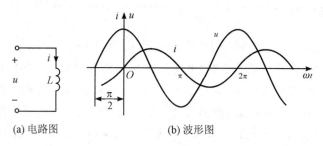

(a) 电路图　　　　　　(b) 波形图

图 4-3-4　电感电路图与波形图

若通过电感 L 的正弦电流为

$$i = \sqrt{2} \, I \sin(\omega t + \varphi_i) \tag{4-3-13}$$

则由式(4-3-12)可得电感 L 两端的电压为

$$u = L \frac{\mathrm{d}[\sqrt{2} \, I \sin(\omega t + \varphi_i)]}{\mathrm{d}t} = \sqrt{2} \, \omega L I \cos(\omega t + \varphi_i)$$

$$= \sqrt{2} \, \omega L I \sin(\omega t + \varphi_i + 90°) = \sqrt{2} U \sin(\omega t + \varphi_u) \tag{4-3-14}$$

比较式(4-3-13)和式(4-3-14)可知, 在纯电感交流电路中, 电压与电流的关系:

(1) 电压 u 与电流 i 是同频率的正弦量。

(2) 电压 u 的相位超前电流 i 的相位 $90°$，即 $\varphi = \varphi_u - \varphi_i = 90°$。当 $\varphi_i = 0°$ 时，u 与 i 的波形如图 $4-3-4$(b) 所示。

(3) 电压 u 与电流 i 的有效值关系为

$$I = \frac{U}{\omega L} = \frac{U}{X_L} \tag{4-3-15}$$

(4) 电压 u 与电流 i 的幅值关系为

$$I_m = \frac{U_m}{\omega L} = \frac{U_m}{X_L} \tag{4-3-16}$$

式 $(4-3-15)$ 和式 $(4-3-16)$ 中的 X_L 称为电感元件的电抗，简称感抗，即

$$X_L = \omega L = 2\pi f L \tag{4-3-17}$$

当电压的单位为伏特 (V)、电流的单位为安培 (A) 时，感抗的单位为欧姆 (Ω)。

感抗反映了电感元件对正弦电流的阻碍作用。可见，在纯电感交流电路中，电压、电流有效值（或幅值）与感抗的关系符合欧姆定律。

式 $(4-3-17)$ 表明：感抗不仅取决于电感 L，还与电流的频率 f 成正比。电流的频率越高，电感元件的感抗就越大；当电流的频率 $f = 0$ 时（直流），感抗 $X_L = 0$，即在直流情况下电感 L 相当于短路；当电流的频率 $f \to \infty$ 时，感抗 $X_L \to \infty$，即在高频情况下电感 L 相当于开路。所以电感元件具有"通直流阻交流，通低频阻高频"的特性。

需要注意：感抗 X_L 不是电感元件上的电压与电流的瞬时值之比，只能是其有效值或幅值之比，即

$$X_L = \frac{U}{I} = \frac{U_m}{I_m}$$

技术与应用

低频扼流圈与高频扼流圈

在工程上，用来"通直流阻交流"的电感线圈称为低频扼流圈：将线圈绕在闭合的铁芯上，匝数为几千甚至超过一万，电感量为几十亨利，这种线圈对低频交流电的阻碍作用很大。用来"通低频阻高频"的电感线圈称为高频扼流圈：将线圈绕在圆柱形的铁氧体上（或是空心线圈），匝数为几百，电感量为几毫亨，这种线圈对低频交流电的阻碍作用较小，对高频交流电的阻碍作用较大。

2）相量关系

将通过的电感 L 电流 i 与加在其两端的电压 u 用相量表示，有

$$\dot{I} = I \angle \varphi_i$$

$$\dot{U} = U \angle \varphi_u = \omega L I \angle (\varphi_i + 90°)$$

由式 $(4-3-6)$ 可知，在纯电感交流电路中，电感元件的阻抗为

$$Z = \frac{\dot{U}}{\dot{I}} = \frac{U \angle \varphi_u}{I \angle \varphi_i} = \frac{\omega L I \angle (\varphi_i + 90°)}{I \angle \varphi_i} = \omega L \angle 90° = \mathrm{j}\omega L = \mathrm{j} X_L \tag{4-3-18}$$

所以在纯电感交流电路中，电压 u 与电流 i 的相量关系为

$$\dot{I} = \frac{\dot{U}}{Z} = \frac{\dot{U}}{\mathrm{j}\omega L} = \frac{\dot{U}}{\mathrm{j}X_{\mathrm{L}}} \qquad (4-3-19)$$

由此可得图 $4-3-4$(a)所示纯电感交流电路的相量模型，如图 $4-3-5$(a)所示。由于在纯电感交流电路中电压 u 的相位超前电流 i 的相位 $90°$，即 $\varphi = \varphi_u - \varphi_i = 90°$，当 $\varphi_i = 0°$ 和 $\varphi_i \neq 0°$ 时，u 与 i 的相量图分别如图 $4-3-5$(b)和图 $4-3-5$(c)所示。

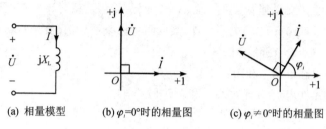

(a) 相量模型　　(b) $\varphi_i = 0°$时的相量图　　(c) $\varphi_i \neq 0°$时的相量图

图 $4-3-5$　电感电路的相量模型与相量图

2. 功率

1) 瞬时功率

在图 $4-3-4$(a)所示纯电感交流电路中，若通过电感 L 的正弦电流为

$$i = \sqrt{2}\,I\sin(\omega t)$$

即 $\varphi_i = 0$，则由式($4-3-14$)可得电感 L 两端的电压为

$$u = \sqrt{2}\,U\cos(\omega t)$$

电感 L 的瞬时功率为

$$p = ui = \sqrt{2}\,U\cos(\omega t) \cdot \sqrt{2}\,I\sin(\omega t) = UI\sin(2\omega t) \qquad (4-3-20)$$

电感 L 的瞬时功率曲线如图 $4-3-6$ 所示。可见瞬时功率以 2ω 的角频率交变，当 $p > 0$ 时，电感 L 从电源吸收能量；当 $p < 0$ 时，电感 L 向电源反馈能量。p 的正负交替出现，说明电感元件与电源之间不断地进行能量交换。

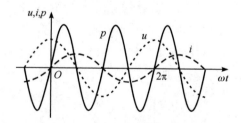

图 $4-3-6$　电感的瞬时功率曲线

2) 平均功率

将式($4-3-20$)代入式($4-3-10$)得

$$P = \frac{1}{T}\int_0^T UI\sin(2\omega t)\,\mathrm{d}t = 0 \qquad (4-3-21)$$

在一个周期中，电感的平均功率为零，即有功功率为零，说明纯电感不消耗能量，只和电源进行能量交换，是储能元件。

3）无功功率

为了衡量电感与外部交换能量的规模，引入无功功率 Q_L，用瞬时功率的最大值表示，由式（4-3-20）得

$$Q_L = UI = \frac{U^2}{X_L} = I^2 X_L \qquad (4-3-22)$$

为了与有功功率的单位"瓦特"（W）区别，无功功率的单位为乏（var）。

注意："无功"的含义是能量交换，而不是"消耗"，它是相对于"有功"而言的。

例 4.3.2 将 $L = 10$ mH 的电感元件（其内阻可忽略不计）接在 $u = 10\sin(2\pi \times 1000\,t)$ V 的电源上，如图 4-3-4(a)所示，试求：

（1）电感元件的感抗 X_L 和阻抗 Z；

（2）通过电感元件电流的有效值 I 和瞬时值 i；

（3）电感元件的无功功率 Q_L；

（4）作 u、i 的相量图。

解 （1）由式（4-3-17）得感抗为

$$X_L = \omega L = 2\pi f L = 2\pi \times 1000\ \text{Hz} \times 10\ \text{mH} = 62.8\ \Omega$$

由式（4-3-18）得阻抗为

$$Z = jX_L = j62.8\ \Omega$$

（2）电源电压 u 的相量为

$$\dot{U} = \frac{U_m}{\sqrt{2}} \angle 0° = \frac{10}{\sqrt{2}} \angle 0°\ \text{V} = 7.07 \angle 0°\ \text{V}$$

则由式（4-3-19）可求得电流 i 的相量为

$$\dot{I} = \frac{\dot{U}}{jX_L} = \frac{7.07 \angle 0°\ \text{V}}{62.8 \angle 90°\ \Omega} = 112.6 \angle (-90°)\ \text{mA}$$

所以，通过电感元件电流的有效值和瞬时值分别为

$$I = 112.6\ \text{mA}$$

$$i = 112.6\sqrt{2}\sin(2\pi \times 1000t - 90°)\ \text{mA}$$

（3）由式（4-3-22）得电感元件的无功功率为

$$Q_L = UI = 7.07\ \text{V} \times 112.6\ \text{mA} = 0.8\ \text{var}$$

（4）u、i 的相量图如图 4-3-7 所示。

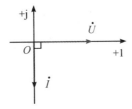

图 4-3-7 例 4.3.2 相量图

4.3.3 纯电容交流电路

将电容器接在正弦交流电源的两端构成一个单回路，若忽略电容器的损耗，则可视为

一个纯电容交流电路。

1. 电压与电流的关系

1）瞬时值、有效值、幅值

纯电容电路如图 4-3-8(a)所示，当电容元件的瞬时电压和瞬时电流取关联参考方向时，由式(3-2-2)可知，其伏安关系为

$$i = C\frac{\mathrm{d}u}{\mathrm{d}t} \tag{4-3-23}$$

若加在电容 C 两端的正弦电压为

$$u = \sqrt{2}U\sin(\omega t + \varphi_u) \tag{4-3-24}$$

则由式(4-3-23)可得通过电容 C 的电流为

$$i = C\frac{\mathrm{d}[\sqrt{2}U\sin(\omega t + \varphi_u)]}{\mathrm{d}t} = \sqrt{2}\,\omega CU\cos(\omega t + \varphi_u)$$

$$= \sqrt{2}\,\omega CU\sin(\omega t + \varphi_u + 90°) = \sqrt{2}\,I\sin(\omega t + \varphi_i) \tag{4-3-25}$$

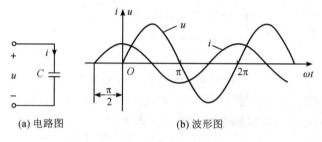

(a) 电路图　　　　(b) 波形图

图 4-3-8　电容电路图与波形图

比较式(4-3-24)和式(4-3-25)可知，在纯电容电路中，电压与电流的关系：

(1) 电压 u 与电流 i 是同频率的正弦量。

(2) 电流 i 的相位超前电压 u 的相位 $90°$，即 $\varphi = \varphi_i - \varphi_u = 90°$。当 $\varphi_u = 0°$ 时，u 与 i 的波形如图 4-3-8(b)所示。

(3) 电压 u 与电流 i 的有效值关系为

$$I = \omega CU = \frac{U}{X_C} \tag{4-3-26}$$

(4) 电压 u 与电流 i 的幅值关系为

$$I_m = \omega CU_m = \frac{U_m}{X_C} \tag{4-3-27}$$

式(4-3-26)和式(4-3-27)中的 X_C 称为电容元件的电抗，简称容抗，即

$$X_C = \frac{1}{\omega C} = \frac{1}{2\pi f C} \tag{4-3-28}$$

当电压的单位为伏特(V)、电流的单位为安培(A)时，容抗的单位为欧姆(Ω)。

容抗反映了电容元件对正弦电流的阻碍作用。可见，在纯电容电路中，电压、电流有效值(或幅值)与容抗的关系符合欧姆定律。

式(4-3-28)表明：容抗不仅取决于电容 C，还与电压的频率 f 成正比。电压的频率越低，电容呈现出的容抗就越大；当电压的频率 $f = 0$ 时(直流)，容抗 $X_C \to \infty$，即在直流情

况下电容 C 相当于开路;当电压的频率 $f \to \infty$ 时,容抗 $X_C=0$,即在高频情况下电容 C 相当于短路。所以电容元件具有"隔直流通交流,阻低频通高频"的特性。

注意:容抗 X_C 不是电容元件上的电压与电流的瞬时值之比,而是其有效值或幅值之比,即

$$X_C = \frac{U}{I} = \frac{U_m}{I_m}$$

2) 相量关系

将加在电容 C 两端的电压 u 与通过的电流 i 用相量表示,有

$$\dot{U} = U \angle \varphi_u$$

$$\dot{I} = I \angle \varphi_i = \omega CU \angle (\varphi_u + 90°)$$

由式(4-3-6)可知,在纯电容电路中,电容元件的阻抗为

$$Z = \frac{\dot{U}}{\dot{I}} = \frac{U \angle \varphi_u}{I \angle \varphi_i} = \frac{U \angle \varphi_u}{\omega CU \angle (\varphi_u + 90°)} = \frac{1}{\omega C} \angle (-90°) = \frac{-j}{\omega C} = -jX_C \quad (4-3-29)$$

所以,在纯电容交流电路中电压 u 与电流 i 的相量关系为

$$\dot{I} = \frac{\dot{U}}{Z} = \frac{\dot{U}}{-j/(\omega C)} = \frac{\dot{U}}{-jX_C} \quad (4-3-30)$$

由此可得图 4-3-8(a)所示纯电容交流电路的相量模型,如图 4-3-9(a)所示。由于在纯电容电路中电流 i 的相位超前电压 u 的相位 90°,即 $\varphi = \varphi_i - \varphi_u = 90°$,当 $\varphi_u = 0°$ 和 $\varphi_u \neq 0°$ 时,u 与 i 的相量图分别如图 4-3-9(b)和 4-3-9(c)所示。

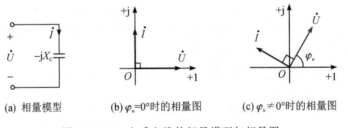

(a) 相量模型　　　(b) $\varphi_u=0°$时的相量图　　　(c) $\varphi_u \neq 0°$时的相量图

图 4-3-9　电感电路的相量模型与相量图

2. 功率

1) 瞬时功率

在图 4-3-8(a)所示纯电容交流电路中,若加在电容 C 两端的正弦电压为

$$u = \sqrt{2}U\sin(\omega t)$$

即 $\varphi_u = 0$,则由式(4-3-25)可得通过电容 C 的电流为

$$i = \sqrt{2}I\cos(\omega t)$$

电容 C 的瞬时功率为

$$p = ui = \sqrt{2}U\sin(\omega t) \cdot \sqrt{2}I\cos(\omega t) = UI\sin(2\omega t) \quad (4-3-31)$$

电容 C 的瞬时功率曲线如图 4-3-10 所示。可见瞬时功率以 2ω 的角频率交变,当 $p>0$ 时,电容 C 从电源吸收能量;当 $p<0$ 时,电容 C 向电源反馈能量。p 的正负交替出

现，说明电容器与电源之间不断地进行能量交换。

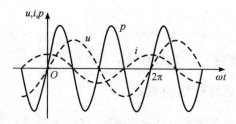

图 4 - 3 - 10　电容的瞬时功率曲线

2）平均功率

将式（4 - 3 - 31）代入式（4 - 3 - 10）得

$$P = \frac{1}{T} \int_0^T UI \sin(2\omega t) \mathrm{d}t = 0 \qquad (4 - 3 - 32)$$

在一个周期中，电容的平均功率为零，即有功功率为零，说明纯电容不消耗能量，只和电源进行能量交换，也是储能元件。

3）无功功率

为了衡量电容与外部交换能量的规模，引入无功功率 Q_C，用瞬时功率的最大值来表示，由式（4 - 3 - 31）得

$$Q_C = UI = \frac{U^2}{X_C} = I^2 X_C \qquad (4 - 3 - 33)$$

无功功率的单位为乏（var）。

例 4.3.3　将 $C = 10\ \mu\mathrm{F}$ 的电容元件（其损耗忽略不计）接在 $u = 10 \sin 2\pi \times 1000\ t$ V 的电源上，如图 4 - 3 - 8(a) 所示。试求：

（1）电容元件的容抗 X_C 和阻抗 Z；

（2）通过电容元件电流的有效值 I 和瞬时值 i；

（3）电容元件的无功功率 Q_C；

（4）作 u、i 的相量图。

解　（1）由式（4 - 3 - 28）得容抗为

$$X_C = \frac{1}{2\pi f C} = \frac{1}{2\pi \times 1000\ \mathrm{Hz} \times 10\ \mu\mathrm{F}} = 15.9\ \Omega$$

由式（4 - 3 - 29）得阻抗为

$$Z = -\mathrm{j} X_C = -\mathrm{j} 15.9\ \Omega$$

（2）电源电压 u 的相量为

$$\dot{U} = \frac{U_m}{\sqrt{2}} \angle 0° = \frac{10}{\sqrt{2}} \angle 0° = 7.07 \angle 0°\ \mathrm{V}$$

则由式（4 - 3 - 30）可求得电流 i 的相量

$$\dot{I} = \frac{\dot{U}}{-\mathrm{j} X_C} = \frac{7.07 \angle 0°}{15.9 \angle 90°} = 444.3 \angle 90°\ \mathrm{mA}$$

所以，通过电容器电流的有效值和瞬时值分别为

$$I = 444.3\ \mathrm{mA}$$

$$i = 444.3\sqrt{2}\sin(2\pi \times 1000t + 90°)\,\text{mA}$$

（3）由式（4-3-33）可得电容器的无功功率为

$$Q_C = UI = 7.07\,\text{V} \times 444.3\,\text{mA} = 3.14\,\text{var}$$

（4）u、i 的相量图如图 4-3-9(b)所示。

4.3.4 三种基本元件交流特性的对比

三种基本电路元件在正弦交流电路中的伏安特性、阻抗和功率归纳如表 4-4-1 所示。

表 4-4-1 三种基本电路元件在正弦交流电路中的基本特性

元件	伏安关系			相位	电阻或电抗及阻抗		功率
	瞬时值	有效值	相量		电阻、电抗	阻抗	
R	$i = \dfrac{u}{R}$	$I = \dfrac{U}{R}$	$\dot{I} = \dfrac{\dot{U}}{R}$	u 与 i 同相，$\varphi_u = \varphi_i$	R	$Z = R$ $= R\angle 0°$	$P = UI = \dfrac{U^2}{R} = I^2 R$
L	$u = L\dfrac{di}{dt}$	$I = \dfrac{U}{X_L}$	$\dot{I} = \dfrac{\dot{U}}{jX_L}$	u 超前 90°，$\varphi_u - \varphi_i = 90°$	$X_L = \omega L$	$Z = jX_L$ $= X_L\angle 90°$	$Q_L = UI = \dfrac{U^2}{X_L} = I^2 X_L$
C	$i = C\dfrac{du}{dt}$	$I = \dfrac{U}{X_C}$	$\dot{I} = j\dfrac{\dot{U}}{X_C}$	i 超前 90°，$\varphi_i - \varphi_u = 90°$	$X_C = \dfrac{1}{\omega C}$	$Z = -jX_C$ $= X_C\angle -90°$	$Q_C = UI = \dfrac{U^2}{X_C} = I^2 X_C$

练习与思考

4-3-1 电阻上的正弦电压与电流的相位差为多少？它们的初相位一定为零吗？

4-3-2 感抗表示什么？它与哪些因素有关？电感元件上的电压与电流的相位关系如何？

4-3-3 将电压 $u = 10\sin(500t + 45°)\,\text{V}$ 加在 10 mH 的电感上，求电感的感抗 X_L 和流过电感的电流 i。

4-3-4 容抗表示什么？它与哪些因素有关？电容元件上的电压与电流的相位关系如何？

4-3-5 将电压 $u = 10\sin(500t + 45°)\,\text{V}$ 加在 10 μF 的电容上，求电容的容抗 X_C 和流过电容的电流 i。

4-3-6 指出下列各式的对错。

（1）$i = \dfrac{U}{R}$ 　　（2）$I = \dfrac{U}{R}$ 　　（3）$i = \dfrac{u}{R}$ 　　（4）$i = \dfrac{U}{\omega L}$

（5）$i = \dfrac{u}{\omega L}$ 　　（6）$I = \dfrac{U}{L}$ 　　（7）$i = \dfrac{u}{L}$ 　　（8）$I = \dfrac{U}{\omega L}$

（9）$U = \omega L I$ 　　（10）$U = X_L I$ 　　（11）$U = \omega C I$ 　　（12）$U = \dfrac{I}{\omega C}$

（13）$u = \omega C i$ 　　（14）$u = X_C i$ 　　（15）$U = X_C I$ 　　（16）$u = \dfrac{i}{\omega C}$

4-3-7 某纯电感交流电路中，$L = 10$ mH，$f = 500$ Hz。（1）若 $i = 3.18\sin\omega t$ mA，求电压 u，并画出相量图。（2）若 $\dot{U} = 2.22\angle -30°$ V，求电流 i。

4 - 3 - 8　把一个 $10 \mu F$ 的电容元件接到频率为 100 Hz、电压有效值为 15.9 V 的正弦电源上，电流的有效值是多少？若保持电压值不变，电源频率改为 10 kHz，则电流的有效值为多少？

4.4　阻抗与导纳

观察与思考

将一个"220 V，20 W"的镇流器白炽灯串联后接在市电上，会发生什么现象？

白炽灯串联电感调光电路的组成及接线，如图 4 - 4 - 1(a)所示。按图装接白炽灯调光电路，使灯泡点亮。

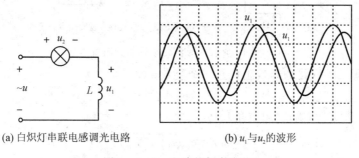

(a) 白炽灯串联电感调光电路　　　　(b) u_1 与 u_2 的波形

图 4 - 4 - 1　电路的暂态过程

(1) 用万用表交流电压挡分别测量市电 U、镇流器两端的电压 U_1 及白炽灯两端电压 U_2，比较 U、U_1、U_2 在数值上的关系。

(2) 观察镇流器发热情况。经过上述的实验，我们可以看到以下现象：

① 电路的端电压不等于各分电压之和，即 $U \neq U_1 + U_2$，且 $U < U_1 + U_2$。

② 与白炽灯直接接于交流电源相比，白炽灯亮度变暗，经过一段时间镇流器只微微有点发热。

u_1 和 u_2 的相位关系理论上如图 4 - 4 - 1(b)所示。镇流器两端电压 u_1 及白炽灯两端电压 u_2 的波形都是按正弦规律变化的，但电压 u_1 与 u_2 存在一定的相位差。

由此可见，交流电路与直流电路有区别，其分析与计算方法也不相同。

4.4.1　阻抗与导纳的定义

在 4.3 节我们分别引入了纯电阻、电感、电容的阻抗与电抗等概念，那么在图 4 - 4 - 1 所示的电路中，既有电阻元件，又有电抗元件，其阻抗又为多少呢？

1. 无源二端网络的阻抗

在正弦稳态电路中，一个线性无源二端网络 N_0，如图 4 - 4 - 2(a)所示，可以等效为一个阻抗 Z，如图 4 - 4 - 2(b)所示。当其端口电压相量为 $\dot{U}$、电流相量为 $\dot{I}$，且电压与电流的参考方向为关联参考方向时，有

$$Z = \frac{\dot{U}}{\dot{I}} \qquad\qquad (4-4-1)$$

式(4-4-1)为欧姆定律的相量形式。其中，Z 称为无源二端网络 N_0 的等效复阻抗，简称阻抗，其单位为欧姆(Ω)。

若无源二端网络 N_0 既含有电阻元件，又含有电抗元件，则其阻抗 Z 可以等效为电阻 R_s 与电抗 jX_s 的串联。如图 4-4-2(c)所示，通常称该电路为无源二端网络的串联模型等效电路。

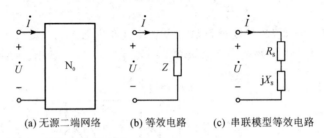

(a) 无源二端网络　　　(b) 等效电路　　　(c) 串联模型等效电路

图 4-4-2　无源二端网络的阻抗

显然，无源二端网络的等效阻抗是一个复数，即

$$Z = R_s + jX_s \qquad\qquad (4-4-2)$$

阻抗 Z 的模 $|Z|$ 和幅角(阻抗角)φ 分别为

$$|Z| = \sqrt{R_s^2 + X_s^2} \qquad\qquad (4-4-3a)$$

$$\varphi = \arctan\frac{X_s}{R_s} \qquad\qquad (4-4-3b)$$

由式(4-4-3)知，等效电阻 R_s、等效电抗 X_s 与阻抗的模 $|Z|$ 构成一个直角三角形，称为**阻抗三角形**，如图 4-4-3 所示。因此阻抗角 φ 就是端口上电压 $\dot{U}$ 超前电流 $\dot{I}$ 的相移量。

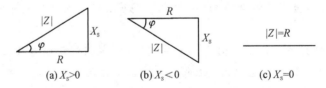

(a) $X_s > 0$　　　　(b) $X_s < 0$　　　　(c) $X_s = 0$

图 4-4-3　阻抗三角形

(1) 当 $X_s > 0$ 时，$\varphi > 0$，如图 4-4-3(a)所示，电压超前电流，电路呈电感性；

(2) 当 $X_s < 0$ 时，$\varphi < 0$，如图 4-4-3(b)所示，电压滞后电流，电路呈电容性；

(3) 当 $X_s = 0$ 时，$\varphi = 0$，如图 4-4-3(c)所示，电压与电流同相，电路呈纯电阻性。

2. 无源二端网络的导纳

无源二端网络 N_0 的阻抗 Z 还可以等效为电阻 R_p 与电抗 jX_p 的并联，如图 4-4-4 所示。为了便于计算，类似电阻与电导的关系，并联电路中的阻抗常用导纳的形式表示，即阻抗的倒数称为导纳，用符号 Y 表示。则有

$$Y = \frac{\dot{I}}{\dot{U}} = \frac{1}{Z} \qquad\qquad (4-4-4)$$

导纳的基本单位是西门子(S)。

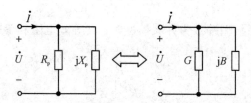

图 4 - 4 - 4　无源二端网络的并联模型等效电路

与电阻 R_p 和电抗 $\mathrm{j}X_\mathrm{p}$ 相对应的导纳形式为电导 G 和电纳 $\mathrm{j}B$，如图 4 - 4 - 4 所示。通常称该电路为无源二端网络的并联模型等效电路。

无源二端网络的等效导纳也是一个复数，即

$$Y = G + \mathrm{j}B = \frac{1}{R_\mathrm{p}} + \frac{1}{\mathrm{j}X_\mathrm{p}} = \frac{1}{R_\mathrm{p}} - \mathrm{j}\,\frac{1}{X_\mathrm{p}} \tag{4-4-5}$$

由此可得

$$G = \frac{1}{R_\mathrm{p}} \tag{4-4-6a}$$

$$B = -\frac{1}{X_\mathrm{p}} \tag{4-4-6b}$$

导纳 Y 的模 $|Y|$ 和幅角(导纳角)φ 分别为

$$|Y| = \sqrt{G^2 + B^2} \tag{4-4-7a}$$

$$\varphi = \arctan \frac{B}{G} \tag{4-4-7b}$$

由式(4 - 4 - 7)可知，等效电导 G、等效电纳 B 与导纳的模 $|Y|$ 构成一个直角三角形，称为**导纳三角形**，如图 4 - 4 - 5 所示。因此阻抗角 φ 就是端口上电流 $\dot{I}$ 超前电压 $\dot{U}$ 的相移量。

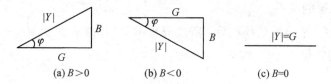

(a) $B>0$　　　(b) $B<0$　　　(c) $B=0$

图 4 - 4 - 5　导纳三角形

(1) 当 $B>0$ 时，$\varphi>0$，如图 4 - 4 - 5(a)所示，电流超前电压，电路呈电容性；

(2) 当 $B<0$ 时，$\varphi<0$，如图 4 - 4 - 5(b)所示，电流滞后电压，电路呈电感性；

(3) 当 $B=0$ 时，$\varphi=0$，如图 4 - 4 - 5(c)所示，电压与电流同相，电路呈纯电阻性。

*3. 串并联网络的阻抗互换

图 4 - 4 - 2(c)所示的串联模型与图 4 - 4 - 4 所示的并联模型可等效互换。根据等效的原理，若串联模型与并联模型的阻抗相等，则有

$$R_\mathrm{s} + \mathrm{j}X_\mathrm{s} = \frac{1}{\dfrac{1}{R_\mathrm{p}} + \dfrac{1}{\mathrm{j}X_\mathrm{p}}}$$

整理后得

$$\frac{R_s}{R_s^2+X_s^2}-\mathrm{j}\frac{X_s}{R_s^2+X_s^2}=\frac{1}{R_p}-\mathrm{j}\frac{1}{X_p}$$

由上式可知，将串联模型等效为并联模型时，其等效电阻和等效电抗为

$$\left.\begin{array}{l}R_p=\dfrac{R_s^2+X_s^2}{R_s}\\[3mm]X_p=\dfrac{R_s^2+X_s^2}{X_s}\end{array}\right\}\qquad(4-4-8)$$

同理可得，将并联模型等效为串联模型时，其等效电阻和等效电抗为

$$\left.\begin{array}{l}R_s=\dfrac{X_p^2}{R_p^2+X_p^2}R_p\\[3mm]X_s=\dfrac{R_p^2}{R_p^2+X_p^2}X_p\end{array}\right\}\qquad(4-4-9)$$

4.4.2　*RLC* 串联电路及阻抗

在工程实际应用中，图 4-4-6 所示的电阻、电感和电容串联电路会经常用到，如无线电技术中的串联谐振电路。

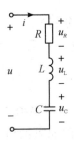

图 4-4-6　*RLC* 串联电路

1. 电压与电流的关系

因为串联电路中的电流处处相等，所以分析 *RLC* 串联正弦交流电路时以电流作为参考。设电流 i 的初相位 $\varphi_i=0$，即

$$i=\sqrt{2}\,I\sin(\omega t)$$

则电阻两端的电压与电流同相，为

$$u_R=\sqrt{2}\,IR\sin(\omega t)$$

电感两端的电压超前电流 90°，为

$$u_L=\sqrt{2}\,IX_L\sin(\omega t+90°)$$

电容两端的电压滞后电流 90°，为

$$u_C=\sqrt{2}\,IX_C\sin(\omega t-90°)$$

其中，$X_L=\omega L$ 为电感元件的感抗，$X_C=\dfrac{1}{\omega C}$ 为电容元件的容抗。

由 KVL 知，电路总电压瞬时值等于各元件电压瞬时值之和，即

$$u=u_R+u_L+u_C\qquad(4-4-10)$$

若总电压 u 与电流 i 的相位差为 φ，则 $\varphi=\varphi_u-\varphi_i=\varphi_u$，总电压 u 的表达式应为

$$u=\sqrt{2}U\sin(\omega t+\varphi) \tag{4-4-11}$$

2. 各电压的相量关系

为方便求解总电压 u 与电流 i 的相位差 φ，以及总电压 u 的有效值 U，可用相量模型的方法进行。根据 KVL 有

$$\dot{U}=\dot{U}_R+\dot{U}_L+\dot{U}_C \tag{4-4-12}$$

由于 $\varphi_i=0$，即

$$\dot{I}=I\angle 0°$$

因此有

$$\dot{U}_R=R\dot{I}=RI\angle 0°=U_R\angle 0°$$

$$\dot{U}_L=jX_L\dot{I}=X_LI\angle 90°=U_L\angle 90°$$

$$\dot{U}_C=-jX_C\dot{I}=X_CI\angle(-90°)=U_C\angle(-90°)$$

则有

$$\dot{U}=\dot{U}_R+\dot{U}_L+\dot{U}_C=R\dot{I}+jX_L\dot{I}-jX_C\dot{I}=[R+j(X_L-X_C)]\dot{I} \tag{4-4-13}$$

画出 u_R、u_L、u_C 的相量图，如图 4-4-7 所示。其中，

$$\dot{U}_X=\dot{U}_L+\dot{U}_C=j(X_L-X_C)\dot{I}$$

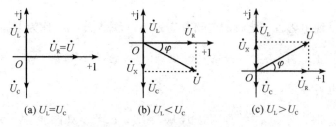

(a) $U_L=U_C$ (b) $U_L<U_C$ (c) $U_L>U_C$

图 4-4-7 RLC 串联电路的相量图

由图 4-4-7 可以看出，相量 $\dot{U}$、$\dot{U}_R$、$\dot{U}_X$ 构成一直角三角形，称为**电压三角形**，如图 4-4-8 所示。由此可得总电压与各分电压的关系为

$$U=\sqrt{U_R^2+U_X^2}=\sqrt{U_R^2+(U_L-U_C)^2} \tag{4-4-14}$$

总电压 u 与电流 i 的相位差为

$$\varphi=\arctan\frac{U_L-U_C}{U_R} \tag{4-4-15}$$

各分电压和总电压与相位差的关系为

$$U_R=U\cos\varphi \tag{4-4-16}$$

$$U_X=|U_L-U_C|=U\sin|\varphi| \tag{4-4-17}$$

3. 等效阻抗

由式(4-4-1)和式(4-4-13)可得，RLC 串联电路的等效阻抗为

$$Z=\frac{\dot{U}}{\dot{I}}=R+j(X_L-X_C)=R+jX=|Z|\angle\varphi \tag{4-4-18}$$

式中，X、$|Z|$、φ 分别为 RLC 串联电路的电抗、阻抗 Z 的模、总电压 u 与电流 i 的相位差（阻抗角），即

$$X=X_{\rm L}-X_{\rm C}=\omega L-\frac{1}{\omega C} \qquad (4-4-19)$$

$$|Z|=\sqrt{R^2+X^2}=\sqrt{R^2+(X_{\rm L}-X_{\rm C})^2} \qquad (4-4-20)$$

$$\varphi=\arctan\frac{X_{\rm L}-X_{\rm C}}{R}=\arctan\frac{X}{R} \qquad (4-4-21)$$

由式(4-4-18)知，RLC 串联电路的电阻 R、电抗 X 与阻抗的模 $|Z|$ 构成的阻抗三角形与电压三角形是相似的，如图 4-4-8 所示。

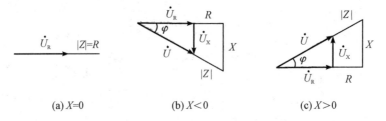

(a) $X=0$ (b) $X<0$ (c) $X>0$

图 4-4-8　电压三角形与阻抗三角形

式(4-4-21)说明，RLC 串联电路的性质与工作频率有关：

(1) 当 $\omega=\omega_0$ 时，有 $\omega L=\dfrac{1}{\omega C}$，$X=0$，$U_{\rm L}=U_{\rm C}$，$\varphi=0$，如图 4-4-8(a)所示，电压与电流同相，电路呈纯电阻性，此时的电路状态称为串联谐振，ω_0 称为谐振频率。

(2) 当 $\omega<\omega_0$ 时，有 $\omega L<\dfrac{1}{\omega C}$，$X<0$，$U_{\rm L}<U_{\rm C}$，$\varphi<0$，如图 4-4-8(b)所示，电压滞后电流，电路呈电容性。

(3) 当 $\omega>\omega_0$ 时，有 $\omega L>\dfrac{1}{\omega C}$，$X>0$，$U_{\rm L}>U_{\rm C}$，$\varphi>0$，如图 4-4-8(c)所示，电压超前电流，电路呈电感性。

由图 4-4-8 还可以得

$$R=|Z|\cos\varphi \qquad (4-4-22)$$

$$X=|Z|\sin\varphi \qquad (4-4-23)$$

注意：电抗 $X=X_{\rm L}-X_{\rm C}$，$X_{\rm L}$ 和 $X_{\rm C}$ 是可以互相抵消的，所以 X 可正可负。而电抗上电压的有效值 $U_{\rm X}=|U_{\rm L}-U_{\rm C}|$ 恒为正。

例 4.4.1　RLC 串联电路如图 4-4-6 所示。已知：$R=100\ \Omega$，$L=1\ \mathrm{mH}$，$C=0.43\ \mu\mathrm{F}$，当电源电压 $u=2\sin(2\pi\times2000t)\mathrm{V}$ 时，试求：

(1) 电感元件的感抗和电容元件的容抗，以及电路的等效阻抗；

(2) 电流 i 的瞬时值表达式；

(3) $u_{\rm R}$、$u_{\rm L}$、$u_{\rm C}$ 的瞬时值表达式。

解　由 u 的瞬时值表达式知，正弦电压的频率 $f=2\ \mathrm{kHz}$。

(1) 感抗为

$$X_{\rm L}=\omega L=2\pi fL=2\pi\times2000\ \mathrm{Hz}\times1\ \mathrm{mH}=12.6\ \Omega$$

容抗为

$$X_C = \frac{1}{\omega C} = \frac{1}{2\pi f C} = \frac{1}{2\pi \times 2000 \text{ Hz} \times 0.43 \text{ μF}} = 185.1 \text{ Ω}$$

阻抗为

$$Z = R + \mathrm{j}(X_L - X_C) = 100 \text{ Ω} + \mathrm{j}(12.6 \text{ Ω} - 185.1 \text{ Ω}) = 100 - \mathrm{j}172.5 \text{ Ω}$$

$$|Z| = \sqrt{R^2 + X^2} = \sqrt{100^2 \text{ Ω} + 172.5^2} = 199.4 \text{ Ω} \approx 200 \text{ Ω}$$

$$\varphi = \arctan \frac{X_L - X_C}{R} = \arctan \frac{12.6 \text{ Ω} - 185.1 \text{ Ω}}{100 \text{ Ω}} = -59.9° \approx -60°$$

（2）电压 u 的振幅相量为

$$\dot{U}_{\mathrm{m}} = U_{\mathrm{m}} \angle 0° = 2 \angle 0° \text{ V}$$

阻抗为

$$Z = |Z| \angle \varphi = 200 \angle -60° \text{ Ω}$$

电压 i 的振幅相量为

$$\dot{I}_{\mathrm{m}} = \frac{\dot{U}_{\mathrm{m}}}{Z} = \frac{2 \angle 0° \text{ V}}{200 \angle -60° \text{ Ω}} = 10 \angle 60° \text{ mA}$$

电流 i 的瞬时值表达式为

$$i = 10 \sin(2\pi \times 2000 t + 60°) \text{ mA}$$

（3）u_R、u_L、u_C 的振幅相量分别为

$$\dot{U}_{\mathrm{Rm}} = R \dot{I}_{\mathrm{m}} = 100 \text{ Ω} \times 10 \angle 60° \text{ mA} = 1 \angle 60° \text{ V}$$

$$\dot{U}_{\mathrm{Lm}} = \mathrm{j} X_L \dot{I}_{\mathrm{m}} = 12.6 \angle 90° \text{ Ω} \times 10 \text{ mA} \angle 60° \text{ mA}$$
$$= 12.6 \text{ Ω} \times 10 \text{ mA} \angle (90° + 60°) \text{ mA} = 0.126 \angle 150° \text{ V}$$

$$\dot{U}_{\mathrm{Cm}} = -\mathrm{j} X_C \dot{I}_{\mathrm{m}} = 185.1 \angle -90° \times 10 \text{ mA} \angle 60° \text{ mA}$$
$$= 185.1 \text{ Ω} \times 10 \text{ mA} \angle (-90° + 60°) \text{ mA} = 1.851 \angle (-30°) \text{ V}$$

相应的瞬时值表达式分别为

$$u_R = \sin(2\pi \times 2000 t + 60°) \text{ V}$$
$$u_L = 0.126 \sin(2\pi \times 2000 t + 150°) \text{ V}$$
$$u_C = 1.851 \sin(2\pi \times 2000 t - 30°) \text{ V}$$

从本例可看出，在 RLC 串联电路中，u_L 与 u_C 的相位差为 $\varphi_L - \varphi_C = 150° - (-30°) = 180°$，即电感上的电压与电容上的电压的方向相反。

4.4.3　*RLC* 并联电路及导纳

在工程实际应用中，图 4-4-9 所示的电阻、电感和电容并联电路经常用到，如无线电技术中的并联谐振电路。

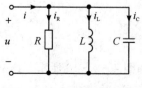

图 4-4-9　*RLC* 并联电路

1. 电压与电流的关系

因为并联电路中的电压处处相等，所以在分析 RLC 并联正弦交流电路时以电压作为参考。设电压 u 的初相位 $\varphi_u=0$，即

$$u=\sqrt{2}U\sin(\omega t)$$

则通过电阻的电流与电压同相，为

$$i_{\mathrm{R}}=\frac{\sqrt{2}U\sin(\omega t)}{R}$$

通过电感的电流滞后电压 $90°$，为

$$i_{\mathrm{L}}=\frac{\sqrt{2}U\sin(\omega t-90°)}{X_{\mathrm{L}}}$$

通过电容的电流超前电压 $90°$，为

$$i_{\mathrm{C}}=\frac{\sqrt{2}U\sin(\omega t+90°)}{X_{\mathrm{C}}}$$

其中，$X_{\mathrm{L}}=\omega L$ 为电感元件的感抗，$X_{\mathrm{C}}=\dfrac{1}{\omega C}$ 为电容元件的容抗。

由 KCL 可知，电路总电流瞬时值等于通过各元件电流瞬时值之和，即

$$i=i_{\mathrm{R}}+i_{\mathrm{L}}+i_{\mathrm{C}} \tag{4-4-24}$$

若电压 u 与总电流 i 的相位差为 φ，则 $\varphi=\varphi_u-\varphi_i=-\varphi_i$，总电流 i 的表达式应为

$$i=\sqrt{2}I\sin(\omega t-\varphi) \tag{4-4-25}$$

2. 各电流的相量关系

为方便求解电压 u 与总电流 i 的相位差 φ，以及总电流 i 的有效值 I，可用相量模型的方法进行。根据 KCL 有

$$\dot{I}=\dot{I}_{\mathrm{R}}+\dot{I}_{\mathrm{L}}+\dot{I}_{\mathrm{C}} \tag{4-4-26}$$

由于 $\varphi_u=0$，即

$$\dot{U}=U\angle 0°$$

因此有

$$\dot{I}_{\mathrm{R}}=\frac{\dot{U}}{R}=\frac{U}{R}\angle 0°=I_{\mathrm{R}}\angle 0°$$

$$\dot{I}_{\mathrm{L}}=\frac{\dot{U}}{\mathrm{j}X_{\mathrm{L}}}=\frac{U}{X_{\mathrm{L}}}\angle -90°=I_{\mathrm{L}}\angle -90°$$

$$\dot{I}_{\mathrm{C}}=\frac{\dot{U}}{-\mathrm{j}X_{\mathrm{C}}}=\frac{U}{X_{\mathrm{C}}}\angle 90°=I_{\mathrm{C}}\angle 90°$$

则有

$$\dot{I}=\dot{I}_{\mathrm{R}}+\dot{I}_{\mathrm{L}}+\dot{I}_{\mathrm{C}}=\frac{\dot{U}}{R}+\frac{\dot{U}}{\mathrm{j}X_{\mathrm{L}}}-\frac{\dot{U}}{\mathrm{j}X_{\mathrm{C}}}=[G+\mathrm{j}(-B_{\mathrm{L}}+B_{\mathrm{C}})]\dot{U} \tag{4-4-27}$$

画出 i_{R}、i_{L}、i_{C} 的相量图，如图 4-4-10 所示，其中

$$\dot{I}_{\mathrm{X}}=\dot{I}_{\mathrm{L}}+\dot{I}_{\mathrm{C}}=\mathrm{j}(-B_{\mathrm{L}}+B_{\mathrm{C}})\dot{U}$$

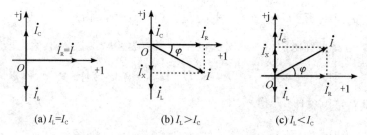

(a) $I_L = I_C$　　　　(b) $I_L > I_C$　　　　(c) $I_L < I_C$

图 4 - 4 - 10　RLC 并联电路的相量图

由图 4 - 4 - 10 可以看出，相量 $\dot{I}$、$\dot{I}_R$、$\dot{I}_X$ 构成一个直角三角形，称为**电流三角形**。由此可得总电流与各支路电流的关系为

$$I = \sqrt{I_R^2 + I_X^2} = \sqrt{I_R^2 + (I_C - I_L)^2} \qquad (4-4-28)$$

总电流 i 与电压 u 的相位差为

$$\varphi = \arctan \frac{I_C - I_L}{I_R} \qquad (4-4-29)$$

各支路电流和总电流与相位差的关系为

$$I_R = I\cos\varphi \qquad (4-4-30)$$

$$I_X = |I_C - I_L| = I\sin|\varphi| \qquad (4-4-31)$$

3. 等效导纳

由式(4-4-5)式和式(4-4-27)可得，RLC 并联电路的等效导纳为

$$Y = \frac{\dot{I}}{\dot{U}} = G + j(-B_L + B_C) = G + jB = |Y| \angle \varphi \qquad (4-4-32)$$

式中，B、$|Y|$、φ 分别为 RLC 并联电路的电纳、导纳 Y 的模、总电流 i 与电压 u 的相位差（导纳角），即

$$B = B_C - B_L = \omega C - \frac{1}{\omega L} \qquad (4-4-33)$$

$$|Y| = \sqrt{G^2 + B^2} = \sqrt{G^2 + (B_C - B_L)^2} \qquad (4-4-34)$$

$$\varphi = \arctan \frac{B_C - B_L}{G} = \arctan \frac{B}{G} \qquad (4-4-35)$$

由式(4-4-32)可知，RLC 并联电路的电导 G、电纳 B 与导纳的模 $|Y|$ 构成的导纳三角形与电流三角形是相似三角形，如图 4-4-11 所示。

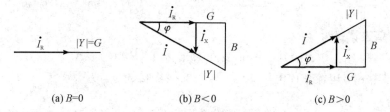

(a) $B=0$　　　　(b) $B<0$　　　　(c) $B>0$

图 4 - 4 - 11　电流三角形与导纳三角形

式(4-4-35)说明，RLC 并联电路的性质与工作频率有关：

电路基础与技能实训

（1）当 $\omega=\omega_0$ 时，有 $\omega C=\dfrac{1}{\omega L}$，$B=0$，$I_L=I_C$，$\varphi=0$，如图 4-4-11(a)所示，电流 i 与电压 u 同相，电路呈纯电阻性，此时的电路状态称为并联谐振，ω_0 称为谐振频率。

（2）当 $\omega<\omega_0$ 时，有 $\omega C<\dfrac{1}{\omega L}$，$B<0$，$I_C<I_L$，$\varphi<0$，如图 4-4-11(b)所示，电流 i 滞后电压 u，电路呈电感性。

（3）当 $\omega>\omega_0$ 时，有 $\omega C>\dfrac{1}{\omega L}$，$B>0$，$I_C>I_L$，$\varphi>0$，如图 4-4-11(c)所示，电流 i 超前电压 u，电路呈电容性。

由图 4-4-11 可得

$$G=|Y|\cos\varphi \qquad (4-4-36)$$
$$B=|Y|\sin\varphi \qquad (4-4-37)$$

注意：电纳 $B=B_C-B_L$，B_L 和 B_C 是可以互相抵消的，所以 B 可正可负。而通过电纳电流的有效值 $I_X=|I_C-I_L|$ 恒为正。

例 4.4.2 RLC 并联电路如图 4-4-9 所示，已知：$R=200\ \Omega$，$L=0.1\ \text{mH}$，$C=0.68\ \mu\text{F}$，当电源电压 $u=2\sin(2\pi\times19.3\times10^3 t)$ V 时，试求：

（1）电路的等效阻抗；

（2）i_R、i_L、i_C 和电流 i 的瞬时值表达式。

解 由 u 的瞬时值表达式可知，正弦电压的频率 $f=19.3\ \text{kHz}$。

（1）电纳为

$$B=B_C-B_L=\omega C-\frac{1}{\omega L}=2\pi\times19.3\ \text{kHz}\times0.68\ \mu\text{F}-\frac{1}{2\pi\times19.3\ \text{kHz}\times0.1\ \text{mH}}=-3\ \mu\text{S}\approx0\ \text{S}$$

导纳为

$$Y=G+jB=G$$

阻抗为

$$Z=\frac{1}{Y}=\frac{1}{G}=R=200\ \Omega$$

（2）在电阻支路中，电流与电压同相，故 i_R 的瞬时值表达式为

$$i_R=\frac{u}{R}=\frac{2\sin(2\pi\times19.3\times10^3 t)\ \text{V}}{200\ \Omega}=10\sin(2\pi\times19.3\times10^3 t)\ \text{mA}$$

在电感支路中，电流滞后电压 $90°$，即 i_L 的振幅相量为

$$\dot I_{Lm}=\frac{\dot U_m}{jX_L}=\frac{U_m}{2\pi fL}\angle-90°=\frac{2\ \text{V}}{2\pi\times19.3\ \text{kHz}\times0.1\ \text{mH}}\angle-90°\ \text{V}=164.9\angle-90°\ \text{mA}$$

故 i_L 的瞬时值表达式为

$$i_L=164.9\sin(2\pi\times19.3\times10^3 t-90°)\ \text{mA}$$

在电容支路中，电流超前电压 $90°$，即 i_C 的振幅相量为

$$\dot I_{Cm}=\frac{\dot U_m}{-jX_C}=2\pi fCU_m\angle90°=2\pi\times19.3\ \text{kHz}\times0.68\ \mu\text{F}\times2\angle90°=164.9\angle90°\ \text{mA}$$

故 i_C 的瞬时值表达式为

$$i_C=164.9\sin(2\pi\times19.3\times10^3 t+90°)\ \text{mA}$$

电流 i 的振幅相量为

$$\dot{I}_{\mathrm{m}} = \frac{\dot{U}_{\mathrm{m}}}{Z} = \frac{U_{\mathrm{m}}}{Z} \angle 0° = \frac{2\ \mathrm{V}}{200\ \Omega} \angle 0° = 10 \angle 0°\ \mathrm{mA}$$

故 i 的瞬时值表达式为

$$i = 10\sin(2\pi \times 19.3 \times 10^3 t)\ \mathrm{mA}$$

从本例可看出，在 RLC 并联电路中，i_{C} 与 i_{L} 的相位差为 $\varphi_{\mathrm{C}} - \varphi_{\mathrm{L}} = 90° - (-90°) = 180°$，说明电感上的电压与电容上的电压的方向相反；当电纳 $B = B_{\mathrm{C}} - B_{\mathrm{L}} = 0$ 时，电路处于谐振状态，此时电路呈纯电阻性，端口电压 u 与电流 i 同相；谐振时，虽然端口电流的幅度不大（10 mA），但电感支路和电容支路电流的幅度可以很大（164.9 mA）。

练习与思考

4 - 4 - 1　已知某无源二端网络的等效阻抗 $Z = 100 - \mathrm{j}100(\Omega)$，试求阻抗值 $|Z|$ 和阻抗角 φ，并说明电路的性质。

4 - 4 - 2　若某无源二端网络的等效阻抗 $Z = 30 + \mathrm{j}40(\Omega)$，则其等效导纳为 $Y = \dfrac{1}{30} + \mathrm{j}\dfrac{1}{40}(\mathrm{S})$，对吗？

4 - 4 - 3　已知无源线性网络两端的电压 u 和电流 i 如下式所示，试求阻抗值 $|Z|$ 和阻抗角 φ，并说明电路的性质。

(1) $u = 200\cos 314t$ V，$i = 10\cos 314t$ mA；

(2) $u = 10\sin(1000t + 45°)$V，$i = 2\sin(1000t + 35°)$mA；

(3) $u = 100\sin(2000t + 30°)$V，$i = 5\sin(2000t - 60°)$mA；

(4) $u = 100\sin(2\pi \times 1000t - 15°)$V，$i = 5\sqrt{2}\sin(2\pi \times 1000t + 45°)$mA。

4 - 4 - 4　在 RLC 串联电路中，已知 $R = 100\ \Omega$，$L = 1\ \mathrm{mH}$，$C = 1\ \mu\mathrm{F}$，当电源频率 f 分别为 4 kHz 和 6 kHz 时，电路各呈现什么性质？

4 - 4 - 5　在 RLC 并联电路中，已知 $R = 10\ \Omega$，$L = 1\ \mathrm{mH}$，$C = 1\ \mu\mathrm{H}$。当电源频率 f 分别为 4 kHz 和 6 kHz 时，电路各呈现什么性质？

4 - 4 - 6　电路如图 4 - 4 - 12 所示，已知各电压表的读数（有效值）分别为：$V_1 = 4$ V，$V_2 = 2$ V，$V_3 = 5$ V，试求电压表 V 的读数，并说明电路呈现什么性质。

4 - 4 - 7　电路如图 4 - 4 - 12 所示，已知各电压表的读数（有效值）分别为：$V = 10$ V，$V_1 = 6$ V，$V_2 = 10$ V，试求电压表 V_3 的读数，并说明电路呈现什么性质。

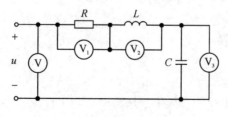

图 4 - 4 - 12

4-4-8 电路如图 4-4-13 所示，已知各电流表的读数（有效值）分别为：$A_1 = 5\text{ mA}$，$A_2 = 8\text{ mA}$，$A_3 = 4\text{ mA}$，试求电流表 A 的读数，并说明电路呈现什么性质。

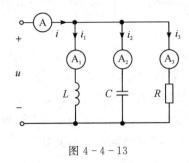

图 4-4-13

*4.5 正弦交流电路的功率

观察与思考

图 4-5-1 所示为安装在家庭中的电能表。你能说出该电能表上的铭牌数据分别表示什么吗？怎样把电能表接入线路？会从电能表上读出用电量吗？

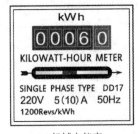

(a) 机械电能表

(b) 智能电能表

图 4-5-1 电能表示例

在直流电阻电路中，功率和能量问题相对比较简单。但是在正弦交流电路中，由于电路除了电阻元件，还有电感和电容等储能元件，导致能量在电源与负载之间（或与储能元件之间）出现往返现象，因而功率和能量关系要复杂得多。在 4.3 节曾简单介绍了单一元件正弦交流电路的功率，本节将以无源单口网络为对象，进一步分析一般交流电路的功率问题。电气设备或装置的设计、安全使用都涉及功率问题，所以本节的内容在工程应用中具有极其重要的意义。

4.5.1 单口网络的功率

1. 瞬时功率

由电阻、电感和电容组成的无源单口网络 N_0 如图 4-5-2(a) 所示，其电压、电流为关联参考方向。在正弦电源激励下，为方便分析，设电流 i 的初相位为零，端口电压 u 的相位为 φ，即

$$i = \sqrt{2}\,I\sin(\omega t)$$

$$u = \sqrt{2}\,U\sin(\omega t + \varphi)$$

则单口网络 N_0 吸收的瞬时功率是端口电压与电流的乘积，即

$$p = ui = \sqrt{2}\,U\sin(\omega t + \varphi)\cdot\sqrt{2}\,I\sin(\omega t) = UI\cos\varphi - UI\cos(2\omega t + \varphi) \quad (4-5-1)$$

上式表明：

(1) 单口网络 N_0 的瞬时功率由两部分组成：第一部分为 $UI\cos\varphi$，是大于或等于零的常量，其值取决于电压和电流之间的相位差 φ；第二部分为 $UI\cos(2\omega t + \varphi)$，是频率为电源频率的 2 倍的正弦量，可正可负。

(2) 从物理意义上讲，第一部分是 N_0 从外电路吸收并消耗的功率，第二部分是 N_0 与外电路交换的功率。

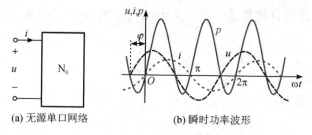

(a) 无源单口网络　　　　　(b) 瞬时功率波形

图 4-5-2　无源单口网络及其瞬时功率波形

图 4-5-2(b) 所示为式 (4-5-1) 所表示的瞬时功率波形。由图可见，瞬时功率 p 有正有负：当 $p>0$ 时，网络 N_0 吸收功率；当 $p<0$ 时，网络 N_0 释放功率。且在一个周期内，网络吸收的功率大于网络释放的功率。

2. 有功功率

有功功率又称为平均功率，是一个周期内瞬时功率的平均值。根据其定义，将式 (4-5-1) 代入式 (4-3-10) 得

$$P = \frac{1}{T}\int_0^T p(t)\,\mathrm{d}t = UI\cos\varphi \quad\quad\quad (4-5-2)$$

有功功率就是瞬时功率中的常量部分，代表单口网络 N_0 实际消耗的功率。有功功率不仅与电压和电流的有效值有关，还和电压与电流的相位差，即单口网络 N_0 的阻抗角 φ 有关，这是交流和直流的区别之一。

3. 无功功率

无功功率为无源单口网络 N_0 中的电抗元件与外电路进行能量交换的最大值。将式 (4-5-1) 可改写为

$$\begin{aligned}
p &= UI\cos\varphi - UI\cos(2\omega t + \varphi)\\
&= UI\cos\varphi - UI[\cos(2\omega t)\cos\varphi - \sin(2\omega t)\sin\varphi]\\
&= UI[1 - \cos(2\omega t)]\cos\varphi + UI\sin(2\omega t)\sin\varphi
\end{aligned} \quad (4-5-3)$$

式中，前一项按正弦规律变化，且始终大于零，其平均值为 $UI\cos\varphi$，反映了 N_0 消耗功率的瞬时值。后一项也按正弦规律变化，但其平均值为零，反映了 N_0 与外电路进行能量交换的速率，其最大值为 $UI\sin\varphi$，为无源单口网络 N_0 的无功功率，用大写字母 Q 表示，单位是

乏（var），即

$$Q = UI\sin\varphi \qquad\qquad (4-5-4)$$

无功功率 Q 不仅与电压和电流的有效值有关，还和电压与电流的相位差即单口网络的阻抗角 φ 有关。对于纯电阻元件，$\varphi=0$，$Q=0$；对于纯电感或纯电容元件，电压与电流相差 $90°$，所以 $Q=\pm UI$。

对于一般无源单口网络 N_0，当等效电抗 $X>0$ 时，$\varphi>0$，N_0 吸收的无功功率 $Q>0$；反之，当 $X<0$ 时，$\varphi<0$，N_0 吸收的无功功率 $Q<0$。即电感性电路吸收正的无功功率，电容性电路吸收负的无功功率。例如在图 $4-4-6$ 所示 RLC 串联电路中，

$$Q = Q_L + Q_C = I^2 X_L - I^2 X_C = (U_L - U_C)I = U\sin\varphi \cdot I$$

4. 视在功率

视在功率为无源单口网络 N_0 端口上电压与电流有效值的乘积，用大写字母 S 表示，即

$$S = UI \qquad\qquad (4-5-5)$$

视在功率的单位为伏安（VA）。

由式（$4-5-2$）和式（$4-5-4$）可得

$$P^2 + Q^2 = U^2 I^2 (\cos^2\varphi + \sin^2\varphi) = S^2$$

所以有

$$S = \sqrt{P^2 + Q^2} \qquad\qquad (4-5-6)$$

所谓"视在"即"看起来像"，该名称是与直流电阻电路相比较而得来的，交流功率的表现也是电压与电流的乘积。视在功率 S 通常用来表示电气设备的额定容量，即电气设备能够发出的最大功率。如发电机、变压器等电源设备，通常用视在功率 $S_N = U_N I_N$（U_N、I_N 分别为额定电压和额定电流）来表示其容量，而不用有功功率表示。

5. 功率因数

功率因数为有功功率与视在功率之比，用 λ 表示，由式（$4-5-2$）和式（$4-5-5$）可得

$$\lambda = \frac{P}{S} = \cos\varphi \qquad\qquad (4-5-7)$$

正弦交流电路的功率因数是电路输入电压超前于电流的相角的余弦，因此相位差即阻抗角，又称为功率因数角。对由 R、L、C 等元件组成的不含受控源的无源单口网络，一般有 $0 \leqslant |\varphi| \leqslant 90°$，所以 $0 \leqslant \cos\varphi \leqslant 1$。

无论 $\varphi>0$ 还是 $\varphi<0$，都有 $0 \leqslant \cos\varphi \leqslant 1$，无法反映网络的性质，因而一般在给出功率因数 λ 的同时，加上"超前"或"滞后"：

"超前"——电流超前于电压，容性负载。

"滞后"——电流滞后于电压，感性负载。

如某负载的 $\cos\varphi = 0.5$（滞后），表明电流滞后电压 $60°$，即阻抗角 $\varphi = 60°$。

虽然视在功率不是电路实际消耗的功率，但是在电力工程中却有其实用意义。对于发电机和电力变压器等动力设备，额定视在功率反映了设备的容量。至于该设备对负载实际能提供多大的功率，还要看负载的性质，功率因数过低不利于设备的充分利用。

显然，P、Q、S 满足三角形的边角关系，称为功率三角形。功率三角形与电压三角形、阻抗三角形是相似的三角形，如图 4-5-3 所示。

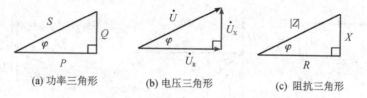

(a) 功率三角形　　　　(b) 电压三角形　　　　(c) 阻抗三角形

图 4-5-3　功率三角形与电压三角形和阻抗三角形

4.5.2　感性负载功率因数的提高

1. 提高功率因数的意义

（1）提高供电设备的利用率。在电力系统中，提供电能的电源设备是按要求的额定电压和额定电流设计的。例如发电机在长期运行时，其电压和电流都不得超过额定值，否则会使发电机的寿命缩短，甚至遭到损坏。所谓发电机的容量，就是额定电压与额定电流之积，它是发电机在安全运行下所能产生的最大功率。显然，只有当所接负载是电阻性负载时，因为 $\cos\varphi=1$，所以发电机送出的平均功率为 $UI\cos\varphi=UI$，正好等于发电机的容量，发电机才能得到充分的利用。当负载是感性（或容性）负载时，因为 $\cos\varphi<1$，所以发电机送出的平均功率要小于该机的容量，发电机得不到充分的利用。显然，功率因数 λ 反映了电源设备被利用的程度，功率因数越大，设备容量利用程度越高，反之则越低。不能充分利用发电机的容量实际上是一种浪费。

（2）减少输电线路的损失。当输出相同的有功功率时，在相同的电压作用下，若负载功率因数较低，由式（4-5-2）可知电流为

$$I=\frac{P}{U\cos\varphi}$$

即输电线上的电流将增大。这不仅加大了电源电流的负担，还会由于输电线电阻的存在，造成大量的能源损耗在输电线上。因此电力部门对用户设备的功率因数有一定的要求，一般要高于 0.8 以上。如果用户的功率因数较低，则需要采取措施来提高功率因数。

2. 提高功率因数的一般方法

既然功率因数的降低是由于电路总电压与总电流的相位差 φ 引起的，那么设法使 φ 趋于 0 就能提高功率因数。

电力系统的负载多数是感性负载，因此一般采用在感性负载上并联电容器的办法，如图 4-5-4(a)所示，这种方式称为并联补偿。从图 4-5-4(b)相量图可见，并联电容前，$\dot{I}=\dot{I}_L$。并联电容后，原感性负载取用的电流、吸收的有功功率和无功功率都不变，即负载的工作状态没有发生变化，但由于电容支路的电流 $\dot{I}_C$ 超前电压 $\dot{U}$ 90°，总电流 $\dot{I}=\dot{I}_L+\dot{I}_C$，故 I 减小，总阻抗角 φ 也减小了，从而提高了功率因数。

从功率这个角度来看，并联 C 前后的功率关系如图 4-5-4(c)所示，电源向负载输送的有功功率 $P=UI_L\cos\varphi_L=UI\cos\varphi$ 不变，感性负载吸收的无功功率不变，但是电源向负载输送的无功功率 $Q=UI\sin\varphi<Q_L=UI_L\sin\varphi_L$ 减少了，减少的这部分无功功率就由电容

器"产生"的无功功率来补偿，从而减少甚至消除感性负载与电源之间原有的能量交换，使功率因数得到改善。

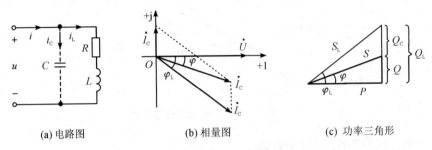

(a) 电路图　　　　(b) 相量图　　　　(c) 功率三角形

图 4-5-4　感性负载与电容并联电路

4.5.3　交流电路功率测量

在交流电路中，测量负载吸收的平均功率的仪表称为功率计(瓦特表)。常用的电动系功率表有两个线圈：一个线圈反映负载电压，即可动线圈；另一个线圈反映负载电流即固定线圈。通常把固定线圈与负载串联，其电流 i_1 为负载电流。可动线圈串联适当的电阻后，跨接在负载两端，故可动线圈中电流的大小取决于负载电压的高低。因此在功率计中，我们常称固定线圈为电流线圈，称可动线圈为电压线圈。指针的偏转角 α 与负载的平均功率成正比，即 $\alpha \infty P$。

由于电流线圈的阻抗很低(理想的为零)，电压线圈的阻抗非常高(理想的为无穷大)，因此功率计接入电路后，并不干扰电路，也不会对功率测量有影响。

功率计的每个线圈有两个端点，其中的一个标有"＊"或"±"等特殊标记。这是因为功率计是电动系仪表，指针偏转方向与两个线圈电流方向有关，因此要规定一个能使指针正向偏转的公共端。

要保证功率计的指针顺时针偏转，电流线圈的"＊"这一端和电压线圈的"＊"这一端都应与电源的"+"极性端相接。如果两个线圈都接反了，则偏转的结果是正确的。但若只有一个反接，另一个不反接，则偏转方向就反了，功率计没有读数。

用功率计测量时，正确的电路连接方式如图 4-5-5(a)和(b)所示。在一般情况下，考虑到电流线圈的功耗比电压线圈支路的功耗小，如果负载电阻较大，可以忽略电流线圈的功耗，这时采用如图 4-5-5(a)所示电压线圈的"＊"这一端接电源的接线方式比较好。在精密测量或仪表本身的功率损耗相对于电源功率不能忽略时，采用如图 4-5-5(b)所示电压线圈的"＊"这一端接负载的方式较好。

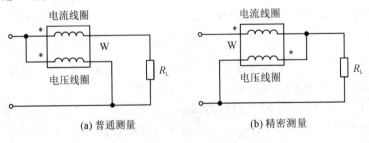

(a) 普通测量　　　　(b) 精密测量

图 4-5-5　功率计与负载相接

4.5.4　电能的测量

计量电能一般用电能表，又称为电度表，俗称火表。电能表按工作原理分类有感应式、电子式、机电式等。图 4-5-1(a)所示为一种最常用的感应式电能表(机械电能表)；随着微电子技术、计算机技术和通信技术的高速发展，出现了高准确度、长寿命且能实现远程自动抄表等多种功能的全电子式电能表(智能电能表)，如图 4-5-1(b)所示。

1. 单相电能表的铭牌

在电能表的铭牌上都有一些字母和数字，在图 4-5-1(a)所示电能表的面板上，"DD17"表示电能表的型号，其中"DD"表示单相电能表，数字"17"为设计序号。DD 系列的电能表就可以满足家庭使用。"220 V、50 Hz"是电能表的额定电压和工作频率；"5(10)A"是电能表的标定电流值和最大电流值，标定电流值表示电能表计量电能时的标准计量电流，最大电流是指电能表长期工作在误差范围内所允许通过的最大电流。"1200 Revs/kWh"表示电能表的铝制圆盘每转 1200 转时计量 1 千瓦时(即 1 度电)。

在图 4-5-1(b)所示智能电能表的面板上，"GB/T 17215.321-2008"表示该电能表执行的国家标准。"DL/T645-2007"表示该电能表使用的通信协议软件。"RXD"为接收数据指示，"TXD"为发送数据指示。"220 V 50 Hz"是电能表的额定电压和工作频率；"20(80)A"是电能表的标定电流值和最大电流值。"1200 imp/kWh"是指 1 度电有 1200 个计量脉冲，在有些有指示灯的电子式电能表中，指示灯闪烁一次就表示 1 个脉冲。

2. 单相电能表的读数

如图 4-5-1(a)所示，表示该用户已用电量为 6.0 kW·h，即已用了 6 度电；如图 4-5-1(b)所示，表示该用户已用电量为 4567.89 kW·h，即已用了 4567.89 度电。

练习与思考

4-5-1　电路的有功功率就是有用功率，无功功率就是无用功率吗？它们与视在功率之间存在什么关系？

4-5-2　功率因数是什么？它与哪些因素有关？

4-5-3　在感性负载电路中，并联电容减小了阻抗角，提高了功率因数。那么，串联一个电容是否可以？

4-5-4　既然功率因数越大效率越高，那么 $\cos\varphi$ 提高到 1 是否最好呢？

4-5-5　某一负载接到正弦电源上，试求在下列各种情况下，电路的功率因数及有功功率。

(1) 电压有效值 $U=220$ V，电流有效值 $I=5$ A，电流滞后电压 $30°$；

(2) 电压有效值 $U=220$ V，阻抗的值为 100 Ω，阻抗角 $\varphi=45°$；

(3) 感性负载的电阻 $R=40$ Ω，感抗 $X_L=20$ Ω，电流有效值 $I=5$ A。

4-5-6　一台功率为 1.1 kW 的电动机，接在电压为 220 V 的工频电源上，工作电流为 10 A，试求：

(1) 电动机的功率因数；

(2) 在电动机两端并联一只 $C=91$ μF 的电容，整个电路的功率因数。

4.6 变 压 器

观察与思考

变压器是在电力传输、配电和电子线路中有广泛应用的电气设备。

在我国，工业用电为 380 V/50 Hz，居民用电为 220 V/50 Hz；高铁、动车使用的电力为 25 kV/50 Hz；而在电路实验中，所加的电压都小于 36 V。那么，电压的升高和降低是如何实现的呢？这就需要利用变压器来实现。

变压器的种类很多，按输入/输出相数，有单相变压器和三相变压器之分；按工作电压的高低又有高压变压器和普通低压变压器之分；按工作电压的频率有高频变压器和工频变压器之分。除此之外还有一些特殊的变压器，如自耦调压器、互感器等。本节仅简要介绍单相变压器的基本原理。

1. 变压器的结构

变压器由绕组和铁芯或磁芯构成，若变压器线圈的内芯为非铁磁材料，称为空心变压器。绕组材料主要有截面为圆形的绝缘漆包线和截面为矩形的玻璃丝绝缘线等形式，铁芯材料按工作频率不同有用于工频电压变换的硅钢片和用于高频电压变换的铁氧体等。我国采用 50 Hz 电网供电标准(美国等采用 60 Hz)，变压器铁芯的材料常用 0.35～0.5 mm 厚的硅钢片叠成；某些使用 400 Hz 的特种电源变压器，则用 0.2 mm 厚的硅钢片叠成；对于工作于几千赫以上更高频率的电源变压器多采用铁氧体铁芯。近些年开发成功的非晶态铁芯变压器，具有和硅钢类似的高导磁率且工作频率范围宽等特点，不但可用于工频电压变换，而且至几百千赫以内的电源电压变换都可使用，已在开关电源中获得广泛应用。

变压器有初级(一次、输入)绕组和次级(二次、输出)绕组，初级绕组和电源相连接，次级绕组和负载相连接。变压器可用于升压或降压，接高电压绕组的称为高压绕组，接低电压绕组的称为低压绕组，从电场分布和绝缘结构的合理性出发，高压绕组均在外侧。图 4-6-1(a)和图 4-6-1(b)分别为心式和壳式两种单相铁芯变压器的结构示意图。

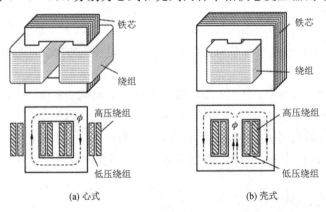

(a) 心式   (b) 壳式

图 4-6-1 单相铁芯变压器的结构

单相变压器的图形符号如图 4－6－2 所示，符号中带"·"的一端称为同名端(有时可不注明)。由电磁感应原理可知，变压器绕组电压的极性与绕组的绕向有关，在同名端初、次级线圈的瞬间极性相同。

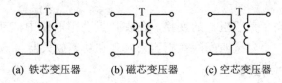

(a) 铁芯变压器　　　(b) 磁芯变压器　　　(c) 空芯变压器

图 4－6－2　单相变压器的图形符号

2. 变压器的工作原理

变压器是利用电磁感应原理，从一个电路向另一个电路传递能量或信号的装置，其工作原理示意图如图 4－6－3 所示。初级绕组(也称为原边线圈)的匝数为 N_1，次级绕组(也称为副边线圈)的匝数为 N_2。当给初级线圈外加交流电压 u_1 时，流过初级绕组的电流为 i_1，i_1 在铁芯中会产生交变的磁通 ϕ。铁芯不仅为磁通提供磁回路，以减少磁漏损耗，还可增强磁通量，即增强磁路中的磁场强度。磁通 ϕ 使次级线圈产生电流 i_2，在负载上形成输出电压 u_2。

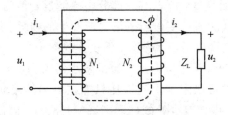

图 4－6－3　变压器的工作原理示意图

在不考虑损耗的情况下，根据理论分析可以得出以下结论：

(1) 初、次级电压关系。初、次级绕组的端电压之比为

$$\frac{U_1}{U_2} = \frac{N_1}{N_2} = n \tag{4-6-1}$$

式中，n 称为变压器的匝数比，也称为变压比。由式(4－6－1)可知，当电源有效值电压 U_1 一定时，改变变压器的匝数比，可以获得不同的输出电压 U_2。

式(4－6－1)的相量形式为

$$\frac{\dot{U}_1}{\dot{U}_2} = \frac{N_1}{N_2} = n \tag{4-6-2}$$

(2) 初、次级电流关系。在忽略变压器传输损耗的情况下，变压器初级功率全部传到变压器的次级上，即

$$U_1 I_1 = U_2 I_2$$

则初、次级绕组的电流之比为

$$\frac{I_1}{I_2} = \frac{U_2}{U_1} = \frac{N_2}{N_1} = \frac{1}{n} \tag{4-6-3}$$

式(4－6－3)的相量形式为

$$\frac{\dot{I}_1}{\dot{I}_2} = \frac{\dot{U}_2}{\dot{U}_1} = \frac{N_2}{N_1} = \frac{1}{n} \tag{4-6-4}$$

（3）阻抗关系。当变压器次级接负载 Z_L 时，从初级绕组看进去的阻抗为

$$Z_1 = \frac{\dot{U}_1}{\dot{I}_1} = \frac{n\dot{U}_2}{\frac{1}{n}\dot{I}_2} = n^2 Z_L \qquad (4-6-5)$$

可见，变压器实现了负载阻抗的变换。在收音机功率电路中，为了使喇叭获得最大的输出功率，经常需要一个阻抗匹配的变压器来实现和功率放大器与扬声器的阻抗匹配。

3. 变压器的损耗与效率

变压器的损耗主要有线圈损耗（简称铜损）和铁芯损耗（简称铁损）。其中，铁芯损耗包括磁滞损耗和涡流损耗。

线圈损耗：实际的初级线圈和次级线圈都有内阻，当电流流过线圈时，线圈内阻消耗的能量称为线圈损耗。根据线圈的工作电流合理选择线圈的线径，则可保证线圈损耗控制在允许的范围内，不使线圈由于损耗发热而温度过高。

磁滞损耗：是指铁磁体在反复磁化过程中因磁滞现象而消耗的能量。磁滞指铁磁材料的磁性状态变化时，磁化强度滞后于磁场强度的现象。在铁磁材料磁化的过程中，因为铁磁体的磁化强度滞后于磁场强度，所以有一部分电磁能量转换为热能被消耗。

涡流损耗：由变压器铁芯通过变压器磁场时所产生的损耗。如图 4-6-4 所示，当线圈中通有交流电时，将产生交变磁链 ψ，磁链 ψ 不仅在线圈中要产生感应电动势，而且在铁芯的横截面上也会有感应电动势和感应电流。为了减小涡流损耗，在顺磁场方向铁芯可由彼此绝缘的硅钢片叠成，这样可以限制涡流损耗只能在较小的截面内流通，以增大电阻，减小涡流；另外，由于硅钢片中含有少量的硅（0.8%～4.8%），因而电阻率较大，也有助于减小涡流。

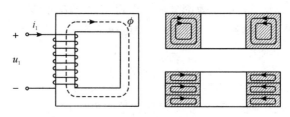

图 4-6-4　铁芯中的涡流示意图

涡流有有害的一面，但在有些场合也可利用涡流发挥正面的作用，例如利用涡流的热效应冶炼金属，电磁炉利用涡流加热等。

由于实际变压器在传递能量的过程中存在损耗，因此变压器次级输出的功率 $P_2 = U_2 I_2$ 小于初级输入的功率 $P_1 = U_1 I_1$。变压器的效率定义为

$$\eta = \frac{P_2}{P_1} \times 100\% \qquad (4-6-6)$$

变压器的功率损耗很小，效率很高，通常可达 95% 以上。所以中小功率变压器通常为自然冷却，大功率变压器有风冷和油冷等冷却措施。

4. 变压器的外特性

变压器在运行时，输出电压 U_2 会随负载电流 I_2 的增大而变化：空载时，若输入电压 U_1 不变，则输出电压 $U_2 = U_{20}$ 也不变；变压器加上负载后，随着 I_2 的增大，I_2 在次级绕组内部

的阻抗压降也会增大，使 U_2 随之发生变化；另一方面，由于初级绕组电流 I_1 会随 I_2 的增大而增大，因此当 I_2 增大时，I_1 在初级绕组内部的阻抗压降也会增大，从而使 U_2 发生变化。

当输入电压 U_1 和负载的功率因数 $\cos\varphi_2$ 一定时，次级绕组电压 U_2 与负载电流 I_2 的关系称为变压器的外特性。如图 4-6-5 所示，负载为电阻性和电感性时，U_2 将随着 I_2 的增大而下降；负载为电容性时，U_2 将随着 I_2 的增大而上升。这表明负载的功率因数对变压器外特性的影响是很大的。

通常希望电压 U_2 随着负载的变动越小越好。从空载到额定负载（额定电流为 I_{2N}），U_2 的变化程度用电压变化率来表示。一般情况下，电压的变化率约为 5%。

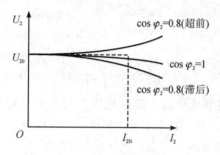

图 4-6-5 变压器的外特性曲线

5. 变压器的额定值

变压器的额定值是变压器正确使用必不可少的物理量。主要有：

(1) 额定输出功率 S_N：规定了变压器的输出容量，一般指视在功率 S。铭牌规定了在额定使用条件下所输出的视在功率。

(2) 原边额定电压 U_{1N}：在额定运行情况下，变压器原边应外加的电压。

(3) 副边额定电压 U_{2N}：原边加上额定电压时副边的空载电压。

(4) 原边额定电流 I_{1N}：变压器额定容量下原边绕组允许长期通过的电流。

(5) 副边额定电流 I_{2N}：变压器额定容量下副边绕组允许长期通过的电流。

(6) 额定频率 f：额定运行时变压器原边外加交流电压的频率。超过或低于额定频率时，变压器都不能保证有规定的功率输出能力。例如，工频工作的变压器若通过高频交流电，由于涡流损耗将会使温升显著增加。

除此之外，还有额定效率、温升等额定值。

例 4.6.1 变压器电路如图 4-6-6(a) 所示，已知信号源 $u_s = 10\sin \omega t$ V，信号源内阻 $R_s = 10\ \Omega$，理想变压器的匝数比 $n = 0.3$，负载 $R_L = 1\ \text{k}\Omega$，试求 i_1、u_2 及负载获得的功率 P_L。

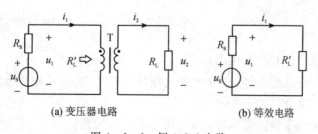

(a) 变压器电路   (b) 等效电路

图 4-6-6 例 4.6.1 电路

解 变压器具有阻抗变换作用，根据式(4-6-5)可知，从初级看进去的等效电阻为

$$R_L' = n^2 R_L = 0.3^3 \times 1 \text{ k}\Omega = 90 \ \Omega$$

则图4-6-6(a)电路的等效电路如图4-6-6(b)所示。

变压器初级的电压 u_1 和电流 i_1 以及次级电压 u_2 分别为

$$u_1 = \frac{R_L'}{R_s + R_L'} u_s = \frac{90 \ \Omega}{10 \ \Omega + 90 \ \Omega} \times 10\sin\omega t \text{ V} = 9\sin\omega t \text{ V}$$

$$i_1 = \frac{u_s}{R_s + R_L'} = \frac{10\sin\omega t \text{ V}}{10 \ \Omega + 90 \ \Omega} = 0.1\sin\omega t \text{ A}$$

$$u_2 = \frac{u_1}{n} = \frac{9\sin\omega t \text{ V}}{0.3} = 30\sin\omega t \text{ V}$$

负载获得的功率为

$$P_L = \frac{U_{2m}^2}{2R_L} = \frac{30^2 \text{ V}}{2 \times 1 \text{ k}\Omega} = 450 \text{ mW}$$

例4.6.2 某收音机音频功率放大器的输出端可等效为电压源 u_s 与内阻 R_s 的串联，实际负载为 $R_L = 8 \ \Omega$ 的扬声器，如图4-6-7所示。为使扬声器获得最大输出功率，采用变压器进行阻抗匹配。已知 $R_s = 128 \ \Omega$，变压器次级绕组为150匝，若忽略变压器的损耗，试求变压器初级绕组的匝数。

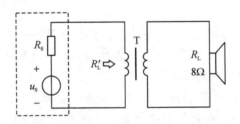

图4-6-7 例4.6.2电路

解 由最大功率传输定理可知，当从初级绕组看进去的等效电阻 $R_L' = R_s$ 时，扬声器可获得最大功率。根据式(4-6-5)得

$$R_L' = n^2 R_L$$

则

$$n = \sqrt{\frac{R_L'}{R_L}} = \sqrt{\frac{R_s}{R_L}} = \sqrt{\frac{128 \ \Omega}{8 \ \Omega}} = 4$$

由式(4-6-1)得，变压器初级绕组的匝数为

$$N_1 = nN_2 = 4 \times 150 = 600$$

练习与思考

4-6-1 理想变压有哪些作用？

4-6-2 有一空载变压器，原边加额定电压220 V，并测得原边绕组电阻为10 Ω，试问原边电流是否为22 A？

4-6-3 关于变压器的变压比，下列说法中正确的是（ ）。

A. 与初、次级线圈的匝数比成正比，也与初、次级线圈的电流成正比

B. 与初、次级线圈的匝数比成正比，也与初、次级线圈的电流成反比

C. 与初、次级线圈的匝数比成反比，也与初、次级线圈的电流成正比

D. 与初、次级线圈的匝数比成反比，也与初、次级线圈的电流成反比

4-6-4 在图4-6-3所示变压器电路中，若负载 Z_L 短路，试分析变压器会出现什么状况？

4-6-5 某理想变压器的初、次级绕组匝数分别为 $N_1=2000$、$N_2=200$，次级绕组接负载为 $R_L=10\,\Omega$。若初级绕组电流的有效值 $I_1=10\,\mathrm{mA}$，试求：初级绕组的等效电阻 R'_L 和电压的有效值 U_1，以及负载获得的功率 P_L。

4.7 技 能 训 练

4.7.1 正弦交流电的测量

1. 实验目的

（1）加深对正弦交流电的理解；

（2）掌握示波器和信号发生器的基本使用方法；

（3）学会用万用表测量交流电压。

2. 实验内容

（1）测量正弦交流电的周期与频率；

（2）测量正弦交流电压的峰-峰值；

（3）测量正弦交流电压的有效值。

3. 实验器材

双踪示波器、信号发生器、数字式万用表。

4. 注意事项

（1）示波器、信号发生器连接时要注意公共地线应连接在一起。

（2）示波器探头带有衰减开关，将衰减开关置于"×1"位置；若启用了"×10"衰减，测量结果应乘以10。

（3）用数字式万用表测量前，先调整功能旋钮至交流电压挡合适的挡位。

5. 实验电路

信号发生器、示波器、数字式万用表的连接如图4-7-1所示。

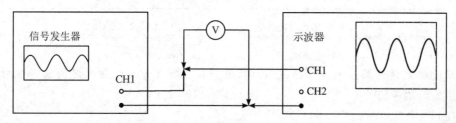

图4-7-1 技能训练4.7.1电路连接图

167

6. 实验步骤

(1) 观察正弦交流电的波形。用信号发生器产生频率为 100 Hz、幅度为 1 V 的正弦波信号，由"CH1"路输出，并接入示波器的"CH1"路。观察正弦波的波形，并调整示波器，使波形有合适的显示。

(2) 测量正弦交流电的周期。记录示波器"TIME/DIV"所处的挡位、正弦波一个周期所占格数，并计算周期、频率以及误差。将测量结果和计算结果填入表 4-7-1 中。

改变信号发生器的频率，用测量周期、频率和误差，将测量结果和计算结果填入表 4-7-1 中。

表 4-7-1　正弦波周期与频率的测算结果

信号发生器	示　波　器				误差
f/kHz	TIME/DIV	一个周期所占格数	测量周期/ms	计算频率/kHz	
0.1					
1					
2					
5					
10					

(3) 测量正弦交流电的电压。用信号发生器产生幅度为 1 V、不同频率的正弦波信号，记录示波器"VOLTS/DIV"所处的挡位、正弦波峰-峰值所占格数，并计算电压有效值。将测量结果和计算结果填入表 4-7-2 中。

(4) 用万用表测量正弦交流电的电压。用数字式万用表交流电压挡测量上述不同频率的电压，并比较用示波器和万用表测量结果的差别。将测量结果填入表 4-7-2 中。

表 4-7-2　正弦波电压的测算结果

信号发生器	示　波　器				万用表	误差
f/kHz	VOLTS/DIV	峰-峰间占格数	测量 U_{p-p}/V	计算 U/V	测量 U/V	
0.1						
1						
10						
100						
1000						

> **提示**
>
> 示波器是通过屏幕上显示的波形，根据垂直灵敏度开关和扫描时间选择钮所处的挡位来进行测量的。
>
> (1) 信号周期的测量：
>
> $$T = 水平方向格数 \times 每格时间值$$

式中，每格时间值即为扫描时间选择钮"TIME/DIV"所处的挡位，单位为 $\mu s/DIV$ 或 ms/DIV 等。如图 4-7-2 所示，若扫描时间开关置于"2.5 ms/DIV"，从屏幕上读出 A、B（或 C、D）两点间一个周期波形所占格数为 4 格(DIV)，则所测信号的周期和频率分别为

$$T = 4DIV \times 2.5 \text{ ms/DIV} = 10 \text{ ms}$$

$$f = 1/T = 1/(10 \text{ ms}) = 100 \text{ Hz}$$

（2）信号电压的测量：

$U_{p-p} = 垂直方向格数 \times 每格电压值$

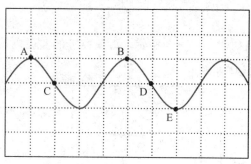

图 4-7-2　正弦信号波形的测量

式中，每格电压值即为垂直灵敏度开关"VOLTS/DIV"所处的挡位，单位为 mV/DIV 或 V/DIV。如图 4-7-2 所示，若垂直灵敏度开关置于"1V/DIV"，从屏幕上读出 B、E 两点间波形所占格数为 2 格，则所测信号的电压峰-峰值、幅值、有效值分别为

$$U_{p-p} = 2DIV \times 1V/DIV = 2 \text{ V}$$

$$U_m = \frac{U_{p-p}}{2} = \frac{2V}{2} = 1 \text{ V}$$

$$U = \frac{U_{p-p}}{2\sqrt{2}} = \frac{U_m}{2\sqrt{2}} = \frac{1V}{\sqrt{2}} = 0.707 \text{ V}$$

7. 总结与思考

（1）整理实验数据，撰写实验报告。

（2）用数字式万用表交流电压挡测量的交流电压是什么值？

（3）比较用示波器和万用表测量不同频率电压的结果，有什么现象？

4.7.2　感抗和容抗的测量

1. 实验目的

（1）进一步熟悉用示波器测量正弦信号的周期和峰-峰值的方法，并会根据测量数据计算频率、有效值和相位差等参数；

（2）理解感抗、容抗与频率的关系；

（3）理解感性、容性电路中电压与电流的相位关系。

2. 实验内容

（1）测量感抗和容抗；

（2）测量感性和容性电路电压与电流的相位关系。

3. 实验器材

双踪示波器，信号发生器，高频毫伏表，电阻：100 Ω，电容：1 μF，电感：10 mH。

4. 注意事项

（1）示波器、信号发生器连接时，要注意应将公共地线连接在一起。

（2）示波器探头带有衰减开关，将衰减开关置于"×1"位置；若启用了"×10"衰减，测量结果应乘以 10。

5. 实验电路

测量感抗的实验电路如图 4-7-3 所示。测量容抗的实验电路，将电路图中的电容 C 置换成电感 L 即可。

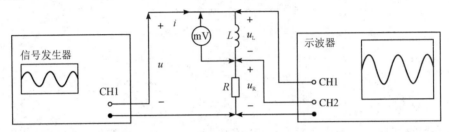

图 4-7-3　技能训练 4.7.2 电路

6. 实验步骤

1）测量感抗与频率的关系

（1）按图 4-7-3 连接电路（先不接示波器 CH1 路）。

（2）用信号发生器产生幅度为 2.828 V、不同频率的正弦波信号。

用高频毫伏表测量电感 L 两端的电压 U_L，用示波器测量电阻 R 两端电压的峰-峰值 $U_{Rp\text{-}p}$。

（3）计算电路的电流 I 和电感的感抗 X_L，将测量结果和计算结果填入表 4-7-3 中，并比较测量结果和理论计算结果的误差。

表 4-7-3　感抗的测算结果

f/kHz	测量结果和计算结果			理论计算		误差
	$U_{Rp\text{-}p}$/V	$I=\dfrac{U_{Rp\text{-}p}}{2\sqrt{2}R}$/mA	U_L/V	$X_L=\dfrac{U_L}{I}$/Ω	$X_L=2\pi fL$/Ω	
0.2					13	
0.5					31	
1					63	
5					314	
10					628	
15					943	
20					1257	

（4）根据测量结果，在图 4-7-4 中画出感抗与频率的关系曲线。

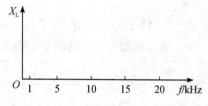

图 4-7-4　感抗与频率的关系曲线

2）测量感性电路电压与电流的相位关系

（1）按图 4-7-3 所示电路连接示波器，若撤去高频毫伏表，则 CH1 路为信号源电压 u；CH2 路为电阻 R 的电压 u_R，即电流 i 与 u_R 相位相同。若信号源输出电压的相位为 0，即 $\varphi_u = 0$，以电压 u 为参考，由图 4-7-5 所示的相量图可知，电路 u 与 i 的相位差为 φ。

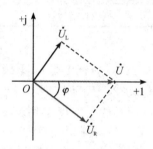

图 4-7-5　感性电路电压相量图

提示

　　相位差的测量：

$$\varphi = \varphi_1 - \varphi_2 = \frac{\Delta t \text{ 的格数}}{T \text{ 的格数}} \times 360°$$

式中，Δt 为两同频电压信号的时间差。如图 4-7-6 所示，从屏幕上读出 A、B 两点间的时间差 Δt 为 0.6 格，A、C 两点间 1 个周期波形所占格数为 4 格，则两电压的相位差为

$$\varphi = \varphi_1 - \varphi_2 = \frac{0.6 \text{ DIV}}{4 \text{ DIV}} \times 360° = 54°$$

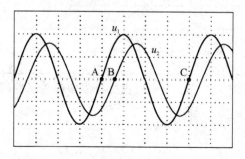

图 4-7-6　相位差的测量

（2）用信号发生器产生幅度为 2.828 V、不同频率的正弦波信号。

（3）测量 u 与 u_R 的时间差 Δt。

（4）计算 u 与 i 的相位差 φ。将测量结果和计算结果填入表 4-7-4 中。

表 4-7-4　感性电路电压、电流相位差测算结果

f/kHz	$\Delta t/\mathrm{DIV}$	T/DIV	φ
1			
5			
10			
15			
20			
100			
1000			

3）测量容抗与频率的关系

（1）在图 4-7-3 电路中，用电容 C 置换电感 L（不接示波器）。

（2）用信号发生器产生幅度为 2.828 V、不同频率的正弦波信号。

（3）用高频毫伏表测量电容 C 两端的电压 U_C，用示波器测量电阻 R 两端电压的峰-峰值 $U_{Rp\text{-}p}$。

（4）计算电路的电流 I 和电容的容抗 X_C，将测量结果和计算结果填入表 4-7-5 中，并比较测量结果和理论计算结果的误差。

表 4-7-5　容抗的测算结果

f/kHz	测量和计算结果				理论计算	误差
	$U_{Rp\text{-}p}/\mathrm{V}$	$I=\dfrac{U_{Rp\text{-}p}}{2\sqrt{2}R}/\mathrm{mA}$	U_C/V	$X_C=\dfrac{U_C}{I}/\Omega$	$X_C=\dfrac{1}{2\pi fC}/\Omega$	
0.1					1592	
0.2					796	
0.5					318	
1					159	
5					32	
10					16	
15					10	

（5）根据测量结果在图 4-7-7 中画出容抗与频率的关系曲线。

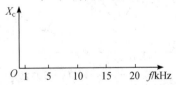

图 4-7-7　容抗与频率的关系曲线

4）测量容性电路电压与电流的相位关系

（1）按图 4-7-3 所示连接示波器，并撤去高频毫伏表，则 CH1 路为信号源电压 u；CH2 路为电阻 R 的电压 u_R，即电流 i 与 u_R 相位相同。若信号源输出电压的相位为 0，即 $\varphi_u = 0$，以电压 u 为参考，由图 4-7-8 所示的相量图可知，电路 u 与 i 的相位差为 φ。

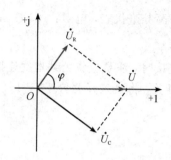

图 4-7-8　容性电路电压相量图

（2）用信号发生器产生幅度为 2.828 V、不同频率的正弦波信号。

（3）测量 u 与 u_R 的时间差 Δt。

（4）计算 u 与 i 的相位差 φ。将测量结果和计算结果填入表 4-7-6 中。

表 4-7-6　容性电路电压、电流相位差测算结果

f/kHz	Δt/DIV	T/DIV	φ
0.05			
0.1			
0.2			
0.5			
1			
5			
10			

7. 总结与思考

（1）整理实验数据，撰写实验报告。

（2）随着频率 f 的增大，电感的感抗 X_L 和电容的容抗 X_C 将如何变化？

（3）示波器可以直接测量电流吗？电路中电流的相位可以用哪个元件上的电压体现？

（4）尝试用 Excel 绘制感抗、容抗与频率的关系曲线。

4.7.3　阻抗的测量

1. 实验目的

（1）理解含电抗元件电路各电压有效值的关系；

（2）理解阻抗的模与电压、电流有效值的关系；

（3）理解 RLC 串联电路的性质与工作频率有关。

2．实验内容

(1) 测量含电抗元件电路的阻抗；

(2) 根据电压与电流的相位关系判断电路的性质。

3．实验器材

双踪示波器，信号发生器，高频毫伏表，电阻：100 Ω，电容：0.1 μF，电感：10 mH。

4．注意事项

(1) 示波器、信号发生器连接时，注意应将公共地线连接在一起。

(2) 示波器探头带有衰减开关，将衰减开关置于"×1"位置；若启用了"×10"衰减，测量结果应乘以 10。

5．实验电路

实验电路如图 4-7-9 所示。

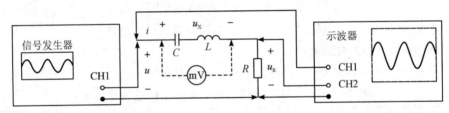

图 4-7-9 技能训练 4.7.3 电路

6．实验步骤

1) 测量阻抗

(1) 按图 4-7-9 连接电路。

(2) 用信号发生器产生幅度为 $U_m = 1.414$ V、不同频率的正弦波信号。

(3) 用高频毫伏表测量电感 L 和电容 C 两端电压 U_X，用示波器 CH2 路测量电阻 R 两端电压的峰-峰值 $U_{Rp\text{-}p}$。

(4) 计算电路的电流 I、电抗 X 和 RLC 串联电路阻抗的模 $|Z|$，将测量结果和计算结果填入表 4-7-7 中，并比较测量结果和理论计算结果的误差。

表 4-7-7 阻抗测算结果

		f/kHz	2	5.033	10
测算电压	测量	$U_{p\text{-}p}/\text{V}$			
		$U_{Rp\text{-}p}/\text{V}$			
		U_X/V			
	有效值计算	$U = \dfrac{U_{p\text{-}p}}{2\sqrt{2}}/\text{V}$			
		$U_R = \dfrac{U_{Rp\text{-}p}}{2\sqrt{2}}/\text{V}$			
		$U_R + U_X/\text{V}$			

续表

		f/kHz	2	5.033	10
测算阻抗	测算结果	$I=\dfrac{U_{\text{Rp-p}}}{2\sqrt{2}R}/\text{mA}$			
		$X=\dfrac{U_{\text{X}}}{I}/\Omega$			
		$\mid Z\mid=\dfrac{U}{I}/\Omega$			
	理论计算	$\mid Z\mid/\Omega$	678	100	480
	误差				
电路性质	测量	$\Delta t/\text{DIV}$			
		T/DIV			
	测算结果	φ			
	理论计算	φ	$-81.5°$	0	$78.0°$
	误差				
	电路性质				

2）判断电路性质

（1）观察 u 与 u_{R} 的波形，判断哪个电压超前。

（2）测量 u 与 $u_{\text{R}}(i)$ 的相位差 φ，将测量结果和计算结果填入表 4 – 7 – 7 中。其中

$$\varphi=\varphi_u-\varphi_i=\frac{\Delta t \text{ 的格数}}{T \text{ 的格数}}\times360°$$

（3）结合图 4 – 4 – 6 判断电路的性质。

7. 总结与思考

（1）整理实验数据，撰写实验报告。

（2）总电压的有效值 $U=U_{\text{R}}+U_{\text{X}}$ 吗？

（3）电路在什么情况下呈感性、容性和阻性？

（4）尝试用 Excel 表格计算各种数据。

4.7.4　小信号交流功率的测量

1. 实验目的

（1）理解电压的幅值、有效值与功率的关系；

*（2）了解有功功率、无功功率、视在功率之间的关系；

*（3）了解提高功率因数的方法。

2. 实验内容

（1）测量电阻元件消耗的功率；

*（2）测量感性负载的有功功率、视在功率和功率因数。

*（3）对感性负载进行并联补偿后，测试电路的有功功率、视在功率和功率因数。

3. 实验器材

双踪示波器，信号发生器，数字式万用表，电阻：100 Ω×2，电容：100 μF，电感：10 mH。

4. 注意事项

本实验方法不能用于高电压、大功率的测量。

5. 实验步骤

1）电阻元件消耗功率的测量

（1）实验电路。按图 4-7-10 连接电路。

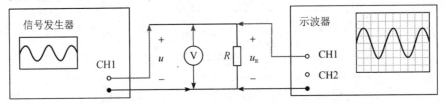

图 4-7-10　技能训练 4.7.4 电路——测量电阻元件消耗的功率

（2）用信号发生器产生幅度为 $U_m=1.414$ V、频率 $f=200$ Hz 的正弦波信号。

（3）用数字式万用表的交流电压挡测量电阻 R 两端的电压 U，用双踪示波器测量电阻 R 两端电压的峰-峰值 $U_{Rp\text{-}p}$。

（4）计算电阻 R 消耗的功率 P，将测量结果和计算结果填入表 4-7-8 中，并比较测算结果。

表 4-7-8　电阻消耗功率的测算结果

	U/V	P/mW
信号发生器 U_m		$P=\dfrac{U_m^2}{2R}=$
数字式万用表 U		$P=\dfrac{U^2}{R}=$
示波器 $U_{Rp\text{-}p}$		$P=\dfrac{U_{Rp\text{-}p}^2}{8R}=$

*2）感性负载功率的测量

（1）实验电路。按图 4-7-11 连接电路，将开关 S 断开。

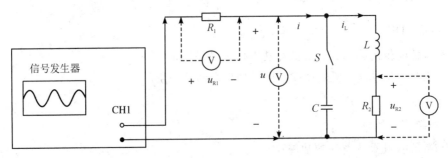

图 4-7-11　技能训练 4.7.4 电路——测量感性负载消耗的功率

（2）用信号发生器产生频率 $f=200$ Hz 的正弦波信号，用数字式万用表的交流电压挡

测量 R_2 两端的电压 U_{R2}，调整输出电压的幅度，使 $U_{R2}=1\text{ V}$。

（3）用数字式万用表的交流电压挡分别测量电阻 R_1 和 LR_2 两端的电压 U_{R1} 和 U。

（4）计算电路的输入功率 S（视在功率），电阻 R_2 消耗的功率 P_R（有功功率）和功率因数 λ。将测量结果和计算结果填入表 4-7-9 中。

（5）将开关 S 闭合。用数字式万用表的交流电压挡测量电压 U_{R2}，调整信号发生器输出电压的幅度，使 $U_{R2}=1\text{ V}$。

（6）用数字式万用表的交流电压挡分别测量电压 U_{R1} 和 U。

（7）计算电路的输入功率 S（视在功率）、电阻 R_2 消耗的功率 P_R（有功功率）和功率因数 λ。将测量结果和计算结果填入表 4-7-9 中。

表 4-7-9　感性负载功率的测算结果

	测量结果			测算结果				
	U/V	U_{R1}/V	U_{R2}/V	$I=\dfrac{U_{R1}}{R_1}$ /mA	$I_L=\dfrac{U_{R2}}{R_2}$ /mA	$S=UI$ /mW	$P_R=U_{R2}I_L$ /mW	$\lambda=\dfrac{P_R}{S}$
S 断开			1					
S 闭合			1					

6. 总结与思考

（1）整理实验数据，撰写实验报告。

（2）说明电压的幅值与有效值的关系，以及幅值、有效值与功率的关系。

*（3）在感性负载电路中，视在功率是否等于有功功率？当并联合适的补偿电容后，在有功功率相同的情况下，视在功率如何变化？

本 章 小 结

1. 正弦交流电的基本概念

正弦交流电是大小、方向随时间按正弦规律周期性变化的电压和电流的总称。

当振幅、频率（角频率）和初相位确定时，正弦量就确定，故将它们称为正弦量的三要素。

只有两个相同频率的正弦量才能比较相位差，两个相同频率正弦量的初相位之差称为相位差。

正弦量一般可用解析式、波形图、相量和相量图方法表示。

同频率正弦量相加减仍为同频率正弦量。

2. 基尔霍夫定律的相量形式

KCL：任一节点的各支路电流相量的代数和等于零，即 $\sum \dot{I}=0$。

KVL：对任一回路，沿任一绕行方向，各电压相量的代数和等于零，即 $\sum \dot{U}=0$。

3. 电路的阻抗

（1）无源二端网络的阻抗 Z 为端口的电压比电流，即 $Z=\dfrac{\dot{U}}{\dot{I}}$。

（2）无源二端网络的阻抗 Z 可以等效为电阻 R 与电抗 jX 的串联，即

$$Z = R + jX = \sqrt{R^2 + X^2} \angle \arctan \frac{X}{R} = |Z| \angle \varphi$$

式中，R、X 为等效电阻和等效电抗；$|Z|$ 为阻抗的模（有时用 z 表示）；φ 为阻抗角，即端口的电压与电流的相位差。

（3）电路的性质由电路参数和工作频率共同决定：

① 当 $X = 0$，即 $\varphi = 0$ 时，端口的电压与电流同相，电路呈阻性；

② 当 $X > 0$，即 $\varphi > 0$ 时，端口的电压超前电流 $\varphi°$，电路呈感性；

③ 当 $X < 0$，即 $\varphi < 0$ 时，端口的电压滞后电流 $|\varphi|°$，电路呈容性。

（4）导纳是阻抗的倒数，即 $Y = \dfrac{1}{Z}$。

4. 单一元件正弦交流电路的基本特点

电阻电路：u 与 i 同相，阻抗 $Z = R$。

电感电路：u 超前 $90°$，感抗 $X_L = \omega L$，阻抗 $Z = jX_L = j\omega L$。

电容电路：i 超前 $90°$，容抗 $X_C = \dfrac{1}{\omega C}$，阻抗 $Z = -jX_C = \dfrac{1}{j\omega C}$。

5. *RLC* 电路的基本特点

谐振频率：$\omega_0 = \dfrac{1}{\sqrt{LC}}$ 或 $f_0 = \dfrac{1}{2\pi\sqrt{LC}}$

1）*RLC* 串联电路

阻抗：$Z = R + jX = R + j(X_L - X_C) = R + j\left(\omega L - \dfrac{1}{\omega C}\right)$

阻抗角（电压超前电流的角度）：$\varphi = \arctan \dfrac{X_L - X_C}{R}$

（1）当 $\omega = \omega_0$ 时，有 $\omega L = \dfrac{1}{\omega C}$，$X = 0$，$\varphi = 0$，电路呈纯电阻性，电压与电流同相。

（2）当 $\omega < \omega_0$ 时，有 $\omega L < \dfrac{1}{\omega C}$，$X < 0$，$\varphi < 0$，电路呈电容性，电压滞后电流。

（3）当 $\omega > \omega_0$ 时，有 $\omega L > \dfrac{1}{\omega C}$，$X > 0$，$\varphi > 0$，电路呈电感性，电压超前电流。

2）*RLC* 并联电路

导纳：$Y = G + jB = G + j(B_C - B_L) = G + j\left(\omega C - \dfrac{1}{\omega L}\right)$

导纳角（电流超前电压的角度）：$\varphi = \arctan \dfrac{B_C - B_L}{G}$

（1）当 $\omega = \omega_0$ 时，有 $\omega C = \dfrac{1}{\omega L}$，$B = 0$，$\varphi = 0$，电路呈纯电阻性，电流与电压同相。

（2）当 $\omega < \omega_0$ 时，有 $\omega C < \dfrac{1}{\omega L}$，$B < 0$，$\varphi < 0$，电路呈电感性，电流滞后电压。

（3）当 $\omega > \omega_0$ 时，有 $\omega C > \dfrac{1}{\omega L}$，$B > 0$，$\varphi > 0$，电路呈电容性，电流超前电压。

6. 正弦交流电路的功率

有功功率：电阻元件消耗的功率，$P = UI\cos\varphi$(W)。

无功功率：电抗元件在能量交换时的最大功率，$Q = UI\sin\varphi$(var)。

视在功率：端口的电压有效值与电流有效值之乘积，$S = UI = \sqrt{P^2 + Q^2}$(VA)。

功率因数：$\lambda = \dfrac{P}{S} = \cos\varphi$。

电力系统的负载多数是感性负载，一般采用并联电容器的办法提高功率因数。

7. 变压器的基本特点

(1) 理想的变压器可将变压器初级功率全部传到变压器的次级，即 $P_1 = P_2$。

(2) 变压器初、次级绕组电压与电流的关系为：$\dfrac{I_2}{I_1} = \dfrac{U_1}{U_2} = \dfrac{N_1}{N_2} = n$。

(3) 变压器能够实现阻抗变换：$Z_1 = \dfrac{\dot{U}_1}{\dot{I}_1} = \left(\dfrac{N_1}{N_2}\right)^2 Z_L = n^2 Z_L$。

测试题(4)

4-1　填空题

1. 已知正弦电压 $u = 10\sin(628t - 30°)$V，则该正弦电压的振幅 $U_m = $ ＿＿＿＿＿＿ V，有效值 $U = $ ＿＿＿＿＿＿ V，角频率 $\omega = $ ＿＿＿＿＿＿ rad/s，频率 $f = $ ＿＿＿＿＿＿ Hz，周期 $T = $ ＿＿＿＿＿＿ s，初相位 $\varphi_u = $ ＿＿＿＿＿ °；振幅相量 $\dot{U}_m = $ ＿＿＿＿＿＿ V，有效值相量 $\dot{U} = $ ＿＿＿＿＿＿ V。

2. 某正弦电压的频率 $f = 1000$ Hz，初相位为 30°。当 $t = 0$ 时，$u(0) = 2$ V。该电压的瞬时表达式为 $u(t) = $ ＿＿＿＿＿＿＿＿＿ V。

3. 某电压的表达式为 $u = 10\sin(\omega t + 30°)$V，则其振幅相量 $\dot{U}_m = $ ＿＿＿＿＿＿ V，有效值相量 $\dot{U} = $ ＿＿＿＿＿＿ V。

4. 将 $u = 2\sin(10^6 t + 30°)$V 的电压加在 1 mH 的电感上，感抗 $X_L = $ ＿＿＿＿＿＿ Ω，通过电感的电流幅度 $I_m = $ ＿＿＿＿＿＿ mA，电流 $i = $ ＿＿＿＿＿＿＿＿＿ mA。

5. 将 $u = 2\sin(10^3 t + 30°)$V 的电压加在 1 μF 的电容上，容抗 $X_C = $ ＿＿＿＿＿＿ Ω，通过电感的电流幅度 $I_m = $ ＿＿＿＿＿＿ mA，电流 $i = $ ＿＿＿＿＿＿＿＿＿ mA。

6. 某一负载接在正弦交流电路中，$u = 10\sin(\omega t + 30°)$V，$i = \sin(\omega t + 90°)$mA，则该负载的性质呈＿＿＿＿＿＿性，其等效阻抗值$|Z| = $＿＿＿＿＿＿ kΩ，相位差 $\varphi = $ ＿＿＿＿＿＿ °。

7. 已知无源线性网络两端的电压和电流分别为：$u = 10\sin(\omega t + 20°)$V，$i = 2\sin(\omega t - 10°)$mA，则电路的性质呈＿＿＿＿＿＿性，其等效阻抗值 $|Z| = $ ＿＿＿＿＿＿ kΩ，相位差 $\varphi = $ ＿＿＿＿＿＿ °。

8. RLC 串联电路发生串联谐振的条件是＿＿＿＿＿＿，谐振频率 $f_0 = $ ＿＿＿＿＿＿。

9. 在图 T4-1(a)所示电路中，测得 $U_1 = 6$ V，$U_2 = 8$ V，则总电压 $U = $ ＿＿＿＿＿＿ V；在图 T4-1(b)所示电路中，测得 $U_1 = 4$ V，$U_2 = 3$ V，则总电压 $U = $ ＿＿＿＿＿＿ V。

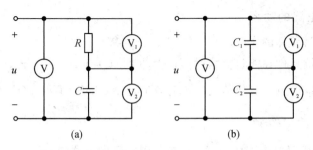

图 T4 - 1

10. RLC 并联电路如图 4 - 4 - 9 所示，发生并联谐振时，电路的等效导纳值 $|Y| =$ _____，等效阻抗值 $|Z| =$ _____。

11. 在 RLC 并联电路中，已知 $R = 100\ \Omega$，$L = 0.1\ mH$，$C = 1\ \mu H$。当发生并联谐振时，电路呈_____性质，阻抗 $Z =$ _____ Ω。

12. 设单口网络端口电压和电流的有效值分别为 U 和 I，相位差为 φ，则单口网络的有功功率 $P =$ _____、单位为_____，无功功率 $Q =$ _____、单位为_____，视在功率 $S =$ _____、单位为_____，功率因数 $\lambda =$ _____、单位为_____。

13. 变压器由_____和_____构成。

14. 若变压器的初级绕组匝数为 N_1，次级绕组的匝数为 N_2，在忽略变压器传输损耗的情况下，变压器初、次级电压 U_1、U_2 与绕组匝数的关系是 $U_1 : U_2 =$ _____；变压器初、次级电流 I_1、I_2 与绕组匝数的关系是 $I_1 : I_2 =$ _____。

15. 变压器损耗主要是_____损耗和_____损耗。

4 - 2 单选题

1. 一只 $1\ k\Omega$ 电阻分别接入 $100\ Hz$ 和 $1000\ Hz$、有效值为 $10\ V$ 的正弦交流电源上，则电流的有效值分别是（ ）。

  A. $1\ A$、$10\ mA$ B. $1\ A$、$1\ A$

  C. $10\ mA$、$10\ mA$ D. $10\ mA$、$1\ A$

2. 已知某电路的 $u = 10\sin(\omega t + 90°)\ V$，$i = \sin(\omega t + 30°)\ mA$，则 u 与 i 的相位关系为（ ）。

  A. 电压超前电流 $60°$ B. 电流超前电压 $60°$

  C. 电压超前电流 $120°$ D. 电流超前电压 $120°$

3. 两个电压分别为 $u_1 = 6\sin(\omega t + 20°)\ V$，$u_2 = 4\sin(2\omega t + 20°)\ V$，则 u_1 与 u_2 的相位关系为（ ）。

  A. 同相 B. u_1 超前 C. u_2 超前 D. 不能比较

4. 将电阻 R 接入正弦交流电，若电阻上的电压 u 与电流 i 为关联参考方向，则下列正确的表达式是（ ）。

  A. $u = iR$ B. $\dot{U} = IR$ C. $U = iR$ D. $U_m = IR$

5. 将电感 L 接入正弦交流电，若电感上的电压 u_L 与电流 i_L 为关联参考方向，则下列正确的表达式是（ ）。

  A. $u_L = i_L X_L$ B. $U_L = jI_L X_L$ C. $\dfrac{U_L}{I_L} = j\omega L$ D. $\dfrac{\dot{U}_L}{\dot{I}_L} = j\omega L$

6. 将电容 C 接入正弦交流电，若电容上的电压 u_C 与电流 i_C 为关联参考方向，则下列正确的表达式是(　　)。

A. $\dfrac{U_C}{I_C}=\omega C$　　　　B. $\dfrac{\dot{U}_C}{\dot{I}_C}=\dfrac{1}{j\omega C}$　　　　C. $\dfrac{U_C}{I_C}=j\dfrac{1}{\omega C}$　　　　D. $\dfrac{u_C}{i_C}=-jX_C$

7. 若某无源二端网络的等效阻抗 $Z=40+j30(\Omega)$，则 $|Z|=($　　$)\Omega$。

A. 50　　　　　　　B. 40　　　　　　　C. 30　　　　　　　D. 10

8. 在 RLC 串联电路中，当发生串联谐振时，电抗 X(　　)。

A. 为 ∞　　　　B. <0　　　　　C. $=0$　　　　　D. >0

9. 在 RLC 并联电路中，当发生并联谐振时，电路呈(　　)性质。

A. 电容　　　　　B. 电阻　　　　　C. 电感　　　　　D. 不确定

10. 在 RLC 并联电路中，当发生并联谐振时，电抗 X(　　)。

A. 为 ∞　　　　B. <0　　　　　C. $=0$　　　　　D. >0

11. 在图 T4-2(a)所示电路中，$I_1=1\ mA$，$I_2=1\ mA$，则电流表 A 的读数为_____ mA；在图 T4-2(b)所示电路中，$I_1=1\ mA$，$I_2=1\ mA$，则电流表 A 的读数为_____ mA。

A. 0　　　　　　B. 1.414　　　　　C. 2　　　　　　D. 以上都不是

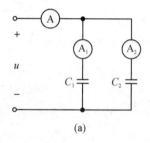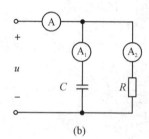

(a)　　　　　　　　　　　　　　(b)

图 T4-2

12. 电网中多为感性负载，为了提高功率因数，一般可在负载(　　)。

A. 中串联电容　　B. 中串联电感　　C. 两端并联电感　　D. 两端并联电容

13. 变压器电路中不能改变的物理量是(　　)。

A. 电压　　　　　B. 电流　　　　　C. 频率　　　　　D. 阻抗

14. 变压器的主要功能有(　　)。

A. 变电压　　　　B. 变电流　　　　C. 变阻抗　　　　D. 以上都是

15. 某变压器的一次绕组为 100 匝，二次绕组为 1200 匝，在一次绕组两端接 10 V 的蓄电池组，则二次绕组的输出电压为(　　)V。

A. 0　　　　　　B. 10　　　　　　C. 12　　　　　　D. 120

16. 变压器的铁芯一般不是整块，而是用硅钢片叠成的，其目的是(　　)。

A. 增加散热面积　B. 减小涡流　　　C. 减小铜损　　　D. 减小铁损

4-3 判断题

1. 某电压瞬时表达式为 $u=10\cos\omega t$ V，说明该电压不是正弦交流电。

2. 某电压瞬时表达式为 $u=10\sin(\omega t+60°)$V，其有效值相量为 $\dot{U}=7.07\angle 60°$ V。

3. 在交流电路中，某回路中有三个元件，它们的电压有效值分别为 U_1、U_2 和 U_3，则这三个有效值也满足 $U_1+U_2+U_3=0$。

4. 在纯电感交流电路中，电压与电流的幅值关系符合欧姆定律，即 $U_m = \omega L I_m$。

5. 在纯电感交流电路中，端电压与电流为关联参考方向，则电压 u 相位超前电流 i 的角度为 90°。

6. 在正弦交流电路中，分电压有效值可能大于总电压有效值。

7. 电容器的阻抗随着频率的增加而增加。

8. 电感器的阻抗随着频率的增加而增加。

9. 在 RLC 串联正弦交流电路中，判断下列各表达式是否正确。

(1) $U = U_R + U_L + U_C$

(2) $U = \sqrt{U_R^2 + U_L^2 + U_C^2}$

(3) $U = I\sqrt{R^2 + \left(\omega L - \dfrac{1}{\omega C}\right)^2}$

(4) $I = \dfrac{U}{|Z|}$

(5) $i = \dfrac{u}{|Z|}$

(6) $\varphi = \arctan\dfrac{U_L - U_C}{U}$

10. 在 RLC 并联正弦交流电路中，判断下列各表述是否正确。

(1) $\dot{I} = \dot{I}_R + \dot{I}_L + \dot{I}_C$

(2) $I = \sqrt{I_R^2 + (I_L - I_C)^2}$

(3) $|Z| = \sqrt{R^2 + (X_C - X_L)^2}$

(4) $f_0 = \dfrac{1}{\sqrt{LC}}$

(5) $\omega > \omega_0$ 时，电路呈电感性

(6) I_L 总是小于 I

11. 用并联补偿电容的方法提高功率因数，补偿前、后负载的有功功率相同。

12. 用并联补偿电容的方法提高功率因数，补偿前、后电源提供的视在功率不变。

13. 有一空载变压器，测得初级绕组电阻为 10 Ω，已知初级加额定电压 220 V，则初级电流为 22 A。

14. 涡流在任何情况下都是有害的。

4-4 计算题

1. 已知电容 $C = 1000$ pF，将电压 $u = 10\sqrt{2}\sin(1000t + 30°)$ V 加在该电容上，试求：

(1) 电压的相量 $\dot{U}$；

(2) 流过电容的电流 i_C 瞬时表达式。

2. 电路如图 T4-3 所示，已知 $u = 10\sqrt{2}\sin(1.5 \times 10^5 t)$ V，$L = 1$ mH，$R = 200$ Ω，试求电流有效值 I 和电感电压有效值 U_L、电阻电压有效值 U_R。

3. 电路如图 T4-4 所示，已知正弦交流电 u 的有效值 $U = 5$ V，$X_C = 400$ Ω，$R = 300$ Ω，试求电流有效值 I 和电容电压有效值 U_C、电阻电压有效值 U_R。

4. 在图 T4-5 所示正弦交流电路中，已知 $R=X_L=X_C=2\,\text{k}\Omega$，电流表 A_3 的读数为 $2\,\text{mA}$，试求：

(1) A_2 和 A_1 的读数各为多少？

(2) 并联等效阻抗 $|Z|$ 为多少？

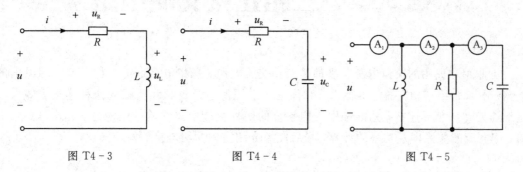

图 T4-3　　　　　图 T4-4　　　　　图 T4-5

5. 在图 T4-6 所示正弦交流电路中，已知电流表 A 的读数为 $5\,\text{mA}$，电流表 A_1 的读数 $4\,\text{mA}$，试求各电路中电流表 A_2 的读数为多少？

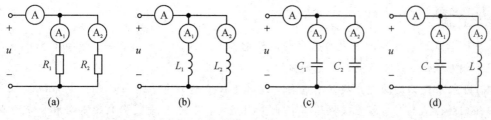

(a)　　　　　(b)　　　　　(c)　　　　　(d)

图 T4-6

6. 在 RLC 串联电路中，已知 $u=2\sqrt{2}\sin(2\pi\times19.3\times10^3t)\,\text{V}$，$R=10\,\Omega$，$C=0.068\,\mu\text{F}$，$L=1\,\text{mH}$。试求 $\dot{I}$、$\dot{U}_R$、$\dot{U}_L$、$\dot{U}_C$。

7. 在 RLC 并联电路中，已知 $u=2\sqrt{2}\sin(10^5t)\,\text{V}$，$R=1\,\text{k}\Omega$，$C=0.1\,\mu\text{F}$，$L=1\,\text{mH}$。试求 $\dot{I}_R$、$\dot{I}_L$、$\dot{I}_C$ 及总电流 $\dot{I}$。

8. 在 RLC 并联电路中，已知 $u=3\sqrt{2}\sin(10^6t)\,\text{V}$，$R=2.5\,\text{k}\Omega$，$C=2200\,\text{pF}$，$L=0.4\,\text{mH}$。试求电路阻抗的模 $|Z|$ 及总电流的有效值 I，并说明电路呈什么性质。

9. 在工频条件下测得某线圈的端口电压、电流和功率分别为 $100\,\text{V}$、$5\,\text{A}$ 和 $300\,\text{W}$，求此线圈的电阻、电感和功率因数。

10. 已知某理想变压器副边电压的有效值为 $10\,\text{V}$，原边接理想的工频电压源，试求变压器的变压比 n。

测试题(4)参考答案

第5章　三相正弦交流电路

工业用和民用的交流电源几乎都是三相交流电源。三相电路是由三相交流电源供电的电路。本章介绍三相交流电的概念、对称三相电压源以及电源和负载的两种连接方式——星形连接和三角形连接，分析对称三相系统的四种可能电路结构的线电压、相电压、线电流、相电流的关系以及功率的计算，最后简单介绍室内照明电路的安装知识。

5.1　三相交流电的基本概念

观察与思考

有同学在农村发现灌溉农田的水泵用的电源和家里的不一样，一共有四根线，既不是家用单相电，也不是直流电，那是什么电源呢？大家发现马路旁电线杆上的电线也有四根线，而进入居民家庭的进户线只有两根。通过查阅资料，同学明白了在供电系统中采用三相四线制的方式传输，可直接供给工农业生产用电，而进入居民家庭的是单相交流电的输电线。那么三相交流电与单相交流电之间是什么关系呢？三相交流电是如何产生的呢？又如何使用呢？

5.1.1　三相正弦交流电

1. 三相交流电的产生

三相交流电通常由三相交流发电机产生，三相交流发电机的横截面示意图如图 5-1-1(a) 所示。发电机主要由定子和转子组成：定子内圆柱表面的凹槽中嵌有结构（形状、匝数和材质）完全相同、空间位置互差 120° 的三个线圈绕组；转子通常是绕上线圈的铁芯，当线圈通电后，就会产生磁场，其作用相当于一块磁铁。

发电机工作时，转子旋转，相当于磁场旋转，从而定子线圈（导线）切割磁力线，在定子线圈中产生感应电动势。当转子按图示方向以角速度 ω 匀速旋转时，在定子绕组中的感应电动势则按正弦规律变化，即每个绕组产生一相交流电。由于三个绕组是一样的，所以它们产生的感应电动势频率相同、振幅相同；又由于三相绕组在空间互差 120°，故在三相绕组中产生的感应电动势相位互差 120°，从而形成频率、振幅相等，彼此相位相差 120° 的一组交流电源——三相对称交流电源。

三相交流发电机三个绕组的始端分别为 a、b、c，末端分别为 x、y、z，并且规定电动势的正方向从绕组的末端指向始端，对称三相电压源分别为 u_a、u_b、u_c，如图 5-1-1(b) 所

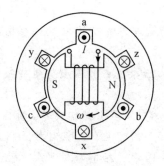

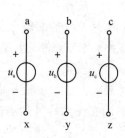

(a) 三相交流发电机示意图　　　　　　(b) 三相电压源模型

图 5-1-1　三相电源

示。假设电枢转子顺时针方向旋转，当 $t=0$ 时转子在图 5-1-1(a)所示位置，则 u_a、u_b、u_c 瞬时值表达式为

$$\left.\begin{aligned} u_a(t) &= \sqrt{2}\,U\sin\omega t \\ u_b(t) &= \sqrt{2}\,U\sin(\omega t - 120°) \\ u_c(t) &= \sqrt{2}\,U\sin(\omega t + 120°) \end{aligned}\right\} \tag{5-1-1}$$

式中，U 为绕组相电压的有效值。对称三相电压的波形如图 5-1-2(a)所示。对应于这三个正弦电压的有效值相量为

$$\left.\begin{aligned} \dot{U}_a &= U\angle 0° \\ \dot{U}_b &= U\angle -120° \\ \dot{U}_c &= U\angle 120° \end{aligned}\right\} \tag{5-1-2}$$

其相量图如图 5-1-2(b)所示。显然，对称三相电压具有如下的特点：

$$\dot{U}_a + \dot{U}_b + \dot{U}_c = 0 \text{ 或 } u_a + u_b + u_c = 0 \tag{5-1-3}$$

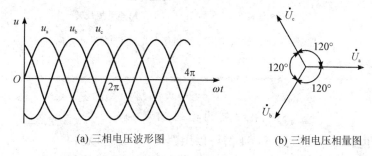

(a) 三相电压波形图　　　　　　(b) 三相电压相量图

图 5-1-2　对称三相电压的波形图与相量图

知识拓展 ～～～～～～～～～～～～～～～～～～～～～～～～～～～～～～～～～～～～～

三相交流电的优点

从 19 世纪末世界上首次出现三相制交流电以来，三相制几乎占据了电力系统的所有领域，已广泛应用于发电、输电、配电和动力用电等方面。三相系统之所以如此重要，有如

下原因：

(1) 在发电方面，同尺寸的三相交流电发动机与单相交流发电机相比，具有输出的功率大、运行平稳、维护工作量少等优点。

(2) 在输电、配电方面，传送相同的电功率，三相系统所需要的电线量要少于同等级的单相系统。

(3) 在用电方面，三相电动机与单相电动机相比，具有结构简单、价格便宜、性能好的优势。这是因为单相交流电的瞬时功率是随时间不断变化的，但对称三相系统的瞬时功率却是恒定不变的。这样可以有均匀的功率传输，因而三相电动机可以产生恒定的转矩。此外，若需要单相或两相电源输入时，可以容易地由三相系统获得。

2. 三相交流电的相序

相序是三相电压中各相电压经过同一值（如最大值）的时间顺序。

在图 5-1-1(a) 中，当转子顺时针转动时，三相电源组合的相序为 $u_a \rightarrow u_b \rightarrow u_c \rightarrow u_a$，称为正序或顺序；当转子逆时针转动时，相序为 $u_a \rightarrow u_c \rightarrow u_b \rightarrow u_a$，称为负序或逆序。

在电力系统中，三相电源各相也可用符号 a、b、c 表示，或用数字 1、2、3 表示。习惯上用黄、绿、红三种颜色分别表示 a 相、b 相、c 相。

三相电源配置中的相序是非常重要的，用户或负载端通常需要考虑相序的使用问题。例如，三相异步电动机的旋转方向由三相电源的相序决定，如果相序反了，就会反转，如图 5-1-3 所示。工程上经常采用任意对调三相电源中的两根电源线来实现三相异步电动机的正反转控制。通常情况下，若无说明，一般都默认为是正相序。

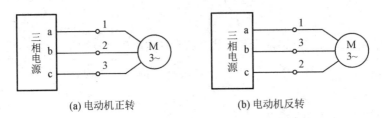

(a) 电动机正转   (b) 电动机反转

图 5-1-3 对称三相电的相序与电动机的转动方向

技术与应用

用灯泡明暗法确定相序

在不清楚电源相序的情况下，我们可以用图 5-1-4 所示相序器测定相序。该相序器为无中线星形不对称负载，相序器的其中一相为 2.2 μF 的电容，另两相为功率相同的灯泡。把相序器的三端分别接到三条火线上，根据灯泡的明暗程度可以判定电源的相序。方法是对接电容的一路作任意假定，例如设其为 a 相，则接灯泡的两路中，灯泡较亮的一路应为 b 相（滞后相），另一路则为 c 相（超前相）。

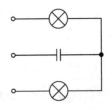

图 5-1-4 相序器

5.1.2　三相电源的连接

一个三相系统相当于三个单相系统。发电机的三个绕组相当于三个独立的电压源，每相两个端子，共 6 个端子。为了减少输电导线的数目，必须将发电机绕组作适当的连接。

1. 三相电源的星形连接

三相电源的星形连接方式如图 5-1-5(a)所示，该连接方式又称为 Y 形接法，即从三个电压源的正参考极性端 a、b、c 向外引出的导线称为端线(或火线、相线)，用 L 表示，一般分别用黄、绿、红三种颜色的导线；x、y、z 接在一起的点称为中性点(或零点)，用 N 表示。从中性点引出的导线称为中性线(或零线)，一般用黑色线或淡蓝色线。这种由三根相线和一根中性线组成的供电系统称为三相四线制供电系统，用符号 Y_0 表示。

发电机每相绕组的火线与中性线之间的电压称为相电压，各相电压的有效值相量分别为 $\dot{U}_a$、$\dot{U}_b$、$\dot{U}_c$，其有效值用 U_P 表示。两火线之间的电压称为线电压，各线电压的有效值相量分别为 $\dot{U}_{ab}$、$\dot{U}_{bc}$、$\dot{U}_{ca}$，其有效值用 U_L 表示。

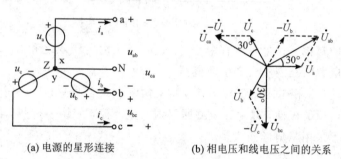

(a) 电源的星形连接　　(b) 相电压和线电压之间的关系

图 5-1-5　三相电源星形(Y_0)连接

星形连接电源电压相量图如图 5-1-5(b)所示。利用相量图可以得到相电压和线电压有效值相量之间的关系为

$$\left.\begin{array}{l}\dot{U}_{ab}=\dot{U}_a-\dot{U}_b=\sqrt{3}\dot{U}_a\angle30°\\ \dot{U}_{bc}=\dot{U}_b-\dot{U}_c=\sqrt{3}\dot{U}_b\angle30°\\ \dot{U}_{ca}=\dot{U}_c-\dot{U}_a=\sqrt{3}\dot{U}_c\angle30°\end{array}\right\} \quad (5-1-4)$$

由式(5-1-4)可知，各线电压大小相等，是相电压的 $\sqrt{3}$ 倍，相位互差 120°，即线电压也对称；各线电压相位超前对应的相电压 30°。所谓的"对应"，即线电压对应的相电压为线电压第一个下标字母所代表的相电压，例如，u_{ab} 对应 u_a。

通过以上分析，可以得出对称三相电源的 Y 接法有以下特点：

(1) 相电压对称，则线电压也对称。

(2) 线电压的大小为相电压的 $\sqrt{3}$ 倍，即 $U_L=\sqrt{3}U_P$。

(3) 线电压相位超前对应相电压 30°。

一般低压供电的相电压是 220 V，所以，其线电压是 $220\sqrt{3}\approx380$ V。

2. 三相电源的三角形连接

三相电源的三角形连接方式如图 5-1-6 所示，该连接方式又称为△接法，即将对称三相电源的三个绕组始末端顺序相接，由三个连接点引出三条端线。电源三角形连接时，线电压等于对应的相电压，即相电压和线电压之间的关系为

$$\left.\begin{array}{l}\dot{U}_{ab}=\dot{U}_{a}\\\dot{U}_{bc}=\dot{U}_{b}\\\dot{U}_{ca}=\dot{U}_{c}\end{array}\right\}或\left.\begin{array}{l}u_{ab}=u_{a}\\u_{bc}=u_{b}\\u_{ca}=u_{c}\end{array}\right\} \quad (5-1-5)$$

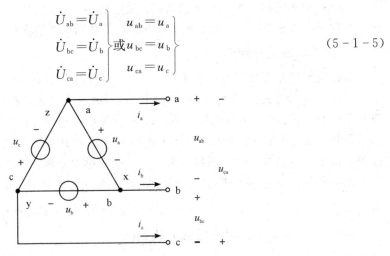

图 5-1-6 三相电源三角形(△)连接

三角形连接的对称三相电源没有中性点。这时回路内电压源之和 $\dot{U}_a+\dot{U}_b+\dot{U}_c=0$，因而三角形连接的电源回路内不会产生环流。

需要说明的是：三相电源的三角形连接时，由于电源自身形成了一个闭合回路，必须要正确接入每组电压的极性，以免在电源回路内产生环流，使绕组过热，甚至烧毁。因此，三相发电机一般不采用三角形接法。

知识拓展

电源△连接接线错误分析

三相交流发电机(或变压器)的三个绕组可以采用 Y 连接或△连接。发电机(或变压器)产生的三个相电压有可能出现大小不相等或相位不是严格互差 120° 的情况，甚至出现绕组接反的情况，这些都会影响电路的正常工作，甚至烧毁设备。

例如，在图 5-1-5 所示的△连接中，若 c 相接反了，如图 5-1-6(a)所示。这时在电源的△回路中，有 $\dot{U}_a+\dot{U}_b-\dot{U}_c=-2\dot{U}_c$，则△连接的电源回路中将会产生环流，即 $i\neq0$。

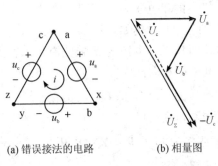

(a) 错误接法的电路   (b) 相量图

图 5-1-7 电源 c 相反接的△连接

因此，当需要将一组三相电源连成三角形时，应该先不完全闭合，留下一个开口，如图 5-1-8 所示，在开口处接上一个交流电压表，测量回路中总的电压是否为零。如果电压为零，说明连接正确，然后再把开口处的两个端子接在一起。

电源△连接的一个优点是当电源缺相时负载仍能正常工作。这是因为若将△连接的三相电源去掉一相，如图 5-1-9 所示，由于 $u_a + u_b + u_c = 0$，线电压仍为对称三相电源。只用两个大小相等，相位相差 $120°$ 的单相电源构成的三相电源称为 V 形接法的电源。

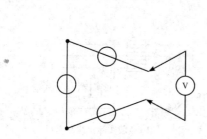

图 5-1-8　电源△连接的正确操作方法

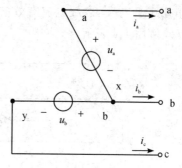

图 5-1-9　电源的 V 形接法

练习与思考

5-1-1　已知对称星形连接三相电源的 a 相电压为 $u_a(t) = 220\sin(\omega t - 30°)$ V，试写出各线电压瞬时表达式，并作各相电压和线电压的相量图。

5-1-2　低压供电系统常采用_____供电方式。采用这种供电方式的线电压如果是 380 V，那么相电压为_____ V。

5.2　对称三相负载的连接

观察与思考

在工厂车间内需安装多个额定电压为 220 V 的照明灯泡，一台电动机铭牌标识额定电压为 380 V，这些负载应如何与线电压为 380 V 的三相四线制供电电路连接呢？

交流电路中的用电设备大体可以分为两类：一类是需要接在三相交流电源上才能正常工作的三相负载，另一类是只需接单相电源的单相负载。如果三相负载中的每相负载的大小和性质都相同（即各相负载的阻抗值和阻抗角都相等），则为对称三相负载（均衡三相负载），如三相电动机；若各相负载不同，则为不对称三相负载。单相负载可以按照需要接在三相电源的任意一相相电压或线电压上，对于电源来说，它们也可以组成三相负载，但各相的阻抗一般不相等，所以不是对称三相负载，例如照明灯、家用冰箱和洗衣机等。

在三相电路中，负载有星形（Y 形）和三角形（△形）两种连接方式。

5.2.1 三相负载的星形连接

1. 三相四线制连接方式

把各项负载的末端连接在一起接到三相电源的中性线上，把各项负载的首端分别接到三相交流电源的三根端线上，形成了有中性线的三相负载星形连接$(Y_0—Y_0)$，如图 5 - 2 - 1(a) 所示。图 5 - 2 - 1(b)所示是负载的实际接线图。其中，各电源输出的端线电流称为线电流，其有效值用 I_{YL} 表示，各线电流有效值相量分别为 $\dot{I}_a$、$\dot{I}_b$、$\dot{I}_c$；通过负载的电流称为相电流，其有效值用 I_{YP} 表示。

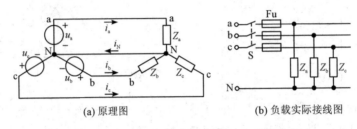

(a) 原理图　　　　　　　　　　(b) 负载实际接线图

图 5 - 2 - 1　三相四线制星形(Y_0-Y_0)连接

1) 相电流

一般来说，电源的内阻抗 Z_s、电源与负载之间传输线的线阻抗 Z_L 和中线阻抗 Z_N 要比负载阻抗小很多，可以忽略不计。所以，各负载得到的电压等于电源提供的相电压，由此可得各相电流为

$$
\left.\begin{aligned}
\dot{I}_a &= \frac{\dot{U}_a}{Z_a} \\[2mm]
\dot{I}_b &= \frac{\dot{U}_b}{Z_b} \\[2mm]
\dot{I}_c &= \frac{\dot{U}_c}{Z_c}
\end{aligned}\right\}
\qquad (5 - 2 - 1)
$$

设 $\dot{U}_a = U_{YP} \angle 0°$，其中，$U_{YP} = U_a = U_b = U_c$，为各相电压的有效值。在三相负载对称时，有 $Z_a = Z_b = Z_c = z \angle \varphi$，其中，$z$ 为阻抗的模，φ 为阻抗角。将式(5 - 1 - 2)代入式(5 - 2 - 1)，有

$$
\left.\begin{aligned}
\dot{I}_a &= \frac{\dot{U}_a}{Z_a} = \frac{U_{YP} \angle 0°}{z \angle \varphi} = I_{YP} \angle -\varphi \\[2mm]
\dot{I}_b &= \frac{\dot{U}_b}{Z_b} = \frac{U_{YP} \angle (-120°)}{z \angle \varphi} = I_{YP} \angle (-\varphi - 120°) \\[2mm]
\dot{I}_c &= \frac{\dot{U}_c}{Z_c} = \frac{U_{YP} \angle 120°}{z \angle \varphi} = I_{YP} \angle (-\varphi + 120°)
\end{aligned}\right\}
\qquad (5 - 2 - 2)
$$

式中，$I_{YP} = I_a = I_b = I_c = \dfrac{U_{YP}}{z}$，为各相电流的有效值。

由式(5 - 2 - 2)可知，每相负载的相电流滞后相应的相电压的角度均为 φ，电流的相量

图如图 5-2-2 所示。可见，各相电流之间的相位差为120°，即三相电流也是对称的。

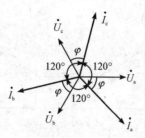

图 5-2-2　三相对称负载 Y_0-Y_0 连接电流相量图

2）线电流

三相负载星形连接，每相负载都串在相线上，相线和负载通过同一个电流，所以各线电流等于各相电流，即

$$\dot{I}_{YL} = \dot{I}_{YP} \qquad\qquad (5-2-3)$$

3）中性线电流

流过中性线的电流为 $i_N = i_a + i_b + i_c$。对称负载星形连接时，各相相电流大小相等，相位相差 120°，由电流相量图可得三个相电流的相量之和为零，即

$$\dot{I}_N = \dot{I}_a + \dot{I}_b + \dot{I}_c = 0 \qquad\qquad (5-2-4)$$

所以，中性线电流的有效值和瞬时值均为零，即有 $I_N = 0$ 和 $i_N = 0$。

例 5.2.1　某三相四线连接(Y_0-Y_0)的对称三相电路如图 5-2-1 所示，已知三相电源线电压的有效值 $U_{YL} = 380$ V，负载 $Z_a = Z_b = Z_c = (5\sqrt{3} + j5)\Omega$。试求各线电流及中性线电流的有效值相量。

解　该电路为对称负载，负载阻抗的模和相位分别为

$$z = \sqrt{(5\sqrt{3})^2 + 5^2} = 10 \ \Omega, \ \varphi = \arctan\frac{5}{5\sqrt{3}} = 30°$$

电源星形连接时，相电压 $U_{YP} = U_{YL}/\sqrt{3} = 380/\sqrt{3} = 220$ V。

选取三相中的 a 相计算，设 $\dot{U}_a = 220\angle 0°$ V，其线电流为

$$\dot{I}_a = \frac{\dot{U}_a}{Z_a} = \frac{220\angle 0°}{10\angle 30°} = 22\angle -30° \ \text{A}$$

根据对称性，由式(5-2-2)可得

$$\dot{I}_b = I_{YP}\angle(-\varphi - 120°) = 22\angle -150° \ \text{A}, \ \dot{I}_c = I_{YP}\angle(-\varphi + 120°) = 22\angle 90°\text{A}$$

中性线电流为

$$\dot{I}_N = \dot{I}_a + \dot{I}_b + \dot{I}_c = 0$$

2. 三相三线制连接方式

在三相四线制(Y_0-Y_0)对称负载电路中，中性线电流为零，去掉中性线电路也可以正常工作。为此，某些场合常采用三相三线制电路供电，如三相电动机和三相变压器。图 5-2-3 所示为三相三线制星形连接(Y-Y)电路图。

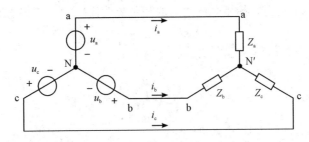

图 5-2-3 对称三相三线 Y-Y 连接

可以证明在对称负载电路中，N、N′ 两点之间的电压为零，即 $U_{NN'} = 0$。因 N、N′ 两点为等电位，可视为短路，所以在求解各相电流时仍可用前述方法。

3. 中性线的作用

对称负载星形连接时，中性线电流为零，所以可以取消中性线。

若三相负载不对称，对于三相四线制，计算方法同上，只是各相电流不再对称，中性线电流 $I_N \neq 0$；但对于三相三线制，由于各相电流不对称，使 $U_{N'} \neq 0$，则各相负载电压不再对称，以上计算方法不再适用。特别需要注意的是，若无中性线，可能使某一相电压过低，使该相用电设备不能正常工作；而另一相电压过高，导致该相用电设备烧毁。因此，对于照明负载等三相不对称负载，为了保证负载的相电压对称，必须采用三相四线制供电方式。

技术与应用

三相五线制

在安全要求较高，设备要求统一接地的场合，会用三相五线制。三相五线制包括三根相线、一根工作零线(N)、一根保护零线(PE)，PE 线一般用黄绿线。N 线与 PE 线除在变压器中性点共同接地外，两线不再有任何的电气连接。由于该种接线能用于单相负载、没有中性点引出的三相负载和有中性点引出的三相负载，因而得到广泛的应用。

在三相负载不完全平衡的运行情况下，N 线会有电流通过，即零线是带电的。通常情况下，设备中性点与 N 相连，设备金属外壳与 PE 相连，如图 5-2-4 所示，所以 PE 线不带电。该供电方式的接地系统完全具备安全和可靠的基准电位。

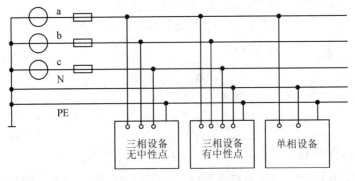

图 5-2-4 三相五线制

5.2.2　三相负载的三角形连接

把三相负载分别接到三相交流电源的每两根相线之间，如图 5-2-5 所示，这种连接方法叫作三相负载的三角形连接，用符号"△"表示。显然，这是三相三线制线路。其中，各相负载的相电流有效值相量分别为 $\dot{I}_{ab}$、$\dot{I}_{bc}$、$\dot{I}_{ca}$，端线电流有效值相量分别为 $\dot{I}_a$、$\dot{I}_b$、$\dot{I}_c$。

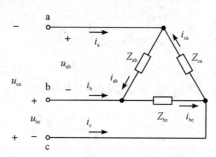

图 5-2-5　负载三角形连接的三相电路

1) 相电流

由图 5-2-5 知，每相负载上的电压是对称三相电源的线电压，所以，在三角形连接中相电压与线电压相等，即 $U_{\triangle P} = U_{\triangle L}$。通过各相负载的相电流为

$$\left.\begin{aligned}\dot{I}_{ab} &= \frac{\dot{U}_{ab}}{Z_{ab}} \\[1mm] \dot{I}_{bc} &= \frac{\dot{U}_{bc}}{Z_{bc}} \\[1mm] \dot{I}_{ca} &= \frac{\dot{U}_{ca}}{Z_{ca}}\end{aligned}\right\} \tag{5-2-5}$$

在三相负载对称时，有 $Z_{ab} = Z_{bc} = Z_{ca} = z\angle\varphi$，其中，$z$ 为阻抗的模，φ 为阻抗角。由于三相负载和三相电源都具有对称性，所以三相负载的相电流、线电流也是对称的。故在计算时可只求其中一相，根据对称性原则推出其他两相。

设 $\dot{U}_{ab} = U_{\triangle L}\angle 0°$，其中，$U_{\triangle L} = U_{ab} = U_{bc} = U_{ca}$，为各线电压的有效值。则有

$$\dot{I}_{ab} = \frac{\dot{U}_{ab}}{Z_{ab}} = \frac{U_{\triangle L}\angle 0°}{z\angle\varphi} = I_{ab}\angle -\varphi \tag{5-2-6a}$$

式中，$I_{ab} = \dfrac{U_{\triangle L}}{z}$，为各相电流的有效值。

其他两相电流为

$$\left.\begin{aligned}\dot{I}_{bc} &= I_{ab}\angle(-\varphi - 120°) \\[1mm] \dot{I}_{ca} &= I_{ab}\angle(-\varphi + 120°)\end{aligned}\right\} \tag{5-2-6b}$$

2) 线电流

由图 5-2-5 可知，负载三角形连接时，线电流与相电流的关系为

$$\left.\begin{array}{l}\dot I_a=\dot I_{ab}-\dot I_{ca}\\\dot I_b=\dot I_{bc}-\dot I_{ab}\\\dot I_c=\dot I_{ca}-\dot I_{bc}\end{array}\right\}\qquad(5-2-7)$$

将式(5-2-6a)和式(5-2-6b)代入式(5-2-7)得

$$\left.\begin{array}{l}\dot I_a=\sqrt3\,\dot I_{ab}\angle-30°\\\dot I_b=\sqrt3\,\dot I_{bc}\angle-30°\\\dot I_c=\sqrt3\,\dot I_{ca}\angle-30°\end{array}\right\}\qquad(5-2-8)$$

对称负载三角形连接时，线电流、相电流的相量图如图5-2-6所示。

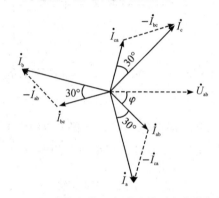

图5-2-6 对称负载三角形连接时电流的相量图

综上所述，在负载三角形连接的对称三相电路中，线电流和相电流都是对称电流，且线电流在大小上是相电流的$\sqrt3$倍，线电流滞后相应的相电流30°。

在图5-2-5电路中，当$Z_{ab}\neq Z_{bc}\neq Z_{ca}$时，称为负载三角形连接的不对称三相电路，此时的线电流和相电流均不再对称，线电流在大小上也不是相电流的$\sqrt3$倍，线电流滞后相应的相电流也不是30°。

例5.2.2 某三相负载三角形连接的电路如图5-2-5所示，已知三相电源线电压的有效值$U_L=380$ V，负载$Z_{ab}=Z_{bc}=Z_{ca}=(5\sqrt3+j5)\Omega$。试求各线电流和相电流的有效值相量。

解 该电路为对称负载，负载阻抗的模和相位分别为

$$z=\sqrt{(5\sqrt3)^2+5^2}=10\ \Omega$$

$$\varphi=\arctan\frac{5}{5\sqrt3}=30°$$

选取三相中的a相计算，设$\dot U_{ab}=380\angle0°$ V，其相电流为

$$\dot I_{ab}=\frac{\dot U_{ab}}{Z_{ab}}=\frac{380\angle0°}{10\angle30°}=38\angle-30°\text{ A}$$

根据对称性，由式(5-2-6b)可得其他两相电流为

$$\dot I_{bc}=I_{ab}\angle(-\varphi-120°)=38\angle-150°\text{ A}$$

$$\dot I_{ca}=I_{ab}\angle(-\varphi+120°)=38\angle90°\text{ A}$$

根据线电流与相电流的关系，由式(5-2-8)可得各线电流为

$$\dot{I}_a=\sqrt{3}\,\dot{I}_{ab}\angle-30°=\sqrt{3}\times38\angle(-30°-30°)=66\angle-60°\ \text{A}$$

$$\dot{I}_b=\sqrt{3}\,\dot{I}_{bc}\angle-30°=\sqrt{3}\times38\angle(-150°-30°)=66\angle-180°\ \text{A}$$

$$\dot{I}_c=\sqrt{3}\,\dot{I}_{ca}\angle-30°=\sqrt{3}\times38\angle(90°-30°)=66\angle60°\ \text{A}$$

比较例 5.2.1 和例 5.2.2 可知，同一组负载接在同一电源上，由于负载连接方法的不同(Y 连接与△连接)，使每相负载的相电流不同(△连接为 Y 连接的$\sqrt{3}$倍)，端线的线电流也不同(△连接为 Y 连接的 3 倍)。这是由于在 Y 连接中每相负载得到的电压是电源的相电压，即 $U_{YP}=U_{YL}/\sqrt{3}$，且线电流等于相电流，即 $I_{YL}=I_{YP}$；而在△连接中每相负载得到的电压为电源的线电压，即 $U_{\Delta P}=U_{\Delta L}$，而线电流为相电流的$\sqrt{3}$倍，即 $I_{\Delta L}=\sqrt{3}\,I_{\Delta P}$。所以，在将三相负载与三相电源相连接时，一定要注意负载的额定电压。如额定电压为 380/220 V 的三相负载，在作△连接时，应接在线电压为 220 V 的电源上；在作 Y 连接时，应接在线电压为 380 V 的电源上。两种接法，每相负载上得到的电压是一致的。

*5.2.3 对称三相电路的功率

三相交流中，每一相负载所消耗的功率，可以用单相正弦交流电路中学过的方法计算。

1. 三相电路的瞬时功率

三相电路中，三相负载的瞬时功率是各相负载瞬时功率之和，即

$$p=p_a+p_b+p_c=u_ai_a+u_bi_b+u_ci_c \tag{5-2-9}$$

2. 三相电路的有功功率

三相负载的有功功率为各相负载有功功率之和，即

$$P=P_a+P_b+P_c=U_aI_a\cos\varphi_a+U_bI_b\cos\varphi_b+U_cI_c\cos\varphi_c \tag{5-2-10}$$

当三相负载对称时，各相负载的有功功率相等，有

$$P=3U_PI_P\cos\varphi \tag{5-2-11}$$

式中，U_P 和 I_P 为各相负载的相电压和相电流的有效值，φ 为负载的阻抗角，$\cos\varphi$ 为负载的功率因数。

因负载在 Y 连接方式中，有 $U_{YL}=\sqrt{3}U_{YP}$、$I_{YL}=I_{YP}$；负载在△连接方式中，有 $U_{\Delta L}=U_{\Delta P}$、$I_{\Delta L}=\sqrt{3}\,I_{\Delta P}$。所以，式(5-2-11)又可写为

$$P=\sqrt{3}U_LI_L\cos\varphi \tag{5-2-12}$$

式中，U_L 和 I_L 为各线电压和线电流的有效值。

3. 三相电路的无功功率

三相负载的无功功率为各相负载无功功率之和，即

$$Q=Q_a+Q_b+Q_c=U_aI_a\sin\varphi_a+U_bI_b\sin\varphi_b+U_cI_c\sin\varphi_c \tag{5-2-13}$$

当三相负载对称时，各相负载的无功功率相等，有

$$Q=3U_PI_P\sin\varphi=\sqrt{3}U_LI_L\sin\varphi \tag{5-2-14}$$

4. 三相电路的视在功率

三相负载的视在功率为各相负载视在功率之和，由式(4-5-6)知，视在功率为

$$S = S_a + S_b + S_c = \sqrt{P_a^2 + Q_a^2} + \sqrt{P_b^2 + Q_b^2} + \sqrt{P_c^2 + Q_c^2} \qquad (5-2-15)$$

当三相负载对称时，可写为

$$S = \sqrt{P^2 + Q^2} = 3U_P I_P = \sqrt{3} U_L I_L \qquad (5-2-16)$$

需要注意，此处的 φ 为负载的阻抗角，即为负载上相电压与相电流的相位差，而不是线电压与线电流的相位差。

例 5.2.3 三相电炉三个电阻丝可以接成星形，也可以接成三角形，以此来改变电炉的功率。若某三相电炉的三个电阻丝都是 100 Ω，接在线电压为 380 V 的三相电源上，试求在星形连接和三角形连接时的功率分别为多少？

解 因负载为电阻性负载，其阻抗角 $\varphi = 0$，则 $\cos\varphi = 1$。

当三个电阻丝连接成星形负载时，每个电阻丝的电压为电源的相电压，即

$$U_{YP} = \frac{U_{YL}}{\sqrt{3}} = \frac{380 \text{ V}}{\sqrt{3}} = 220 \text{ V}$$

由于负载星形连接时的相电流等于线电流，所以有

$$I_{YP} = \frac{U_{YP}}{R} = \frac{220 \text{ V}}{100 \text{ Ω}} = 2.2 \text{ A}$$

由式 (5-2-11) 可得电路的总功率为

$$P_Y = 3U_{YP} I_{YP} = 3 \times 220 \text{ V} \times 2.2 \text{ A} = 1452 \text{ W}$$

当三个电阻丝连接成三角形负载时，每个电阻丝的相电压为电源的线电压，即

$$U_{\triangle P} = U_{\triangle L} = 380 \text{ V}$$

负载三角形连接时的相电流为

$$I_{\triangle P} = \frac{U_{\triangle P}}{R} = \frac{380 \text{ V}}{100 \text{ Ω}} = 3.8 \text{ A}$$

由式 (5-2-11) 可得电路的总功率为

$$P_{\triangle} = 3U_{\triangle P} I_{\triangle P} = 3 \times 380 \text{ V} \times 3.8 \text{ A} = 4332 \text{ W}$$

结论：当电源线电压相同 ($U_{YL} = U_{\triangle L}$) 时，在负载三角形连接时，其相电压是负载星形连接时的 $\sqrt{3}$ 倍 ($U_{\triangle P} = \sqrt{3} U_{YP}$)，相电流也是负载星形连接时的 $\sqrt{3}$ 倍 ($I_{\triangle P} = \sqrt{3} I_{YP}$)，所以负载在三角形连接时吸收的功率是星形连接时的 3 倍 ($P_{\triangle} = 3P_L$)。

例 5.2.4 试求例 5.2.1 中三相电路的总有功功率、无功功率及视在功率。

解 由例 5.2.1 知，当 $\dot{U}_a = 220\angle 0° \text{ V}$ 时，$\dot{I}_a = 22\angle -30° \text{ A}$。

因 Y_0-Y_0 连接时的相电流等于线电流，所以 $U_P = 220 \text{ V}$，$I_P = 22 \text{ A}$，$\varphi = 30°$。

由于该电路为对称三相电路，故其总有功功率为

$$P = 3U_P I_P \cos\varphi = 3 \times 220 \text{ V} \times 22 \text{ A} \times \cos 30° \approx 12.57 \text{ kW}$$

总无功功率为

$$Q = 3U_P I_P \sin\varphi = 3 \times 220 \text{ V} \times 22 \text{ A} \times \sin 30° = 7.26 \text{ kvar}$$

总视在功率为

$$S = 3U_P I_P = 3 \times 220 \text{ V} \times 22 \text{ A} = 14.52 \text{ kVA}$$

例 5.2.5 一台三相交流电动机的定子绕组为 Y 形连接，接到线电压为 380 V 的三相交流电源上。已知电动机输出的机械功率 $P' = 4 \text{ kW}$，效率 $\eta_N = 80\%$，功率因数 $\cos\varphi_N =$

0.84。试求三相电源的线电流、视在功率和无功功率。

解　设电动机从电源吸收的电功率为 P，则

$$P=\frac{P'}{\eta_N}=\frac{4000\ \text{W}}{0.8}=5000\ \text{W}$$

由式(5-2-12)可得线电流为

$$I_L=\frac{P}{\sqrt{3}U_L\cos\varphi_N}=\frac{5000\ \text{W}}{\sqrt{3}\times380\ \text{V}\times0.84}=9.04\ \text{A}$$

由式(5-2-16)可得视在功率和无功功率分别为

$$S=\sqrt{3}U_LI_L=\sqrt{3}\times380\ \text{V}\times9.04\ \text{A}=5.95\ \text{kVA}$$

$$Q=\sqrt{S^2+P^2}=\sqrt{5.95^2\ \text{kVA}-5^2\ \text{kW}}=3.23\ \text{kvar}$$

练习与思考

5-2-1　三相三线、三相四线、三相五线，有什么不同？

5-2-2　在高压系统中为什么采用三相三线制？

5-2-3　测得三角形连接负载的三个线电流有效值均为 10 A，能否说线电流和相电流都是对称的？若已知负载对称，试求相电流的有效值。

5-2-4　用每根 220 V、2 kW 的电阻丝设计一个 12 kW 的三相电阻炉。设对称三相电源的线电压为 380 V。试问应该如何接线？线电流多大？

5-2-5　三相电路产生不对称的主要原因有哪些？

5-2-6　在对称三相电路中，负载为星形连接，已知电源线电压 $u_{ab}=380\sqrt{2}\sin\omega t$ V，c 相的线电流 $i_c=2\sqrt{2}\sin(\omega t+30°)$ A，试求三相电路的总功率。

5-2-7　一台三相异步电动机接在线电压为 380 V 的对称三相电源上运行，测得线电流为 20 A，输入功率为 10 kW，试求电动机的功率因数、无功功率及视在功率。

5.3　室内照明电路的安装

照明电路的组成包括电源的引入、单相电能表、漏电保护器、空气开关、插座、灯头、开关、照明灯具和各类电线及配件辅料。

5.3.1　电能表的安装

1. 单相电能表

1) 单相电能表的接线方式

单相电度表接线方式一般分为直接接入方式和经互感器接入方式两种。两种方式都是通过并联的电压线圈来测量电压，通过串联的电流线圈来测量电流。单相电能表接线盒对外共有四个接线柱，从左至右按 1、2、3、4 编号；电能表内还有一个接电压线圈的接线柱，编号为 5。一般情况下，1、5 之间用短接片连接在一起。

（1）直接接入方式。直接接入方式适用于负载功率在电能表允许的范围内，即流过电能表电流线圈的电流在允许范围内，不会导致电流线圈烧毁。

直接接入方式如图 5-3-1 所示。通常是 1、3 接进线(1 接火线，3 接零线)，2、4 接出线(2 接火线，4 接零线)。

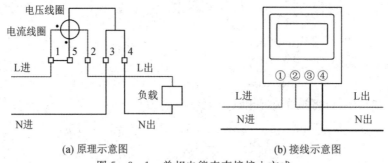

(a) 原理示意图　　　　　　　　(b) 接线示意图

图 5-3-1　单相电能表直接接入方式

（2）经互感器接入方式。当单相电路的电流较大时(通常大于 100 A)，为避免电流线圈受损，应使用电流互感器对电流进行变换，将大电流变换成小电流，即用经互感器接入的方式来测量用电量，所以电流互感器应接电能表的电流线圈。

① 若电能表内 1、5 之间的连接片未断开，其接线如图 5-3-2(a)所示。火线穿过互感器，电源火线与互感器的 S1 端相连，接到电能表 1 号端，互感器的 S2 端接电能表 2 号端，零线接电能表 3 号或 4 号端。此时 S2 端禁止接地。

② 若电能表内 1、5 之间的连接片断开，其接线如图 5-3-2(b)所示。火线穿过互感器，互感器的 S1 端接到电能表 1 号端，互感器的 S2 端接电能表 2 号端，电源火线接电能表 5 号端，零线接电能表 3 号或 4 号端。此时 S2 端应接地。

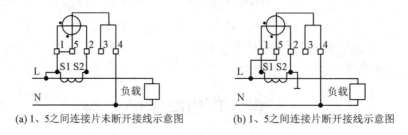

(a) 1、5 之间连接片未断开接线示意图　　(b) 1、5 之间连接片断开接线示意图

图 5-3-2　单相电能表经互感器接入方式

2) 电能表的安装要点

（1）电能表应安装在箱体内或涂有防潮漆的木制底盘、塑料底盘上。

（2）为确保电能表的精度，安装时表的位置必须与地面保持垂直，其垂直方向的偏移不大于 1°。表箱的下沿离地高度应在 1.7～2 m 之间，暗式表箱下沿离地 1.5 m 左右。

（3）单相电能表一般应安装在配电盘的左边或上方，而开关应安装在配电盘的右边或下方。电能表与进、出线上下间的距离大约为 80 mm，与其他仪表左右间的距离大约60 mm。

（4）电能表一般应安装在走廊、门厅、屋檐下，切忌安装在厨房、厕所等潮湿或有腐蚀性气体的地方。现住宅多采用集表箱安装在走廊。

（5）电能表的进线和出线应使用铜芯绝缘线，线芯截面面积不得小于 1.5 mm^2。接线要牢固，但不可焊接，裸露的线头部分不可露出接线盒。

（6）由供电部门直接收取电费的电能表，由供电部门指定第三方验表，并由验表方加校验铅封。安装完毕后，再由供电局加安装铅封。未经允许，不得拆掉铅封。

特别要注意的是，由于有些电能表的接线特殊，具体的接线方法需要参照接线端子盖板上的接线图。

2．三相电能表

三相四线电能表的接法比单相电表要复杂一些，为了更好地理解，我们可以把一块三相电能表看成三块单相电能表的集合。

三相电能表有三相三线制和三相四线制两种；按接线方式可分为直接接入方式和经互感器接入方式。直接接入方式的三相电能表一般用于电流较小的电路，经互感器接入方式的三相电能表则用于电流较大的电路。

1）直接接入方式

三相四线制直接接入方式的电能表共有 11 个接线柱，其接线如图 5 - 3 - 3(a)所示。1、4、7 为 a、b、c 三相进线，3、6、9 为三相出线，10、11 为零线进、出线；2、5、8 是内部电压线圈接线，用连接片分别接在 1、4、7 接线柱上，外部空着。

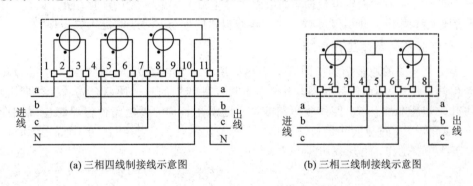

(a) 三相四线制接线示意图　　　(b) 三相三线制接线示意图

图 5 - 3 - 3　三相电能表直接接入方式接线示意图

三相三线制直接接入方式的电能表共有 8 个接线柱，其接线如图 5 - 3 - 3(b)所示。1、4、6 为 a、b、c 三相进线，3、5、8 为三相出线；2、7 是内部电压线圈接线柱，用连接片分别接在 1、6 接线柱上。

2）经互感器接入方式

三相四线制经互感器接入方式的电能表须配用三只相同规格的电流互感器，其接线如图 5 - 3 - 4(a)所示。1、4、7 接电流互感器 S1 端，3、6、9 接电流互感器 S2 端，2、5、8 分别接三相电源；10、11 接零线，一般零线直接接 10 号端。此时应将电流互感器 S2 端连接后接地。需要注意的是，各电流互感器的电流测量取样必须与其电压取样保持同相，即 1、2、3 为一组，4、5、6 为一组，7、8、9 为一组。

三相三线制经互感器接入方式的电能表须配用两只相同规格的电流互感器，其接线如图 5 - 3 - 4(b)所示。1、7 接电流互感器 S1 端，3、9 接电流互感器 S2 端，2、5、8 分别接三相电源。此时应将电流互感器 S2 端连接后接地。

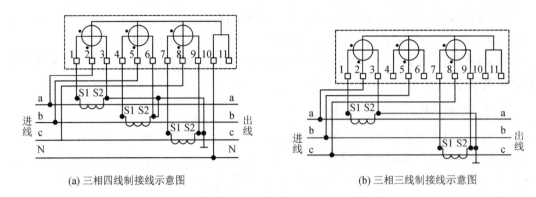

(a) 三相四线制接线示意图   (b) 三相三线制接线示意图

图 5-3-4   三相电能表经互感器接入方式接线示意图

5.3.2 空气开关的安装

空气开关，简称空开，又名空气断路器，是断路器的一种。因其利用空气来熄灭开关过程中产生的电弧，故称为空气开关。

普通家用空气开关分为单极(1P)和两极(2P)。单极空开的作用是对火线提供限流和过流保护，即当电流超过额定电流时，如电路中的电流过大或出现短路时，断开火线，达到保护安全的作用；两极空开不仅可对火线和零线提供断路保护，还能提供欠压保护。

1. 空气开关的基本工作原理

两极空气开关的原理结构如图 5-3-5(a)所示。当电路发生一般性过载时，过流感应线圈产生的电压 u_2 不能使脱扣器动作，但发热元件产生的热量使双金属片受热向上弯曲，推动主开关切断电源。当电路发生短路或严重过载电流时，大电流使过流感应线圈产生的电压 u_2 瞬间增大，过流脱扣器快速动作，主开关切断电源。当相电压低于规定值时，u_1 减小，欠压脱扣器动作，主开关切断电源。

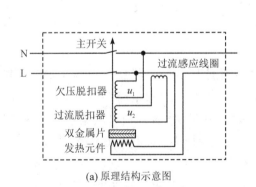

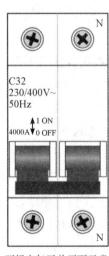

(a) 原理结构示意图   (b) 两极空气开关正面示意图

图 5-3-5   两极空气开关

2. 空气开关的使用与选用

如图 5-3-5(b)所示，空气开关有一个手动主开关，"1 ON""0 OFF"表示手动主开关闭合与断开的位置。

在安装空气开关前，应选用合适的型号。1P、2P 的空气开关适用于单相电，3P、4P 的空气开关适用于三相电。空气开关的规格、样式各不相同，但其主要技术指标均标在面板上。以图 5-3-5(b) 所示的两极空气开关为例，"C32"中，C 表示照明保护型，若为 D 则表示动力保护型，动力指电动机类的负载，动力保护型可以短时间承受电动机启动时的较大电流而不跳闸；32 表示过载保护电流是 32 A。"230/400 V ～""50 Hz"表示适用的交流电电压和频率。"4000 A"表示短路时可安全通过的最大电流，若短路电流超过该数值，会损坏空气开关。

3. 空气开关的安装与接线

空气开关通常安装在进户配电盒内，位于电能表之前。空气开关后端有两个卡槽，将其卡在配电盒内的安装导轨上，并用螺钉通过安装孔固定即可。

空气开关的上端为电源输入端，下端为负载输出端，进线与出线不可接反。电源的零线必须接在 N 端。

5.3.3　漏电保护器的安装

所谓漏电，即当火线流入的电流与零线流出的电流不相等时，就意味着电路中还有其他分支，可能是漏电流通过人体进入大地。漏电保护器的作用就是当漏电流达到一定数值时，断开供电电源，达到保护安全的作用。漏电保护器是漏电检测装置与空气开关的结合，故漏电保护器还有过载、欠压的保护功能。

1. 漏电保护器的基本工作原理

单相二线漏电保护器的原理结构如图 5-3-6(a) 所示，主开关输出的火线和零线同时穿过互感器，再与负载连接。手动闭合主开关后，若无漏电，即漏电流 $i_d=0$，此时穿过互感器的火线电流 i_L 与零线电流 i_N 大小相等、方向相反，即 $i_L+i_N=0$。i_L 与 i_N 产生的磁通 ϕ_L 与 ϕ_N 也大小相等、方向相反，即总的磁通 $\phi_L+\phi_N=0$。故互感器二次绕组回路的感应电压 $u_2=0$，脱扣器不动作。

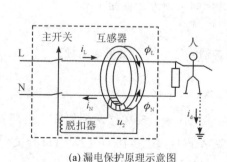

(a) 漏电保护原理示意图　　(b) 单相二线漏电保护器正面示意图

图 5-3-6　单相二线漏电保护器

当发生漏电时，将会产生漏电电流 i_d，此时 $i_L + i_N \neq 0$，互感器的总磁通 $\phi_L + \phi_N \neq 0$，则互感器二次绕组回路将产生感应电压 u_2。当漏电流达到预定数值时，使 u_2 足够高，脱扣器动作，主开关断开电源。

漏电保护器的动作电流值一般分为三挡：① 10 mA 及以下，主要用于防止潮湿场所的人身触电；② 15～30 mA，主要用于一般场所的人身触电，如电动工具等；③ 100 mA 及以上，主要用于开关柜等，可防止漏电引起的火灾。一般漏电保护器的动作时间不大于 0.1 s。

由漏电保护器的工作原理可知：当人体同时触碰火线和零线时，漏电保护器不会跳闸。这点需要特别注意。

2. 漏电保护器的使用与选用

如图 5 - 3 - 6(b)所示，漏电保护器有一个手动主开关，"1 ON""0 OFF"表示手动主开关闭合与断开的位置。"R"按键为复位按钮，在手动闭合主开关前应按下"R"按钮。"T"按钮为测试按钮，以检测漏电保护器是否能正常工作。测试时，按"T"按钮，此时漏电保护器应该跳闸，然后按下"R"按钮，再推上手动主开关即可恢复通电；如果按"T"按钮不跳闸，说明该漏电保护器已损坏，需要更换。一般要求一个月测试一次。

在安装漏电保护器前，应选用合适的型号。漏电保护器的规格、样式各不相同，但其主要技术指标均标在面板上。以图 5 - 3 - 6(b)所示漏电保护器为例，"C25"中，C 表示照明保护型，若为 D 则表示动力保护型；25 表示过载保护电流是 25 A。"50 Hz""230/400 V ～"表示适用的交流电频率和电压。"4500 A"表示短路时可安全通过的最大电流。"$I_n \leqslant 32$ A"表示脱扣器(通常为空气开关)的额定电流不大于 32 A。"$I_{\Delta n} = 32$ mA"表示脱扣器的动作电流值。"0.1 s"表示漏电保护器的动作时间不大于 0.1 s。"N"为零线接入端。

3. 漏电保护器的安装与接线

漏电保护器通常安装在进户配电盒内，位于电能表之后、熔断器之前。漏电保护器后端有两个卡槽，将其卡在配电盒内的安装导轨上，并用螺钉通过安装孔固定即可。

漏电保护器的上端为电源输入端，下端为负载输出端，进线与出线不可接反。电源的零线必须接在 N 端。

漏电保护器在安装时应注意：

① 应安装在干燥区域，并避免灰尘进入，且应便于观察与操作。

② 应垂直安装，倾斜度不得超过 5°。

③ 所有导线(包括零线)均必须通过漏电保护器，且零线必须与地绝缘。

5.3.4　照明设备的安装与接线

普通的照明线路在电源后先接空气开关，再接电能表，现在这两个装置一般都安装在公共区域；电源入户后，先接漏电保护器(总开关)，再接多个支路空气开关(分开关)，以实现分别控制、互不影响，如图 5 - 3 - 7 所示。漏电保护器和各支路空气开关通常安装在配电盒内。在要求较高的场合，支路空气开关也使用漏电保护器，如电热水器支路。

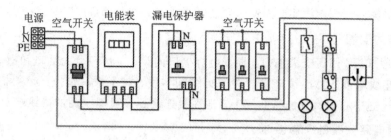

图 5 - 3 - 7 单相二线漏电保护器

1. 照明开关和插座的接线

（1）开关是控制电路接通或断开的器件，其作用是控制电灯的亮与灭。根据开关的安装方式，可分为明装式和暗装式，现在多用暗装开关。开关应接在火线上，其接线如图 5 - 3 - 8 所示。

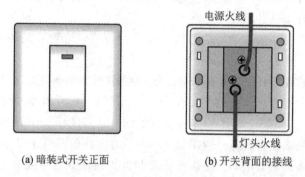

(a) 暗装式开关正面　　　　(b) 开关背面的接线

图 5 - 3 - 8 开关的接线

（2）插座又称电源插座，其作用是为移动式照明电器、家用电器或其他用电设备提供电源。根据插座的安装方式，可分为明装式和暗装式，现在多用暗装插座。单相二孔插座有横装和竖装两种：横装时，接线原则为"左零右火"；竖装时，接线原则为"上火下零"。单相三孔插座的接线原则为"左零右火上接地"，如图 5 - 3 - 9 所示。另外，在接线时也可根据插座后面的标识，L 端接火线，N 端接零线，E(PE)端接地线。

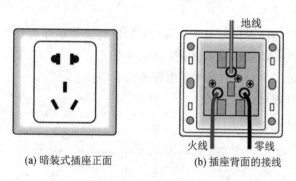

(a) 暗装式插座正面　　　　(b) 插座背面的接线

图 5 - 3 - 9 插座连接线

2. 照明开关和插座的安装

首先在准备安装开关或插座的地方钻孔，然后按照开关或插座的尺寸安装线盒，接着按接线要求将线盒内甩出的导线与开关、插座的面板连接好，再将开关或插座推入盒内，并对正盒眼，最后用螺丝固定。固定时要使面板端正，并与墙面平齐。

3. 灯座的安装

灯座又称灯头，用于安装电灯。根据电灯接口的类型，灯座分为插口和螺口。对于插口灯座，两个接线端可任意连接来自开关的火线和零线；对于螺口灯座，必须把来自开关的火线连接在连通中心铜簧片的接线端上，把零线连接到连通螺纹圈的接线端上。

4. 照明电路安装的一般要求

（1）照明电路所选用的导线应满足负载功率和机械强度的要求，导线截面面积：铜线不小于 $1\ mm^2$，铝线不小于 $2.5\ mm^2$。

注意：空调器不能接在照明电路上。空调器电路应采用导线截面面积不小于 $4\ mm^2$ 的铜线。

（2）照明装置的接线必须牢固，接触良好。火线和零线要严格区别，火线须经过开关再接到灯头。铺设导线应"横平竖直"，且与冷热水管、暖气管等保持规定距离，如果它们之间的距离过近，应做好隔热处理。

（3）室内照明开关一般安装在门边便于操作的位置，暗装开关的安装高度距地面一般为 $1.3\ m$，距门框一般为 $0.15\sim0.20\ m$。

（4）插座应安装在干燥、无尘的位置。明装插座的安装高度一般应离地 $1.3\sim1.5\ m$；暗装插座允许低装，但距地面高度应不低于 $0.3\ m$。同一场所暗装的插座高度应一致，其高度相差一般应不大于 $5\ mm$；多个插座成排安装时，其高度相差一般应不大于 $2\ mm$。

（5）灯具安装的高度，室外一般不低于 $3\ m$，室内一般不低于 $2.5\ m$。

（6）采用保护接地的灯具，具金属外壳要与保护接地线连接完好。

（7）灯具安装应牢固。灯具质量超过 $3\ kg$ 时，必须固定在预埋的吊钩或螺栓上；软线吊灯的重量限于 $1\ kg$ 以下，超过时应加吊链。

（8）照明灯具须用安全电压时，应采用双圈变压器或安全隔离变压器，严禁使用自耦（单圈）变压器。

练习与思考

5-3-1　家用电能表一般用什么类型？

5-3-2　从电气连接的角度来看，漏电保护器应安装在什么位置？

5-3-3　空气开关能替代漏电保护器吗？为什么？

5-3-4　为保证安全，在电热水器电路中应安装＿＿＿＿。

5-3-5　某电灯控制电路如图 5-3-10 所示，其中 S_1、S_3 为双控开关，S_2 为双开双控开关。试分析其实现的功能。

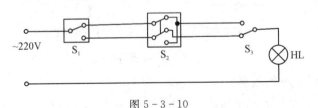

图 5-3-10

5.4　技　能　训　练

5.4.1　模拟安装家庭照明电路

1. 实验目的

（1）了解单相电度表的工作原理，掌握其接线要求；

（2）熟悉常见照明设备的安装方法；

（3）能够根据照明电路的原理图在电工实训板上设计安装布局，正确安装照明设备；

（4）在电路安装的同时，会用万用表对设备及电路进行检测。

2. 实验内容

（1）安装照明电路；

（2）实验过程的评价。

3. 实验器材

（1）螺丝刀、电工刀、剥线钳、试电笔、万用表；

（2）按表 5 - 4 - 1 准备实验器材。

表 5 - 4 - 1　实验器材明细表

序号	名称	型号与规格	单位	数量
1	单相电能表		只	1
2	漏电保护器		只	1
3	2P 空气开关		只	1
4	1P 空气开关		只	2
5	双控开关		只	2
6	分线盒	2 进 4 出	个	1
7	灯座		个	1
8	白炽灯	25 W	只	1
9	插座	五孔插座	个	1
10	导线	BV1 mm^2，红、蓝、黄绿	m	若干

4. 注意事项

为保证人身安全，通电试验须征得教师的同意，要一人监护，一人操作。

5. 实验电路

家庭照明电路电气原理图如图 5 - 4 - 1 所示。

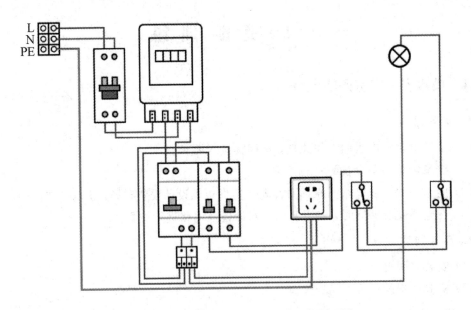

图 5 - 4 - 1　技能训练 5.4.1 电路电气原理图

6. 实验步骤

1）检测元器件

（1）检测元器件的技术参数：是否符合要求。

（2）检测元器件的外观：是否完好无损伤。

（3）检测元器件的基本性能：用万用表检查白炽灯是否良好，检查空气开关、开关通断以及各触头的分合情况。

2）线路安装

按图 5 - 4 - 1 所示位置依次安装和连接：2P 空开、电能表、漏电保护器、分线盒、1P 空开、插座、双控开关、灯座和电灯。

3）自检

安装完毕后，从电源端开始，逐段核对接线是否正确，有无漏接、错接之处；检查导线接点是否符合要求，压接是否牢固；接触应良好，以免带负载运行时产生闪弧现象。

4）通电试验

连接单相电源。观察双控开关对电灯的控制，用试电笔检查插座是否为"左零右火"。

5）拆线

通电试验完毕，切断电源。先拆除电源线，再拆除其他器件。

7. 实验评价

根据实训任务完成情况进行评价，并将评价结果填入表 5 - 4 - 2 和表 5 - 4 - 3 中。

表 5－4－2　电气配线安装工艺及评分标准

序号	质检内容	分值	评价标准	自查	复查	得分
1	接线连接	15	不按图连接，扣 5～10 分			
2	设备安装	20	元器件安装不牢固扣 5～10 分，排线不合理扣 5～10 分			
3	敷线	20	敷线不平直或不成直角，导线、接线桩连接和绝缘不良，扣 5～10 分			
4	检查排除故障	20	不按顺序自查，扣 5～10 分；排除故障不成功扣 10 分			
5	通电一次成功	20	通电试验一次不成功，扣 10 分；每重复一次加扣 5 分，扣完为止			
6	安全文明生产	5	操作安全文明，服从管理，否则扣 5 分			
	合计	100	得分			

表 5－4－3　评价结果表

评价人	任务完成情况评价	等级	评定签名
自我评价			
同学评价			
老师评价			
综合评定			

8. 总结与思考

（1）整理实验数据，撰写实验报告。

（2）通过本次实验，有什么收获和经验教训？

5.4.2　安装三相照明电路

1. 实验目的

（1）了解三相四线制电度表的工作原理，掌握其接线要求；

（2）能够根据照明电路的原理图在电工实训板上设计安装布局，能正确安装三相负载星形连接的电路；

（3）能用万用表对元器件以及电路进行检测。

2. 实验内容

（1）三相四线制电度表的安装；

（2）负载星形连接测量。

3. 实验器材

（1）螺丝刀、电工刀、剥线钳、验电笔。

（2）按表 5－4－4 准备实验器材。

表 5 - 4 - 4　实验器材明细表

序号	名称	型号与规格	单位	数量
1	三相电能表		只	1
2	4P 空气开关	DZ47－63，C32，400 V	只	1
3	3P 空气开关	DZ47－63，C16，400 V	只	1
4	1P 空气开关	DZ47－63，C16，400 V	只	1
5	电流表	JY72－A，50 A	只	4
6	分线盒	1 进 4 出	只	1
7	开关		只	1
8	白炽灯	60 W	个	3
9	导线	BV1 mm²，黄、绿、红、黄绿	m	若干

4. 注意事项

为保证人身安全，通电试验须征得教师的同意，要一人监护，一人操作。

5. 实验电路

三相四线制实验电路电气原理图如图 5 - 4 - 2 所示。

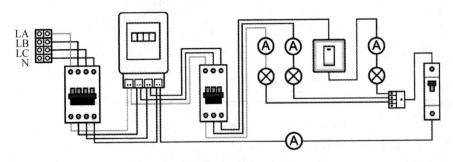

图 5 - 4 - 2　技能训练 5.4.2 电路连接

6. 实验步骤

1) 检测元器件

(1) 检测元器件的技术参数：是否符合要求。

(2) 检测元器件的外观：是否完好无损伤。

(3) 检测元器件的基本性能：用万用表检查白炽灯是否良好，检查空气开关、开关通断以及各触头的分合情况。

2) 线路安装

按图 5 - 4 - 2 所示位置，依次安装和连接：4P 空开、电能表、3P 空开、电流表、插座和电灯、开关、分线盒、1P 空开。

3) 自检

安装完毕后，从电源端开始，逐段核对接线是否正确，有无漏接、错接之处；检查导线接点是否符合要求，压接是否牢固；接触应良好，以免带负载运行时产生闪弧现象。

4）通电试验

（1）连接三相电源，并接通各空气开关和开关。观察各电灯的亮度，记录各电流表的数值，并填入表 5-4-5 中。

表 5-4-5 各路电流记录表

N 路空气开关	LC 路开关	LA 路电流/A	LB 路电流/A	LC 路电流/A	N 路电流/A
接通	接通				
断开	接通				
接通	断开				

（2）用万用表测量各路之间的电压，并将测量结果填入表 5-4-6 中。

表 5-4-6 各路电压记录表

U_{LA-N}/V	U_{LN-N}/V	U_{LC-N}/V	U_{LA-LB}/V	U_{LB-LC}/V	U_{LC-LA}/V

（3）断开 N 路空气开关。观察各电灯的亮度，记录各电流表的数值，并填入表 5-4-5 中。

（4）接通 N 路空气开关，再断开 LC 路开关。观察各电灯的亮度，记录各电流表的数值，并填入表 5-4-5 中。

5）拆线

通电试验完毕，切断电源。先拆除电源线，再拆除其他器件。

7. 实验评价

根据实训任务完成情况进行评价，并将评价结果填入表 5-4-6 和表 5-4-7 中。

表 5-4-6 电气配线安装工艺及评分标准

序号	质检内容	分值	评价标准	自查	复查	得分
1	接线连接	15	不按图连接，扣 5~10 分			
2	设备安装	20	元器件安装不牢固扣 5~10 分，排线不合理扣 5~10 分			
3	敷线	20	敷线不平直或不成直角，导线、接线桩连接和绝缘不良，扣 5~10 分			
4	检查排除故障	20	不按顺序自查，扣 5~10 分；排除故障不成功扣 10 分			
5	通电一次成功	20	通电试验一次不成功，扣 10 分；每重复一次加扣 5 分，扣完为止			
6	安全文明生产	5	操作安全文明，服从管理，否则扣 5 分			
	合 计	100	得 分			

表 5-4-7 评价结果表

评价人	任务完成情况评价	等级	评定签名
自我评价			
同学评价			
老师评价			
综合评定			

8. 总结与思考

(1) 整理实验数据，撰写实验报告。

(2) 三相四线制在应用时有什么特点？

本 章 小 结

1. 三相交流电的基本概念

三相交流电压(或电流)是由三个频率相同、振幅相同、相位互差120°的单相交流电压(或电流)组合起来的。三相交流电通常由三相交流发电机产生。

三相交流电各火线与中性线之间的电压称为相电压，其有效值用 U_P 表示。

两火线之间的电压称为线电压，其有效值用 U_L 表示。

2. 三相交流电的连接

三相电源和对称三相负载都可以采用星形(Y)连接或三角形(△)连接。

Y形连接的特点：线电压为相电压的 $\sqrt{3}$ 倍，即 $U_{YL}=\sqrt{3}U_{YP}$；线电流等于相电流，即 $I_{YL}=I_{YP}$。

△连接的特点：线电压等于相电压，即 $U_{△L}=U_{△P}$；线电流为相电流的 $\sqrt{3}$ 倍，即 $I_{△L}=\sqrt{3}I_{△P}$。

3. 对称三相电路的计算

(1) 对称情况下，各相电压、电流都是对称的。对称三相电路的计算可以归结为单独一相的计算。只要算出一相的电压、电流，则其他两相的电压、电流可按对称关系直接写出。

三相电流是对称的，即 $I_a=I_b=I_c=\dfrac{U_P}{z}$；

中性线两端电压为零，即电源中点与负载中性点等电位；

中性线电流为零，即 $I_N=0$，有无中性线对电路没有影响。

(2) 三相交流电源供给负载的功率等于各相功率之和，即 $p=p_a+p_b+p_c$。

对称负载时，总平均功率是各相平均功率之和，即 $P=P_a+P_b+P_c=3P_P=3U_PI_P\cos\varphi=\sqrt{3}U_LI_L\cos\varphi$；

总无功功率为 $Q=3Q_P=3U_PI_P\sin\varphi=\sqrt{3}U_LI_L\sin\varphi$；

总视在功率为 $S=\sqrt{P^2+Q^2}=3S_P=3U_PI_P=\sqrt{3}U_LI_L$；

其中，φ 为相电压与相电流的相位差角(负载阻抗角)。

4. 三相负载不对称电路的基本特点

一般的照明等民用三相负载是不对称的，必须采用三相四线制供电方式，且中性线不允许安装熔断器或刀闸开关。中性线的作用是保证星形连接三相不对称负载的相电压对称。

测试题（5）

5-1　填空题

1. 对称三相正弦量（包括对称三相电动势、对称三相电压、对称三相电流）的瞬时值之和等于_____。

2. 三相电源端线间的电压叫作_____，电源每相绕组两端的电压称为电源的_____；流过端线的电流称为_____，流过电源每相的电流称为_____。

3. 对称三相电源为星形连接，端线与中性线之间的电压叫作_____。

4. 在对称三相电源中，若 a 相电压 $u_a = U_m \sin(\omega t - 90°)$ V。当星形连接时，线电压 u_{ab} = _____。

5. 在三相四线制电路中，中性线的作用是_____。

6. 在对称三相电路中，负载为星形连接，测得负载各相电流均为 5 A，则中性线电流 I_N = _____ A；当 A 相负载断开时，中性线电流 I_N = _____ A。

7. 安装灯头时，开关应安装在_____线中。

5-2　单选题

1. 在一个三相对称系统中，（　　）是不要求的。

A. $U_a = U_b = U_c$　　　　　　　　B. $\dot{I}_a + \dot{I}_b + \dot{I}_c = 0$

C. $U_a + U_b + U_c = 0$　　　　　　D. $Z_a = Z_b = Z_c$

E. 电源电压相互之间有 120° 的相位差

2. 某对称三相负载，当接成星形时，三相功率为 P_Y，保持电源线电压不变，而将负载接成三角形，则此时三相功率 $P_\triangle$ 为（　　）。

A. $\sqrt{3} P_Y$　　　　B. P_Y　　　　C. $\frac{1}{3} P_Y$　　　　D. $3 P_Y$

3. 一台三相电动机，每组绕组的额定电压为 220 V，对称三相电源的线电压 U_L = 380 V，则三相绕组应采用（　　）。

A. 星形连接，接中性线　　　　　B. 星形连接，不接中性线

C. A、B 均可　　　　　　　　　D. 三角形连接

4. 一台三相电动机绕组星形连接，接到 U_L = 380 V 的三相电源上，测得线电流 I_L = 10 A，则电动机每组绕组的阻抗为（　　）Ω。

A. 11　　　　　B. 22　　　　　C. 38　　　　　D. 66

5. 三相电源线电压为 380 V，对称负载为星形连接，未接中性线。如果某相突然断掉，其余两相负载的电压均为（　　）V。

A. 190　　　　B. 220　　　　C. 380　　　　D. 无法确定

6. 下列叙述正确的是（　　）。

A. 发电机绕组作星形连接时的线电压等于作三角形连接时的线电压的 $1/\sqrt{3}$

B. 对称三相电路负载作星形连接时，中性线的电流为零

C. 负载作星形连接可以有中性线

D. 凡负载作三角形连接时，其线电流都等于相电流的 $\sqrt{3}$ 倍

7. 在三相四线制的中性线上，不安装开关和熔断器的原因是（　　）。

A. 中性线上没有电缆

B. 开关接通或断开对电路无影响

C. 安装开关和熔断器降低中性线的机械强度

D. 开关断开或熔丝熔断后，三相不对称负载承受三相不对称电压的作用，无法正常工作，严重时会烧毁负载

8. 日常生活中，照明线路的接法为（　　）。

A. 星形连接三相三线制　　　　　　B. 星形连接三相四线制

C. 三角形连接三相三线制　　　　　D. 既可为三线制，又可为四线制

9. 一台三相电动机，每组绕组的额定电压为 380 V，对称三相电源的线电压 $U_L=380$ V，则三相绕组应采用（　　）。

A. 星形连接，接中性线　　　　　　B. 星形连接，不接中性线

C. A、B 均可　　　　　　　　　　D. 三角形连接

5-3　判断题

1. 一般高压供电采用三相四线制。

2. 日常生活中，常用的电气设备如电灯、电视机、电冰箱、电风扇等，都是单相负载。

3. 安装电灯时火线一定要通过开关。这样在检修和维护灯泡时，只要将开关关掉，对于检修人员比较安全。

4. 与三相四线制相比，三相三线制节省了一条零线。所以我们日常生活供电都是三相三线制。

5-4　计算题

1. 已知星形连接对称负载每相电阻为 10 Ω，对称线电压的有效值为 380 V，求此负载的相电流 I_P。

2. 星形连接的三相对称负载，每相负载为电阻 $R=4$ Ω、感抗 $X_L=3$ Ω 的串联，接于线电压为 380 V 的三相电源上。若 U_a 的初相位为零，试求各相电流，并画相量图。

3. 已知星形联接负载的各相是 100 Ω 电阻与 50 Ω 感抗串联，所加对称线电压为 380 V。试求此负载的功率因数和吸收的平均功率。

4. 某对称负载各相是 6 Ω 电阻与 8 Ω 感抗串联，所加对称线电压为 380 V，分别计算负载接成星形和三角形时所吸收的平均功率。

测试题(5)参考答案

第 6 章　电路的频率响应

频率响应是衡量电路对不同频率输入信号适应能力的重要技术指标。本章主要介绍常用基本滤波电路和串联、并联谐振电路的组成、基本特性和基本应用，及其频率响应的基本分析与测量方法。

6.1　概　述

1. 频率响应的基本概念

由于在实际电路中都存在电容、电感等电抗元件，而容抗和感抗均与信号的频率有关，是频率的函数，所以正弦交流稳态电路的分析可分为两大类：一类是当不同电路的输入信号（又称激励）为单一频率的正弦信号时，分析计算其输出信号（又称作响应），此时响应与激励是相同频率的正弦信号（如第 4 章分析的电路）；另一类是当同一电路的激励为不同频率的正弦信号时，分析计算其响应的特性，此时的响应是激励信号频率的函数，故称为频率响应或频率特性。

在各种电子设备中，语音、图像等信息都是以多种频率组合成的电压或电流形式进行处理和传播。语音、图像等信息转换成电信号后，称为基带信号，基带信号的基本特点：一是频率低，二是由多频率正弦波组合而成；三是最高频率与最低频率的比值大，即相对带宽很宽。如语音信号的频率范围为 20 Hz～20 kHz，电视信号的频率范围为 0～6 MHz。基带信号不适合直接传送，要加载到频率很高的高频信号上再传送，这个过程称为调制。如调频广播的发射频率为 87～108 MHz。而在信息的接收端，则要将从高频信号中恢复基带信号，这个过程称为解调。在调制和解调过程中，都应用了电路的频率特性。

2. 网络函数

在电路分析中，电路（网络）的频率特性通常用正弦稳态电路的网络函数来描述，即保持交流激励源的幅值不变，只改变其频率，分析输出量与输入量频率与相位的关系。网络函数的定义为

$$H(\mathrm{j}\omega) = \frac{输出相量}{输入相量} \qquad (6-1-1)$$

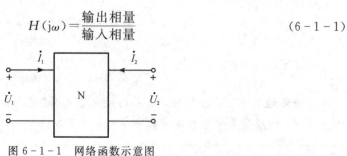

图 6-1-1　网络函数示意图

根据输出量与输入量的不同，网络函数的形式也不同。以图 $6-1-1$ 为例，若输入量和输出量均为电压，则网络函数称为电压转移函数，即

$$H(\mathrm{j}\omega)=\frac{\dot{U}_2}{\dot{U}_1} \tag{6-1-2}$$

用极坐标形式的形式表示为

$$H(\mathrm{j}\omega)=\left|H(\omega)\right|\angle\varphi(\omega) \tag{6-1-3}$$

式中，$\left|H(\omega)\right|$ 是 $H(\mathrm{j}\omega)$ 的模，简写为 $H(\omega)$，称为幅频特性或幅频响应，为输出电压有效值与输入电压有效值之比；$\varphi(\omega)$ 称为相频特性或相频响应，为输出电压相位与输入电压相位之差。即

$$H(\omega)=\frac{U_2}{U_1} \tag{6-1-4a}$$

$$\varphi(\omega)=\varphi_2(\omega)-\varphi_1(\omega) \tag{6-1-4b}$$

与电压转移函数相似，若输入量和输出量均分别为电流与电流、电压与电流、电流与电压，则相应的网络函数分别称为电流转移函数、阻抗转移函数、导纳转移函数，即

$$H(\mathrm{j}\omega)=\frac{\dot{I}_2}{\dot{I}_1} \tag{6-1-5}$$

$$H(\mathrm{j}\omega)=\frac{\dot{U}_2}{\dot{I}_1} \tag{6-1-6}$$

$$H(\omega)=\frac{\dot{I}_2}{\dot{U}_1} \tag{6-1-7}$$

6.2 RC 与 RL 滤波电路

观察与思考

在调频中广泛采用预加重、去加重技术来抑制干扰和噪声。预加重就是在调频前提升调制信号高频端的幅度；去加重就是接收机在对调频信号鉴频后，降低解调信号高频端的幅度，还原调制信号。去加重网络由 RC 电路组成，如图 $6-2-1$ 所示（其中 u_{FM} 为调频信号），其实质是衰减解调信号中的高频分量的幅度，使解调信号中的高频端和低频端各频率分量的幅度保持原来的比例关系，避免了因发射端采用预加重而造成的解调信号失真。

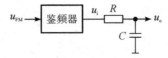

图 $6-2-1$ 去加重网络

无论是预加重还是去加重，都是利用电容元件"通高频、阻低频"的特性实现的。以去加重为例，到底多高频率的信号被衰减？衰减了多少？

在工程实际应用中，有时需要滤除或衰减电信号中的某些频率分量，或是修正电路中已经存在的不符合要求的相移，就需要滤波电路或相移电路。由于电容的容抗和电感的感抗都与频率有关，而且通过电容的电流超前电容上的电压、电感上的电压超前通过电感的电流，故电容或电感与电阻组成的电路都能用作滤波或移相，常用的是 RC 滤波电路。

6.2.1　RC 滤波电路

1. RC 低通滤波电路

RC 低通滤波电路如图 6-2-2(a)所示，响应从电容 C 上取得。由于电容的容抗随频率的升高而减小，故输出电压 u_2 将随频率的升高而减小；同时，因通过电容的电流 i 超前电压 u_2 90°，即 u_R 超前 u_2 90°，若电流 i 的初相位为 0，由图 6-2-2(b)所示相量图可知，u_2 滞后 u_1。

1）幅频特性和相频特性

由欧姆定律知：$\dot{U}_1 = \left(R + \dfrac{1}{j\omega C}\right)\dot{I}$，$\dot{U}_2 = \dfrac{1}{j\omega C}\dot{I}$，则其电压转移函数为

$$H(j\omega) = \frac{\dot{U}_2}{\dot{U}_1} = \frac{\dfrac{1}{j\omega C}}{R + \dfrac{1}{j\omega C}} = \frac{1}{1 + j\omega CR} \qquad (6-2-1)$$

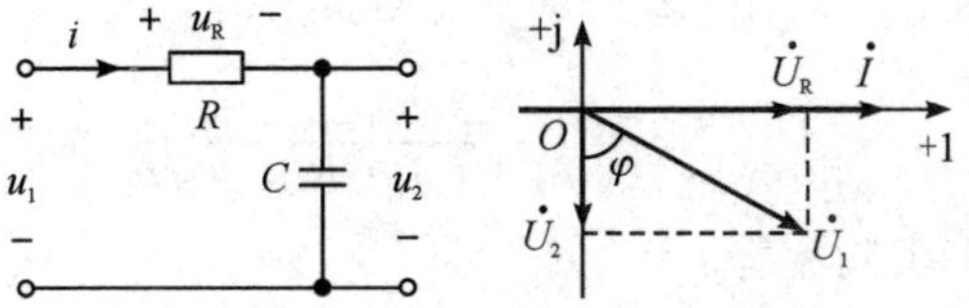

(a) RC低通滤波电路　　(b) 相量图

图 6-2-2　RC 低通滤波电路及其相量图

显然，网络函数 $H(j\omega)$ 由电路的结构和元件参数决定，是激励信号频率 ω 的复函数，是对电路特性的具体描述。若激励 $\dot{U}_1$（初相位、有效值）不变，则响应 $\dot{U}_2$ 与 $H(j\omega)$ 的变化规律一致。

由式(6-2-1)可得其幅度和相位与频率的关系，分别称为幅频特性和相频特性，即

$$H(\omega) = \frac{1}{\sqrt{1 + (\omega CR)^2}} \qquad (6-2-2a)$$

$$\varphi(\omega) = -\arctan(\omega CR) \qquad (6-2-2b)$$

幅度和相位与频率的关系曲线分别称为幅频特性曲线和相频特性曲线，如图 6-2-3 所示。

由式(6-2-2a)知：当频率 $\omega=0$ 时，$H(\omega)=H(\omega)_{max}=1$，为最大值；当频率较低时，$H(\omega)\approx1$；当频率较高时，$H(\omega)\approx0$，如图 6-2-3(a)所示。说明图 6-2-2(a)所示电路能够通过低频信号抑制高频信号，故称为低通电路。电路的这种保留一部分频率分量、抑制另一部分频率分量的特性称为滤波特性，所以图 6-2-2(a)所示电路称为低通滤波电路。

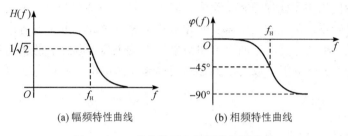

(a) 幅频特性曲线　　　(b) 相频特性曲线

图 6 - 2 - 3　RC 低通电路频率特性曲线

由式(6 - 2 - 2b)知：当频率较低时，$\varphi(\omega) \approx 0$；当频率较高时，$\varphi(\omega) \approx -90°$，如图 6 - 2 - 3(b)所示。说明图 6 - 2 - 2(a)所示电路的输出电压 u_2 总是滞后输入电压 u_1，所以该电路又称为滞后网络。

2）上限频率

由图 6 - 2 - 3(a)知，随着信号频率的升高，$H(\omega)$ 将下降。通常将 $\dfrac{H(\omega)}{H(\omega)_{\max}} \geqslant \dfrac{1}{\sqrt{2}}$ 的频率范围称为通频带，将 $\dfrac{H(\omega)}{H(\omega)_{\max}} < \dfrac{1}{\sqrt{2}}$ 的频率范围称为阻带或止带，将 $\dfrac{H(\omega)}{H(\omega)_{\max}} = \dfrac{1}{\sqrt{2}}$ 的频率点称为截止频率。由于图 6 - 2 - 2(a)所示电路为低通滤波电路，所以该截止频率又称为上限频率，记为 ω_H 或 f_H。

根据截止频率的定义，由式(6 - 2 - 2a)知，当 $\omega = \omega_H$ 时，有

$$H(\omega_H) = \frac{1}{\sqrt{1 + (\omega_H CR)^2}} = \frac{1}{\sqrt{2}}$$

故低通滤波电路的上限频率为

$$\omega_H = \frac{1}{RC} \text{ 或 } f_H = \frac{1}{2\pi RC} \tag{6 - 2 - 3}$$

由式(6 - 2 - 2a)和式(6 - 2 - 2b)知：在上限频率处，$H(\omega_H) = 1/\sqrt{2}$，$\varphi(\omega_H) = -45°$。

由于当 $\omega = \omega_H$ 时，电路的输出功率是最大输出功率的一半，所以截止频率又称为半功率点频率。

将 ω_H 代入式(6 - 2 - 1)和式(6 - 2 - 2a)、式(6 - 2 - 2b)，RC 低通滤波电路的电压转移函数和幅频特性、相频特性可写为

$$H(j\omega) = \frac{\dot{U}_2}{\dot{U}_1} = \frac{1}{1 + j\dfrac{\omega}{\omega_H}} \tag{6 - 2 - 4}$$

$$H(\omega) = \frac{1}{\sqrt{1 + \left(\dfrac{\omega}{\omega_H}\right)^2}} \tag{6 - 2 - 5a}$$

$$\varphi(\omega) = -\arctan\frac{\omega}{\omega_H} \tag{6 - 2 - 5b}$$

RC 低通滤波电路在电子设备中应用广泛，如在整流电路中用于滤除整流后电压中的交流分量，在检波电路中用于滤除检波后的高频分量，在电源去耦电路中用于防止交流电

压进入直流电源。

例 6.2.1 某去加重电路如图 6-2-1 所示，已知 $R = 680\ \Omega$，$C = 75\ 000\ \text{pF}$。

（1）试求电路的上限频率 f_{H}。

（2）当输入信号 u_i 的频率为 15 kHz 时，输出信号 u_o 衰减了多少？

解 （1）由式(6-2-3)得

$$f_{\text{H}} = \frac{1}{2\pi RC} = \frac{1}{2\pi \times 680\ \Omega \times 75\ 000\ \text{pF}} = 3.12\ \text{kHz}$$

（2）由式(6-2-5a)知，当 $f = 15\ \text{kHz}$ 时，有

$$H(15\ \text{kHz}) = \frac{1}{\sqrt{1 + \left(\dfrac{15\ \text{kHz}}{3.12\ \text{kHz}}\right)^2}} = 0.2$$

即，当输入信号频率为 15 kHz 时，输出信号的幅度为输入信号的 0.2 倍。

2. RC 高通滤波电路

RC 高通滤波电路如图 6-2-4(a)所示，响应从电阻 R 上取得。由于电容的容抗随频率的升高而减小，故输出电压 u_2 将随频率的升高而增大；同时，因通过电容的电流 i 超前电压 u_C 90°，即 u_2 超前 u_C 90°，若电流 i 的初相位为 0，则由图 6-2-4(b)所示相量图可知，u_2 超前 u_1。

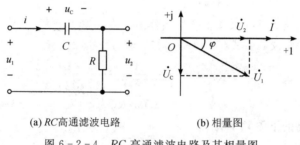

(a) RC 高通滤波电路　　　　(b) 相量图

图 6-2-4　RC 高通滤波电路及其相量图

1）幅频特性和相频特性

由欧姆定律知：$\dot{U}_1 = \left(R + \dfrac{1}{j\omega C}\right)\dot{I}$，$\dot{U}_2 = R\dot{I}$，则其电压转移函数为

$$H(j\omega) = \frac{\dot{U}_2}{\dot{U}_1} = \frac{R}{R + \dfrac{1}{j\omega C}} = \frac{1}{1 + \dfrac{1}{j\omega CR}} \qquad (6-2-6)$$

与 RC 低通滤波电路相似，RC 高通滤波电路的网络函数 $H(j\omega)$ 也是激励信号频率 ω 的复函数。若激励 $\dot{U}_1$（初相位、有效值）不变，则响应 $\dot{U}_2$ 与 $H(j\omega)$ 的变化规律相同。

由式(6-2-6)可得其幅频特性和相频特性，分别为

$$H(\omega) = \frac{1}{\sqrt{1 + \left(\dfrac{1}{\omega CR}\right)^2}} \qquad (6-2-7a)$$

$$\varphi(\omega) = \arctan\frac{1}{\omega CR} \qquad (6-2-7b)$$

幅频特性曲线和相频特性曲线如图 6-2-5 所示。

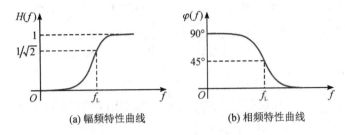

(a) 幅频特性曲线 (b) 相频特性曲线

图 6-2-5 RC 高通电路频率特性曲线

由式(6-2-7a)知：当频率 $\omega=0$ 时，$H(\omega)=0$；当频率较低时，$H(\omega)\approx0$；当频率较高时，$H(\omega)\approx H(\omega)_{\max}=1$，如图 6-2-5(a)所示。说明图 6-2-4(a)所示电路能够通过高频信号、抑制低频信号，故称为高通滤波电路。

由式(6-2-7b)知：当频率较低时，$\varphi(\omega)\approx90°$；当频率较高时，$\varphi(\omega)\approx0°$，如图 6-2-5(b)所示。说明图 6-2-4(a)所示电路的输出电压 u_2 总是超前输入电压 u_1，所以该电路又称为超前网络。

2）下限频率

与 RC 低通滤波电路相似，将 $\dfrac{H(\omega)}{H(\omega)_{\max}}=\dfrac{1}{\sqrt{2}}$ 的频率点称为截止频率。由于图 6-2-4(a)所示电路为高通滤波电路，所以该截止频率又称为下限频率，记为 ω_L 或 f_L。

根据截止频率的定义，由式(6-2-7a)知，当 $\omega=\omega_L$ 时，有

$$H(\omega_L)=\frac{1}{\sqrt{1+\left(\dfrac{1}{\omega_L RC}\right)^2}}=\frac{1}{\sqrt{2}}$$

故高通滤波电路的下限频率为

$$\omega_L=\frac{1}{RC}\text{ 或 }f_L=\frac{1}{2\pi RC} \tag{6-2-8}$$

由式(6-2-7a)和式(6-2-7b)知：在下限频率处，$H(\omega_L)=1/\sqrt{2}$，$\varphi(\omega_L)=45°$。

将 ω_L 代入式(5-2-6)和式(5-2-7a)、式(5-2-7b)，RC 高通滤波电路的电压转移函数和幅频特性、相频特性可写为

$$H(j\omega)=\frac{\dot{U}_2}{\dot{U}_1}=\frac{1}{1-j\dfrac{\omega_L}{\omega}} \tag{6-2-9}$$

$$H(\omega)=\frac{1}{\sqrt{1+\left(\dfrac{\omega_L}{\omega}\right)^2}} \tag{6-2-10a}$$

$$\varphi(\omega)=\arctan\frac{\omega_L}{\omega} \tag{6-2-10b}$$

RC 高通滤波电路在电子设备中应用广泛，如在放大电路中可用于级间耦合。

当 RC 电路用于移相时，应该注意：RC 超前网络和 RC 滞后网络也是分压电路，即它们的电压传输系数 $H(\omega)$ 总是小于 1 的，并且随着相移量 $|\varphi|$ 趋于 $90°$，其输出电压也趋于

零。因此，它们只适用于小相移量的场合。如果要求相移量大于 $60°$，则可以将多个 RC 电路连接起来。

移相电路应用于雷达指示器电路

图 $6-2-6$(a)所示的移相电路常用于雷达指示器电路中，可调电阻 r 的中点接地。在正弦电压作用下，若 $R=\dfrac{1}{\omega C}$，则正弦电压 u_1、u_2、u_3、u_4 的有效值相等，且均为输入电压有效值的一半，相位依次相差 $90°$。

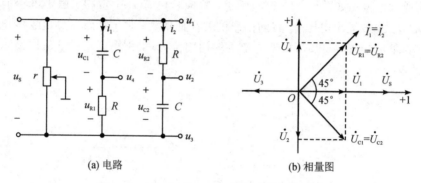

(a) 电路　　　　　　　　　(b) 相量图

图 $6-2-6$　雷达指示器移相电路及其相量图

*6.2.2　RL 滤波电路

1. RL 低通滤波电路

RL 低通滤波电路如图 $6-2-7$(a)所示，响应从电阻 R 上取得。由于电感的感抗随频率的升高而增大，故输出电压 u_2 将随频率的升高而减小；同时，因通过电感的电流 i 滞后电压 u_L $90°$，即 u_2 滞后 u_L $90°$，故若电流 i 的初相位为 0，则由图 $6-2-7$(b)所示相量图可知，u_2 滞后 u_1。

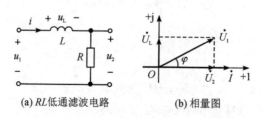

(a) RL低通滤波电路　　　　　(b) 相量图

图 $6-2-7$　RL 低通滤波电路及其相量图

由欧姆定律知：$\dot{U}_1=(R+\mathrm{j}\omega L)\dot{I}$，$\dot{U}_2=R\dot{I}$，则其电压转移函数为

$$H(\mathrm{j}\omega)=\frac{\dot{U}_2}{\dot{U}_1}=\frac{R}{R+\mathrm{j}\omega L}=\frac{1}{1+\mathrm{j}\dfrac{\omega L}{R}} \tag{6-2-11}$$

根据截止频率的定义，低通滤波电路的上限频率为

$$\omega_{H}=\frac{R}{L} \text{ 或 } f_{H}=\frac{R}{2\pi L} \qquad (6-2-12)$$

将 ω_H 代入式(6-2-11)，RL 低通滤波电路的电压转移函数可写为

$$H(j\omega)=\frac{\dot{U}_2}{\dot{U}_1}=\frac{1}{1+j\dfrac{\omega}{\omega_H}} \qquad (6-2-13)$$

比较式(6-2-13)与式(6-2-4)，RL 低通滤波电路与 RC 低通滤波电路的电压转移函数有相同的形式，其幅频特性和相频特性也相同。

2. RL 高通滤波电路

RL 高通滤波电路如图6-2-8(a)所示，响应从电感 L 上取得。由于电感的感抗随频率的升高而增大，故输出电压 u_2 将随频率的升高而增大；同时，因通过电感的电流 i 滞后电压 u_2 90°，即 u_2 超前 u_R 90°，故若电流 i 的初相位为0，则由图6-2-8(b)所示相量图可知，u_2 超前 u_1。

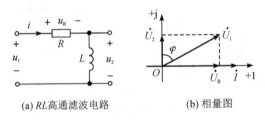

(a) RL高通滤波电路　　　　(b) 相量图

图6-2-8　RL 高通滤波电路及其相量图

由欧姆定律知：$\dot{U}_1=(R+j\omega L)\dot{I}$，$\dot{U}_2=j\omega L\dot{I}$，则其电压转移函数为

$$H(j\omega)=\frac{\dot{U}_2}{\dot{U}_1}=\frac{j\omega L}{R+j\omega L}=\frac{1}{1-j\dfrac{R}{\omega L}} \qquad (6-2-14)$$

根据截止频率的定义，高通滤波电路的下限频率为

$$\omega_{L}=\frac{R}{L} \text{ 或 } f_{L}=\frac{R}{2\pi L} \qquad (6-2-15)$$

将 ω_L 代入式(6-2-14)，RL 高通滤波电路的电压转移函数可写为

$$H(j\omega)=\frac{\dot{U}_2}{\dot{U}_1}=\frac{1}{1-j\dfrac{\omega_L}{\omega}} \qquad (6-2-16)$$

比较式(6-2-16)与式(6-2-9)，RL 高通滤波电路与 RC 高通滤波电路的电压转移函数有相同的形式，其幅频特性和相频特性也相同。

练习与思考

6-2-1　有人认为：单级 RC 电路的最大相移为90°，若要求180°的相移，用两级 RC 电路就能够实现。这个说法是否正确？为什么？

6-2-2　RC 低通滤波电路如图6-2-2(a)所示，已知 $C=0.027\,\mu F$。若要求上限频率 $f_H=15\,kHz$，则电阻 R 为多少？

6-2-3　RC 高通滤波电路如图 6-2-4(a) 所示, 已知 $R=2\ \mathrm{k\Omega}$, $C=1\ \mathrm{\mu F}$。试求电压转移函数 $H(\omega)$ 和相移量 $\varphi(\omega)$。

6-2-4　RC 低通滤波电路如图 6-2-9 所示, 已知 $R=4\ \mathrm{k\Omega}$, $C=40\ \mathrm{pF}$, R_s 为信号源内阻, R_L 为负载。在下列两种情况下, 试求电路的上限频率。

(1) $R_\mathrm{s}=0$, R_L 开路;

(2) $R_\mathrm{s}=1\ \mathrm{k\Omega}$, $R_\mathrm{L}=5\ \mathrm{k\Omega}$。

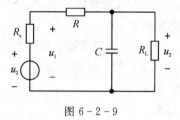

图 6-2-9

6-2-5　两级 RC 高通滤波电路如图 6-2-10 所示, 试求电路的电压转移函数和下限频率。

6-2-6　两级 RC 低通滤波电路如图 6-2-11 所示, 试求电路的电压转移函数和上限频率。

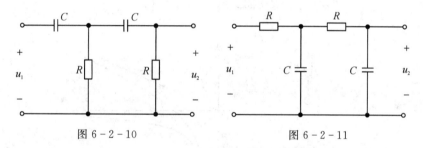

图 6-2-10　　　　　　　　　图 6-2-11

6.3　串联谐振电路

观察与思考 --

将一个小灯泡 HL(电阻) 与电感 L 和电容 C 组成一个如图 6-3-1 所示的 RLC 串联电路, 在电路的两端加频率可调的交流信号源。保持信号源电压大小不变, 由低到高改变信号源的频率, 小灯泡的亮度由暗逐渐变亮, 频率在 15.9 kHz 时最亮, 继续提高频率, 小灯泡的亮度逐渐变暗。这是什么原因?

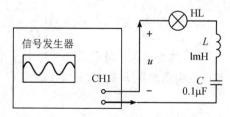

图 6-3-1　RLC 串联电路谐振实验电路

小灯泡的亮度与电路中电流的大小有关。灯泡最亮时，电路的阻抗最小，将这种现象称为谐振。

含有 L、C 的电路，当电路中端口电压、电流同相时，称电路发生了谐振。谐振是正弦稳态交流电路在特定条件下所产生的一种特殊物理现象，在工程中被广泛应用。

在含有电感 L、电容 C 和电阻 R 的交流电路中，电路端口电压的相位与电流的相位一般是不同的。如果调节电路元件（L 或 C）的参数或电源的频率，可以使端口的电压、电流达到相位相同，电路的这种状态称为谐振。

根据 RLC 电路的组成形式，可分为串联谐振电路、并联谐振电路和复杂谐振电路。研究谐振的目的就是要认识谐振的基本规律，并在实践中应用谐振的特点实现某些特定的功能，同时还要预防谐振产生的危害。

本节讨论 RLC 串联谐振电路。

6.3.1 串联谐振频率和谐振电阻

RLC 串联电路如图 6-3-2(a)所示，其阻抗为

$$Z = \frac{\dot{U}}{\dot{I}} = R + \mathrm{j}\omega L + \frac{1}{\mathrm{j}\omega C} = R + \mathrm{j}\left(\omega L - \frac{1}{\omega C}\right) \qquad (6-3-1)$$

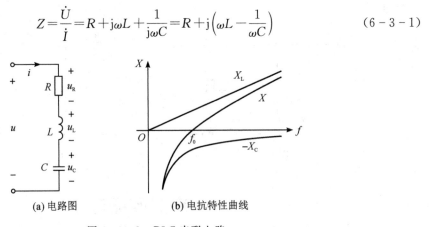

(a) 电路图　　　　　　(b) 电抗特性曲线

图 6-3-2　RLC 串联电路

1. 串联谐振频率

根据谐振的定义，当电路的电抗为零时，电路呈纯电阻性，端口上电压、电流的相位相同，即发生串联谐振的条件为

$$\omega L = \frac{1}{\omega C}$$

满足上式的信号频率称为谐振频率，用 ω_0 表示。则串联谐振电路的谐振频率为

$$\omega_0 = \frac{1}{\sqrt{LC}} \quad 或 \quad f_0 = \frac{1}{2\pi\sqrt{LC}} \qquad (6-3-2)$$

可见，谐振频率 f_0 仅与 L、C 大小有关，与 R 无关，反映了电路固有特性。在实际应用中，常利用改变信号源频率或改变电路参数 L 或 C（通常是改变 C）的方法来使电路达到谐振。

2. 串联谐振电阻

由于谐振时，电路的电抗为零，由式（6-3-1）可得到谐振时电路的阻抗为

$$Z_0 = R \qquad\qquad (6-3-3)$$

上式说明 RLC 串联电路谐振时呈纯电阻性。

6.3.2　串联谐振电路的特点

1. 串联电路的性质

由于串联电路中的感抗 X_L 和容抗 X_C 都随信号频率 ω 的变化而变化，故 RLC 串联电路的性质与工作频率有关。由式(6-3-1)知，电路的电抗为

$$X = \omega L - \frac{1}{\omega C} \qquad\qquad (6-3-4)$$

由式(6-3-4)可得到串联电抗与频率的关系曲线，如图 6-3-2(b)所示。

(1) 当 $\omega = \omega_0$ 时，有 $\omega L = \dfrac{1}{\omega C}$，即 $X = 0$，电路呈纯电阻性，为串联谐振状态。

(2) 当 $\omega < \omega_0$ 时，有 $\omega L < \dfrac{1}{\omega C}$，即 $X < 0$，电路呈电容性。

(3) 当 $\omega > \omega_0$ 时，有 $\omega L > \dfrac{1}{\omega C}$，即 $X > 0$，电路呈电感性。

2. 品质因数

品质因数 Q 定义为谐振时的感抗或容抗与电路中电阻的比值，即

$$Q = \frac{\omega_0 L}{R} = \frac{1}{\omega_0 C R} = \frac{1}{R}\sqrt{\frac{L}{C}} \qquad\qquad (6-3-5)$$

品质因数无量纲。由式(6-3-5)知，Q 由 R、L、C 决定，与 ω 无关。在工程实际应用中，常用 Q 值来讨论谐振电路的性能。

3. 串联谐振时的特点

(1) 谐振阻抗 Z_0 最小。当串联电路发生谐振时，有 $\omega_0 L = \dfrac{1}{\omega_0 C}$，即感抗和容抗相互抵消，由式(6-3-1)可知，谐振时电路的阻抗 $Z_0 = R$，为纯电阻，且为最小。

(2) 谐振电流 I_0 最大。谐振时电路的电流为

$$\dot{I}_0 = \dot{I}(\omega_0) = \frac{\dot{U}}{Z_0} = \frac{\dot{U}}{R} \qquad\qquad (6-3-6a)$$

$$I_0 = I(\omega_0) = \frac{U}{R} \qquad\qquad (6-3-6b)$$

由于谐振时的谐振阻抗 Z_0 最小，若激励信号 u 不变，则电流 i 达到最大值 I_0，且 u 与 i 同相。实际应用中常根据这个特征来判断电路是否发生了串联谐振。

(3) 电感和电容上的电压是激励电压的 Q 倍。谐振时各元件上的电压分别为

$$U_{R0} = I_0 R = U \qquad\qquad (6-3-7)$$

$$U_{L0} = I_0 \omega_0 L = \frac{\omega_0 L}{R} \cdot I_0 R = QU \qquad\qquad (6-3-8)$$

$$U_{C0} = \frac{I_0}{\omega_0 C} = \frac{1}{\omega_0 C R} \cdot I_0 R = QU \qquad\qquad (6-3-9)$$

由于电感上的电压超前电流 $90°$，电容上的电压滞后电流 $90°$，所以 L 和 C 上的电压大小相等、方向相反。

谐振时，若 $\omega_0 L = \dfrac{1}{\omega_0 C} \gg R$，有 $Q \gg 1$，则 $U_{L0} = U_{C0} \gg U$，在 L 和 C 上将出现高电压，所以串联谐振又称电压谐振。在实际的 LC 串联电路中，Q 一般可达几十至几百。

串联谐振电路应用举例

在通信中，由于从天线接收到的信号一般较弱，所以常常利用串联谐振电路谐振时电抗元件可获得高电压的特性来获得一个与接收信号电压频率相同且幅度大很多倍的电压。

某收音机接收电路如图 6-3-3(a)所示，无线电信号经天线接收，由天线线圈 L_1 耦合到 L 上。天线所接收到的各种不同频率的信号都会在 L 中感应出相应的电压 u_{s1}、u_{s2}、u_{s3}…，该选频电路可以用图 6-3-3(b)等效电路进行分析计算。调可变电容 C 的大小，使谐振频率 f_0 等于某电台载波频率，如 f_1 产生串联谐振，那么这时 LC 回路中信号频率为 f_1 的电流最大，在电容器两端频率为 f_1 的信号电压也最高，从而可选择出所需信号。

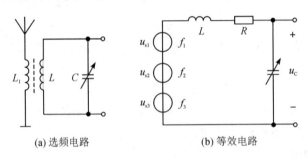

(a) 选频电路   (b) 等效电路

图 6-3-3　收音机接收电路

但是在电力系统中，由于电源电压比较高，一旦发生谐振，会因电压过高而击穿绝缘损坏设备，故应尽量避免。

6.3.3　串联谐振电路的频率响应

1. 幅频特性和相频特性

在串联谐振电路中，常以电路的电流为输出量，分析电路的频率响应。在图 6-3-2(a)所示串联谐振电路中，由式(6-3-1)知，其电流为

$$\dot{I} = \dfrac{\dot{U}}{R + \mathrm{j}\left(\omega L - \dfrac{1}{\omega C}\right)}$$

将式(6-3-2)、式(6-3-5)、式(6-3-6a)代入上式，整理后得

$$\dot{I} = \dfrac{\dot{I}_0}{1 + \mathrm{j}Q\left(\dfrac{\omega}{\omega_0} - \dfrac{\omega_0}{\omega}\right)} \tag{6-3-10}$$

其幅频特性和相频特性分别为

$$I(\omega) = \frac{I_0}{\sqrt{1 + Q^2 \left(\dfrac{\omega}{\omega_0} - \dfrac{\omega_0}{\omega} \right)^2}} \tag{6-3-11a}$$

$$\varphi_i(\omega) = -\arctan \left[Q \left(\frac{\omega}{\omega_0} - \frac{\omega_0}{\omega} \right) \right] \tag{6-3-11b}$$

不同 Q 值的幅频特性曲线和相频特性曲线如图 6-3-4 所示，习惯上也称其为电流谐振曲线。

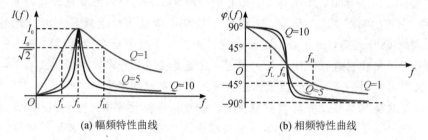

(a) 幅频特性曲线　　　　　　　(b) 相频特性曲线

图 6-3-4　RLC 串联谐振电路频率特性曲线

由图 6-3-4(a)可以看到：串联谐振电路对不同频率的信号有不同的响应。当 $f = f_0$ 时，称为谐振，$I = I_0 = U/R$ 达最大值；当 $f \ne f_0$ 时，称为失谐，$I < I_0$，失谐越大则 I 越小，即对远离谐振频率的信号具有抑制作用。

由于串联谐振电路对不同频率的信号有选择能力，所以该电路具有"选频"或"滤波"的作用，称为"选择性"。选择性的好坏与幅频特性曲线的形状有关，曲线越尖锐，选择性越好。由图 6-3-4(a)可见，Q 越大，曲线越尖锐；Q 越小，曲线越平坦。Q 较大时，当信号频率稍微偏离谐振点，曲线急剧下降，电路对非谐振频率的电流具有较强的抑制能力，所以选择性较好。

由式(6-3-5)知，若电路的 L、C 不变，R 越小，则 Q 值越大，选择性越好。

由图 6-3-4(b)也说明了电路的性质：

(1) 当 $\omega = \omega_0$ 时，$\varphi_i = 0$，电路呈纯电阻性，为串联谐振状态。

(2) 当 $\omega < \omega_0$ 时，$\varphi_i > 0$，电路呈电容性。

(3) 当 $\omega > \omega_0$ 时，$\varphi_i < 0$，电路呈电感性。

2．通频带

根据截止频率的定义，由式(6-3-11a)知，当 $\dfrac{I(\omega)}{I_0} = \dfrac{1}{\sqrt{2}}$ 时，有 $Q\left(\dfrac{\omega}{\omega_0} - \dfrac{\omega_0}{\omega} \right) = \pm 1$。由此可得电路的上限频率和下限频率，分别为

$$\omega_H = \left[\sqrt{\left(\frac{1}{2Q} \right)^2 + 1} + \frac{1}{2Q} \right] \omega_0 \quad 或 \quad f_H = \left[\sqrt{\left(\frac{1}{2Q} \right)^2 + 1} + \frac{1}{2Q} \right] f_0 \tag{6-3-12a}$$

$$\omega_L = \left[\sqrt{\left(\frac{1}{2Q} \right)^2 + 1} - \frac{1}{2Q} \right] \omega_0 \quad 或 \quad f_L = \left[\sqrt{\left(\frac{1}{2Q} \right)^2 + 1} - \frac{1}{2Q} \right] f_0 \tag{6-3-12b}$$

由式(6-3-11a)可知，在截止频率处，$I(\omega_L) = I(\omega_H) = I_0/\sqrt{2}$，如图 6-3-4(a)所示；由式(6-3-11b)可知，在截止频率处，$\varphi(\omega_L) = 45°$，$\varphi(\omega_H) = -45°$，如图 6-3-4(b)所示。

如图 6-3-4(a)所示，电路的通频带为 f_H 与 f_L 之间的频率范围，即

$$BW_{0.7} = f_H - f_L = \frac{f_0}{Q} \qquad (6-3-13)$$

上式表明，在谐振频率 f_0 一定时，Q 值越大，通频带越窄，选择性越好。

知识拓展

频率特性对信号的影响

一首美妙动听的乐曲，既有高音，又有中音和低音，说明乐曲有比较宽的频率范围，即音频信号有一定的频带宽度。同时，无线电信号在传输过程中也需要占用一定的频带。如果谐振电路的 Q 值过高，谐振曲线过于尖锐，就可能导致信号在传输过程中过多衰减了高音和低音部分，使输出信号不同于输入信号，这就是失真。所以，在实际应用中，既要考虑选择性，又要考虑通频带，要合理地选择谐振电路的品质因数。

实际上，失真包括幅度失真和相位失真。信号在传输过程中，改变 $H(\omega)$ 或 $\varphi(\omega)$ 都可能造成信号的失真。在不同的应用场合对幅度失真和相位失真的要求是不同的。由于人耳对相位失真的敏感度较差，因而在语音传输的场合主要关注幅度失真。幅度失真会明显影响语音传输的音质、音调和保真度，只要相位失真不过大，基本不会影响语音的可靠性。而对于图像传输的情况，由于人眼的视觉特性对相位失真十分敏感，它会严重影响图像的轮廓和对比度，因此人们主要关注的是相位失真。

例 6.3.1 RLC 串联电路与具有内阻 R_s 的电压源相连，如图 6-3-5 所示。已知：$R=10\ \Omega$，$L=0.1\ \text{mH}$，$C=100\ \text{pF}$，电压源 $U_s=10\ \text{mV}$。试求：

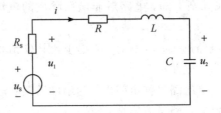

图 6-3-5 例 6.3.1 电路

(1) 电路的谐振频率 f_0；

(2) 当 $R_s=10\ \Omega$ 时，谐振时的电流 I_0、输出电压 U_{20} 以及带宽 $BW_{0.7}$；

(3) 当 $R_s=990\ \Omega$ 时，谐振时的电流 I_0、输出电压 U_{20} 以及带宽 $BW_{0.7}$。

解 (1) 谐振频率 $f_0 = \dfrac{1}{2\pi\sqrt{LC}} = \dfrac{1}{2\pi\sqrt{0.1\ \text{mH}\times100\ \text{pF}}} = 1.59\ \text{MHz}$

(2) 当 $R_s=10\ \Omega$ 时，$Q = \dfrac{1}{R_s+R}\sqrt{\dfrac{L}{C}} = \dfrac{1}{10\ \Omega+10\ \Omega}\sqrt{\dfrac{0.1\ \text{mH}}{100\ \text{pF}}} = 50$

谐振电流：$I_0 = \dfrac{U_s}{R_s+R} = \dfrac{10\ \text{mV}}{10\ \Omega+10\ \Omega} = 0.5\ \text{mA}$

输出电压：$U_{20} = U_{C0} = QU_s = 50\times10\ \text{mV} = 0.5\ \text{V}$

带宽：$BW_{0.7} = \dfrac{f_0}{Q} = \dfrac{1.59\text{MHz}}{50} = 31.8\ \text{kHz}$

(3) 当 $R_s = 990\ \Omega$ 时，$Q = \dfrac{1}{R_s + R}\sqrt{\dfrac{L}{C}} = \dfrac{1}{990\ \Omega + 10\ \Omega}\sqrt{\dfrac{0.1\ \text{mH}}{100\ \text{pF}}} = 1$

谐振电流：$I_0 = \dfrac{U_s}{R_s + R} = \dfrac{10\ \text{mV}}{990\ \Omega + 10\ \Omega} = 10\ \mu\text{A}$

输出电压：$U_{20} = U_{C0} = QU_s = 1 \times 10\ \text{mV} = 10\ \text{mV}$

带宽：$BW_{0.7} = \dfrac{f_0}{Q} = \dfrac{1.59\ \text{MHz}}{1} = 1.59\ \text{MHz}$

由上例可见，串联谐振电路只适合于电源内阻较小的场合，当内阻变大时，Q 减小，带宽增宽，选择性变差。

练习与思考

6-3-1　在 RLC 串联电路中，当 Q 值分别为 50、20、10 和 5 时，哪个电路的选择性更好？为什么？

6-3-2　在 RLC 串联电路中，当信号源频率一定时，改变 R、L、C 中的哪些参数可以使电路发生谐振？通常的做法是改变哪个参数？R 的数值是否影响谐振频率？

6-3-3　某收音机输入电路的电感约为 0.3 mH，可变电容器的调节范围为 25～360 pF。试问能否满足收听中波段 526～1606 kHz 的要求。

6-3-4　某 RLC 串联电路中，$R = 100\ \Omega$，$L = 0.36\ \text{mH}$，$C = 160\ \text{pF}$。试计算电路的谐振频率、品质因数、通频带宽度及谐振时的阻抗。

6-3-5　在 RLC 串联电路中，已知电源电压为 220 V，当频率为 50 Hz 时电路发生谐振。现将电源的频率增加为 60 Hz，电压有效值不变，则电路中的电流有效值 I 将如何变化？

6-3-6　某 RLC 串联电路，当信号源频率为 5 kHz 时电路发生谐振。谐振时电流有效值 I 为 10 mA，容抗 X_C 为 62.8 Ω，并测得电容电压 U_C 为电源电压 U_s 的 5 倍。试求该电路的电阻 R 和电感 L。

6.4　并联谐振电路

RLC 串联电路仅适用于信号源内阻 R_s 较小的情况，若 R_s 过大，会降低 Q 值，使电路的选择性变差。为了获得较好的选频性能，常采用 RLC 并联谐振电路。

由于实际的电感线圈有内阻 r，所以在实际应用中并不存在理想的 RLC 并联电路。在实际应用中广泛应用的是实际电感线圈与实际电容器并联的谐振电路，在忽略实际电容器损耗的情况下，其电路模型如图 6-4-1(a)所示。

6.4.1　并联谐振频率和谐振电阻

图 6-4-1(a)所示电路的导纳为

$$Y = \frac{\dot{I}}{\dot{U}} = \text{j}\omega C + \frac{1}{r + \text{j}\omega L} = \frac{r}{r^2 + (\omega L)^2} + \text{j}\left[\omega C - \frac{\omega L}{r^2 + (\omega L)^2}\right] \qquad (6-4-1)$$

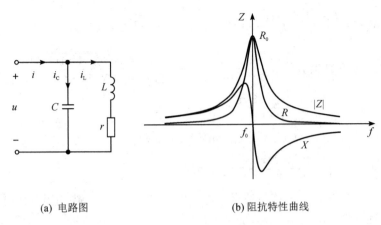

(a) 电路图   (b) 阻抗特性曲线

图 6-4-1 实际 LC 并联电路

1. 并联谐振频率

根据谐振的定义，当电路的电纳为零时，电路呈纯电阻性，端口上电压、电流的相位相同，即发生并联谐振的条件为

$$\omega C - \frac{\omega L}{r^2 + (\omega L)^2} = 0$$

满足上式的信号频率称为谐振频率，用 ω_0 表示。则并联谐振电路的谐振频率为

$$\omega_0 = \sqrt{\frac{1}{LC} - \left(\frac{r}{L}\right)^2} \qquad (6-4-2)$$

式(6-4-2)说明：谐振频率 ω_0 不仅与 L、C 有关，还与 r 有关。且只有当 $\frac{1}{LC} > \left(\frac{r}{L}\right)^2$，即 $r < \sqrt{\frac{L}{C}}$ 时，电路才可能发生谐振；若 $r > \sqrt{\frac{L}{C}}$，ω_0 是虚数，电路不会产生谐振。

由于在实际工程应用中电感 L 的内阻 r 很小，通常满足 $r \ll \sqrt{\frac{L}{C}}$，即满足 $\omega L \gg r$ 时，由式(6-4-2)可知，并联谐振电路的谐振频率为

$$\omega_0 \approx \frac{1}{\sqrt{LC}} \text{ 或 } f_0 \approx \frac{1}{2\pi\sqrt{LC}} \qquad (6-4-3)$$

式(6-4-3)是计算图 6-4-1(a)所示实际并联电路谐振频率的常用公式。在满足产生谐振条件的前提下，改变信号源频率或改变电路参数 L 或 C(通常是改变 C)可使电路达到谐振。

2. 并联谐振电阻

由于谐振时电路的电纳为零，所以电路相当于一个电阻。由式(6-4-1)可得到谐振时电路的导纳为

$$Y_0 = \frac{r}{r^2 + (\omega_0 L)^2}$$

则谐振时的等效阻抗为

$$Z_0 = \frac{r^2 + (\omega_0 L)^2}{r}$$

将式(6-4-2)代入上式，得

$$Z_0 = R_0 = \frac{L}{rC} \qquad (6-4-4)$$

6.4.2　并联谐振电路的特点

1. 并联电路的性质

由于并联电路中的感抗 X_L 和容抗 X_C 都随信号频率 ω 的变化而变化，故并联电路的性质与工作频率有关。并联电路的阻抗特性如图 6-4-1(b) 所示。

(1) 当 $\omega = \omega_0$ 时，有 $X = 0$，电路呈纯电阻性，为并联谐振状态。

(2) 当 $\omega < \omega_0$ 时，有 $X > 0$，电路呈电感性。

(3) 当 $\omega > \omega_0$ 时，有 $X < 0$，电路呈电容性。

知识拓展　〰〰〰〰〰〰〰〰〰〰〰〰〰〰〰〰〰〰〰〰〰〰〰〰

LC 并联电路的阻抗

由于电感线圈总是存在内阻 r，其等效电路为感性负载与电容器并联的串并混联，如图 6-4-1(a) 所示，谐振现象也就较为复杂。

为研究其阻抗与频率的关系，可将式(6-4-1)写为

$$Y = G + jB$$

其中

$$G = \frac{r}{r^2 + (\omega L)^2}$$

$$B = \omega C - \frac{\omega L}{r^2 + (\omega L)^2}$$

则其阻抗为

$$Z = \frac{1}{Y} = \frac{1}{G + jB} = \frac{G}{G^2 + B^2} - j\frac{B}{G^2 + B^2} = R + jX \qquad (6-4-5)$$

其中

$$R = \frac{G}{G^2 + B^2} \qquad (6-4-6a)$$

$$X = -\frac{B}{G^2 + B^2} \qquad (6-4-6b)$$

因为 G 和 B 都是频率 ω 的函数，所以 LC 并联电路的等效电阻 R 和等效电抗 X 也是频率 ω 的函数。由式(6-4-6a)和式(6-4-6b)可得到 R 和 X 与频率的关系曲线，如图 6-4-1(b) 所示。

由式(6-4-5)可得阻抗的模为

$$|Z| = \sqrt{R^2 + X^2} \qquad (6-4-7)$$

由式(6-4-7)可得到并联电路 $|Z|$ 与频率的关系曲线，如图 6-4-1(b) 所示。其中，当 $f = f_0$ 时，阻抗 $Z = R_0$。

〰〰〰〰〰〰〰〰〰〰〰〰〰〰〰〰〰〰〰〰〰〰〰〰〰〰〰〰〰〰〰〰

2. 品质因数

品质因数 Q 定义为：谐振时的感抗或容抗与电路中电阻的比值。即

$$Q = \frac{\omega_0 L}{r} = \frac{1}{\omega_0 C r}$$

又因为当 $\omega L \gg r$ 时，谐振频率 $\omega_0 \approx \frac{1}{\sqrt{LC}}$，所以有

$$Q = \frac{\omega_0 L}{r} = \frac{1}{\omega_0 C r} \approx \frac{1}{r}\sqrt{\frac{L}{C}} \tag{6-4-8a}$$

由上式可知，当 $Q \gg 1$ 时，必然满足 $r \ll \sqrt{\dfrac{L}{C}}$。

在并联谐振电路中，将式(6-4-4)代入式(6-4-8a)，品质因数又可写为

$$Q = \frac{\omega_0 L}{r} \cdot \frac{C}{C} = \omega_0 C R_0 = \frac{R_0}{\omega_0 L} \tag{6-4-8b}$$

3. 并联谐振时的特点

(1) 谐振阻抗 Z_0 最大。当 LC 并联电路发生谐振时，电路的电纳为零，即感抗和容抗相互抵消，由式(6-4-1)可知，谐振时电路的导纳 Y_0 最小，且呈纯电导性，则等效阻抗 $Z_0 = R_0$ 最大，且呈纯电阻性。

(2) 谐振电流 I_0 最小。谐振时电路的总电流为

$$\dot{I}_0 = \dot{I}(\omega_0) = \frac{\dot{U}}{Z_0} = \frac{\dot{U}}{R_0} \tag{6-4-9a}$$

$$I_0 = I(\omega_0) = \frac{U}{R_0} \tag{6-4-9b}$$

由于谐振时的谐振阻抗 Z_0 最大，若激励信号 u 不变，则电流 i 为最小值 I_0，且 u 与 i 同相。同理，谐振时电路的电压为

$$\dot{U}_0 = \dot{U}(\omega_0) = \dot{I}Z_0 = \dot{I}R_0 \tag{6-4-10a}$$

$$U_0 = U(\omega_0) = IR_0 \tag{6-4-10b}$$

由于谐振时的谐振阻抗 Z_0 最大，若激励信号 i 不变，则电压 u 达到最大值 U_0，且 u 与 i 同相。实际应用中常根据这个特征来判断电路是否发生了并联谐振。

(3) 通过电感和电容的电流是总电流的 Q 倍。当 $\omega_0 L \gg r$ 时，谐振时各支路电流分别为

$$I_{L0} = \frac{U_0}{\sqrt{r^2 + (\omega_0 L)^2}} \approx \frac{U_0}{\omega_0 L} = \frac{I_0 R_0}{\omega_0 L}$$

$$I_{C0} = \omega_0 C U_0 = \omega_0 C \cdot I_0 R_0$$

将式(6-4-3)、式(6-4-4)和式(6-4-8a)代入以上两式，有

$$I_{L0} = Q I_0 \tag{6-4-11}$$

$$I_{C0} = Q I_0 \tag{6-4-12}$$

由式(6-4-4)可知，线圈的内阻 r 越小，并联谐振时的等效电阻 R_0 就越大。当 r 趋于 0 时，R_0 趋于无穷大，即理想电感元件与电容发生并联谐振时，阻抗为无穷大，总电流为

零，相当于断路。但在 LC 回路中有电流，因为通过电容的电流超前电压 $90°$，通过电感上的电流滞后电压 $90°$，即 i_C 与 i_L 大小相等、相位相反，才使总电流为零。

谐振时若 $\omega_0 L \gg r$，有 $Q \gg 1$，则 $I_{L0} = I_{C0} \gg I_0$，通过 L 和 C 的电流将大于总电流，所以并联谐振又称作电流谐振。实际应用的 LC 并联电路中，Q 一般可达几十至几百。

6.4.3　并联谐振电路的频率响应

在并联谐振电路中，常以电路的电压为输出量，分析电路的频率响应。在图 $6-4-1$ (a)所示并联谐振电路中，由式 $(6-4-1)$ 可知，其电压为

$$\dot{U} = \frac{\dot{I}}{Y} = \frac{\dot{I}}{j\omega C + \dfrac{1}{r+j\omega L}} = \frac{\dfrac{1}{j\omega C}(r+j\omega L)\dot{I}}{(r+j\omega L) + \dfrac{1}{j\omega C}}$$

当 $\omega L \gg r$ 时，上式可简化为

$$\dot{U} \approx \frac{\dfrac{1}{j\omega C}j\omega L\dot{I}}{r + j\left(\omega L - \dfrac{1}{\omega C}\right)} = \frac{\dfrac{L}{rC}\dot{I}}{1 + j\,\dfrac{1}{r}\left(\omega L - \dfrac{1}{\omega C}\right)}$$

将式 $(6-4-3)$、式 $(6-4-4)$、式 $(6-4-8a)$、式 $(6-4-10a)$ 代入上式，整理后得

$$\dot{U} = \frac{\dot{U}_0}{1 + jQ\left(\dfrac{\omega}{\omega_0} - \dfrac{\omega_0}{\omega}\right)} \tag{6-4-13}$$

其幅频特性和相频特性分别为

$$U(\omega) = \frac{U_0}{\sqrt{1 + Q^2\left(\dfrac{\omega}{\omega_0} - \dfrac{\omega_0}{\omega}\right)^2}} \tag{6-4-14a}$$

$$\varphi_u(\omega) = -\arctan\left[Q\left(\frac{\omega}{\omega_0} - \frac{\omega_0}{\omega}\right)\right] \tag{6-4-14b}$$

对比式 $(6-4-13)$ 与式 $(6-3-10)$，它们有相同的形式。所以，并联谐振电路在谐振频率附近的频率特性与串联谐振电路相似，其通频带也相同。但并联谐振电路的幅频特性和相频特性分别以 $U(\omega)$ 和 $\varphi_u(\omega)$ 为纵坐标，故由式 $(6-4-14b)$ 可知并联谐振电路的性质：

(1) 当 $\omega = \omega_0$ 时，$\varphi_u = 0$，电路呈纯电阻性，为并联谐振状态。

(2) 当 $\omega < \omega_0$ 时，$\varphi_u > 0$，电路呈电感性。

(3) 当 $\omega > \omega_0$ 时，$\varphi_u < 0$，电路呈电容性。

在高频电路中，并联谐振电路常作为放大器的负载，因为放大器的输出端可视为内阻很大的信号源。

例 6.4.1 已知某 LC 并联电路的 $L = 0.25\,\text{mH}$，内阻 $r = 10\,\Omega$，$C = 100\,\text{pF}$。试求该电路的谐振频率、谐振时的等效电阻、品质因数和带宽。

解　由于 $r = 10\,\Omega$ 很小，故可采用近似的谐振频率计算公式：

$$f_0 \approx \frac{1}{2\pi\sqrt{LC}} = \frac{1}{2\pi\sqrt{0.25\,\text{mH} \times 100\,\text{pF}}} = 1006.584\,\text{kHz}$$

将该结果与用精确公式计算相比较：

$$f_0 = \frac{1}{2\pi}\sqrt{\frac{1}{LC}-\left(\frac{r}{L}\right)^2} = \frac{1}{2\pi}\sqrt{\frac{1}{0.25\ \text{mH}\times 100\ \text{pF}}-\left(\frac{10\ \Omega}{0.25\ \text{mH}}\right)^2} = 1006.564\ \text{kHz}$$

由两种计算结果可知，谐振频率仅相差 20 Hz，显然采用近似公式可简化计算过程，在精度要求不严格时，误差可以忽略。

谐振时的等效电阻为

$$R_0 = \frac{L}{rC} = \frac{0.25\ \text{mH}}{10\ \Omega\times 100\ \text{pF}} = 250\ \text{k}\Omega$$

品质因数和带宽分别为

$$Q \approx \frac{1}{r}\sqrt{\frac{L}{C}} = \frac{1}{10}\sqrt{\frac{0.25\ \text{mH}}{100\ \text{pF}}} = 158.1$$

$$BW_{0.7} = \frac{f_0}{Q} = \frac{1006.584\ \text{kHz}}{158.1} = 6.37\ \text{kHz}$$

例 6.4.2 在如图 6-4-2(a)所示的 LC 并联电路中，已知 L 的内阻 $r=10\ \Omega$，品质因数 $Q=100$。若信号源的内阻 $r_s=100\ \text{k}\Omega$，电路的品质因数 Q_e 为多少？

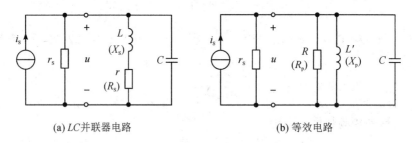

(a) LC并联器电路   (b) 等效电路

图 6-4-2 例 6.4.2 电路

解 由第 4.4.1 节的结论知，可将 L 与 r 的串联电路等效为 L' 与 R 的并联电路，如图 6-4-2(b)所示。因 $r=10\ \Omega$ 很小，由式(4-4-8)得

$$\begin{cases} R=R_p=\dfrac{R_s^2+X_s^2}{R_s}=\dfrac{r^2+(\omega L)^2}{r}\approx\dfrac{(\omega L)^2}{r} \\ \omega L'=X_p=\dfrac{R_s^2+X_s^2}{X_s}=\dfrac{r^2+(\omega L)^2}{\omega L}\approx\omega L \end{cases}$$

即 $L'\approx L$。

由并联谐振电路的品质因数 $Q=\dfrac{\omega_0 L}{r}$ 得

$$\omega_0 L = Qr = 100\times 10\ \Omega = 1\ \text{k}\Omega$$

因谐振时 $R=R_0$，式(6-4-8b)得

$$R_0 = Q\omega_0 L = 100\times 1\ \text{k}\Omega = 100\ \text{k}\Omega$$

此时，电路的总电阻 R_{e0} 为

$$R_{e0} = \left(\frac{1}{r_s}+\frac{1}{R_0}\right)^{-1} = \frac{r_s R_0}{r_s+R_0} = \frac{100\ \text{k}\Omega\times 100\ \text{k}\Omega}{100\ \text{k}\Omega+100\ \text{k}\Omega} = 50\ \text{k}\Omega$$

根据式(6-4-8b)可得电路的品质因数 Q_e 为

$$Q_e = \frac{R_{e0}}{\omega_0 L} = \frac{50\ \mathrm{k\Omega}}{1\ \mathrm{kH}} = 50$$

在实际应用中，由于信号源的内阻及外接负载的影响，电路的 Q 值会降低。

练习与思考

6-4-1　在 LC 并联电路中，若想展宽通频带，一般应如何改进电路？

6-4-2　已知某并联谐振电路的 $C=10\ \mathrm{pF}$，$L=100\ \mu\mathrm{H}$。当信号频率分别为 4 MHz 和 6 MHz 时，电路会各呈现出什么性质？

6-4-3　并联谐振电路如图 6-4-1(a)所示，已知谐振频率 $f_0=465\ \mathrm{kHz}$，电容 $C=200\ \mathrm{pF}$，品质因数 $Q=100$。试求该电路中电感线圈的 L 及其内阻 r。

6-4-4　已知某电感线圈的 $L=10\ \mathrm{mH}$，$r=10\ \Omega$，谐振角频率 $\omega_0=10^5\ \mathrm{rad/s}$，外接信号源的内阻 $r_s=100\ \mathrm{k\Omega}$。

(1) 若与电容接成并联谐振电路，外接信号源后，电路的品质因数为多少？

(2) 若与电容接成串联谐振电路，外接信号源后，电路的品质因数为多少？

6.5　无源滤波器

观察与思考

滤波电路广泛应用于各类电子设备中。图 6-5-1 所示为电源去耦电路示意图，其中 $10\ \mu\mathrm{F}$ 和 $0.1\ \mu\mathrm{F}$ 的电容组成了电源去耦电路，其本质就是滤波电路，目的是使交流信号不进入直流电源。为什么要给直流电源增加去耦电路呢？

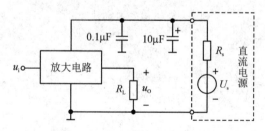

图 6-5-1　电源去耦电路示意图

由于放大电路放大的是交流信号，而理想的直流电源是不存在的，即实际的直流电源都有内阻 R_s，当交流信号进入直流电源后，会在 R_s 上产生压降，使直流电源的输出电压不稳定，这将影响放大电路的性能，严重的时候还会使放大电路失去对信号的放大作用。所以在要求比较高的场合应该给直流电源增加去耦电路。

滤波器是只允许特定频率范围内的信号成分正常通过，而阻止另一部分频率成分通过的电路，是抑制和防止干扰的一项重要措施。按其功能分类，滤波器可分为低通、高通、带通和带阻滤波器，它们的理想幅频特性如图 6-5-2 所示。

前面讨论的 RC 和 RL 滤波电路、LC 串联和 LC 并联谐振电路分别实现了低通、高通和带通滤波的功能，这些电路都是无源网络，故称为无源滤波器。本节仅简要介绍常见的 RC 带通滤波器和 RLC 带阻滤波器的基本原理。

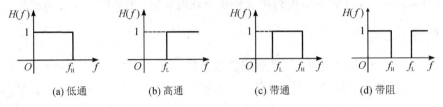

| (a) 低通 | (b) 高通 | (c) 带通 | (d) 带阻 |

图 6 - 5 - 2　滤波器的幅频特性

6.5.1　*RC* 带通滤波电路

RC 带通滤波电路如图 6 - 5 - 3 所示，由 RC 串联电路和 RC 并联电路串联而成，响应从 RC 并联电路上取得。其中，$R_1=R_2=R$，$C_1=C_2=C$。当频率很低时，有 $\dfrac{1}{\omega C} \gg R$，此时 R_1 可视为短路、C_2 可视为开路，电路为 RC 高通滤波电路，如图 6 - 2 - 4(a)所示电路。当频率很高时，有 $\dfrac{1}{\omega C} \ll R$，此时 C_1 可视为短路、R_2 可视为开路，电路为 RC 低通滤波电路，如图 6 - 2 - 2(a)所示电路。所以，频率很低和频率很高的信号都会被滤除。

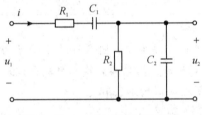

图 6 - 5 - 3　*RC* 带通滤波电路

1. 幅频特性和相频特性

由欧姆定律知：$\dot{U}_1 = \left(R + \dfrac{1}{\mathrm{j}\omega C} + \dfrac{1}{\dfrac{1}{R} + \mathrm{j}\omega C}\right)\dot{i}$，$\dot{U}_2 = \dfrac{1}{\dfrac{1}{R} + \mathrm{j}\omega C}\dot{i}$，则其电压转移函数为

$$H(\mathrm{j}\omega) = \frac{\dot{U}_2}{\dot{U}_1} = \frac{1}{3 + \mathrm{j}\left(\omega CR - \dfrac{1}{\omega CR}\right)} \qquad (6-5-1\mathrm{a})$$

令 $\omega_0 = \dfrac{1}{RC}$，式(6 - 5 - 1a)可写为

$$H(\mathrm{j}\omega) = \frac{1}{3 + \mathrm{j}\left(\dfrac{\omega}{\omega_0} - \dfrac{\omega_0}{\omega}\right)} \qquad (6-5-1\mathrm{b})$$

其幅频特性和相频特性分别为

$$H(\omega) = \frac{1}{\sqrt{3^2 + \left(\dfrac{\omega}{\omega_0} - \dfrac{\omega_0}{\omega}\right)^2}} \qquad (6-5-2\mathrm{a})$$

$$\varphi(\omega) = -\arctan \dfrac{\dfrac{\omega}{\omega_0} - \dfrac{\omega_0}{\omega}}{3} \tag{6-5-2b}$$

幅频特性曲线和相频特性曲线如图 6-5-4 所示。

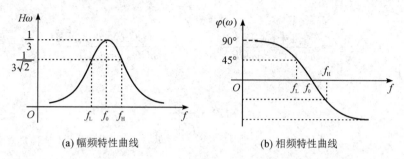

(a) 幅频特性曲线　　　　　(b) 相频特性曲线

图 6-5-4　RC 带通电路频率特性曲线

由式(6-5-2a)知：当频率 $\omega = \omega_0$ 时，$H(\omega_0) = H(\omega)_{\max} = 1/3$，此时电路的工作状态称为谐振，$\omega_0$ 称为谐振频率或中心频率；当频率很低或很高时，$H(\omega) \approx 0$，如图 6-5-4 (a)所示。说明图 6-5-3 所示电路能够抑制高频和低频信号，故称为带通滤波电路。

由式(6-5-2b)知：当频率 $\omega = \omega_0$ 时，$\varphi(\omega_0) \approx 0°$；当频率很低时，$\varphi(\omega) \approx 90°$；当频率很高时，$\varphi(\omega) \approx -90°$，如图 6-5-4(b)所示。

2. 通频带

根据截止频率的定义，由式(6-5-2a)知，当 $\dfrac{H(\omega)}{H(\omega)_{\max}} = \dfrac{1}{\sqrt{2}}$ 时，有 $\dfrac{\omega}{\omega_0} - \dfrac{\omega_0}{\omega} = \pm 3$。由此可得电路的上限频率和下限频率，分别为

$$\omega_H = \frac{\sqrt{13}+3}{2}\omega_0 \quad \text{或} \quad f_H = \frac{\sqrt{13}+3}{2}f_0 \tag{6-5-3a}$$

$$\omega_L = \frac{\sqrt{13}-3}{2}\omega_0 \quad \text{或} \quad f_L = \frac{\sqrt{13}-3}{2}f_0 \tag{6-5-3b}$$

如图 6-5-4(a)所示，电路的通频带为 f_H 与 f_L 之间的频率范围，即

$$BW_{0.7} = f_H - f_L = 3f_0 \tag{6-5-4}$$

由式(6-5-2a)知，在截止频率处，$H(\omega_L) = H(\omega_H) = H(\omega)_{\max}/\sqrt{2}$，如图 6-5-4(a)所示；由式(6-5-2b)知，在截止频率处，$\varphi(\omega_L) = 45°$，$\varphi(\omega_H) = -45°$，如图 6-5-4(b)所示。

例 6.5.1　由 RC 低通和 RC 高通滤波电路组合的电路如图 6-5-5 所示，试求电路的电压转移函数。

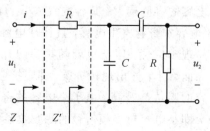

图 6-5-5　例 6.5.1电路

解 由图可得

$$\frac{1}{Z'} = \left(\frac{1}{j\omega C}\right)^{-1} + \left(R + \frac{1}{j\omega C}\right)^{-1}$$
$$Z = R + Z'$$

整理后得

$$Z' = \frac{1 + j\omega CR}{j\omega CR(2 + j\omega CR)}, \qquad Z = \frac{1 - (\omega CR)^2 + j3\omega CR}{j\omega CR(2 + j\omega CR)}$$

$\dot{U}_2$ 和 $\dot{U}_1$ 分别为

$$\dot{U}_2 = \dot{I}Z' \cdot \frac{R}{R + \dfrac{1}{j\omega C}},$$

$$\dot{U}_1 = \dot{I}Z$$

代入 Z' 和 Z，可得

$$\dot{U}_2 = \dot{I} \cdot \frac{R}{2 + j\omega CR}$$

$$\dot{U}_1 = \dot{I} \cdot \frac{1 - (\omega CR)^2 + j3\omega CR}{j\omega CR(2 + j\omega CR)}$$

电路的电压转移函数为

$$H(j\omega) = \frac{\dot{U}_2}{\dot{U}_1} = \frac{R}{2 + j\omega CR} \cdot \frac{j\omega CR(2 + j\omega CR)}{1 - (\omega CR)^2 + j3\omega CR}$$

整理后得

$$H(j\omega) = \frac{1}{3 + j\left(\omega CR - \dfrac{1}{\omega CR}\right)}$$

上式与式(6-5-1a)相同。说明图 6-5-5 所示电路与图 6-5-3 所示 RC 带通滤波电路的电压转移函数相同，两电路具有相同的性能。

技术与应用

电源去耦电路

在图 6-5-1 所示的电源去耦电路中，为什么要用 $10\ \mu F$ 和 $0.1\ \mu F$ 两个电容呢？

电源去耦电路就是要滤除电路中的交流分量，使交流信号不进入直流电源。理论上，对于固定频率的交流信号，电容的容值越大，其容抗就越小。即使用了 $10\ \mu F$ 的电容，就不需要 $0.1\ \mu F$ 的电容。但由于电容本身有寄生电感，且往往电容越大其寄生电感也越大，当频率升高后，电容最终都会呈现出感性，阻抗也就随频率的升高而升高。如图 6-5-6 所示，电容的阻抗随频率的升高而减小，并出现转折点，即阻抗曲线中阻抗最小的点，当信号频率高于转折点频率后，电容的阻抗会升高。由于小电容的寄生电感更小，所以小电容的转折点频率比大电容的更高，即小电容对高频信号的滤波效果更好。

在小功率模拟电路中，去耦电路常用 $10\ \mu F$ 和 $0.1\ \mu F$ 的电容并联；在高精度模拟电

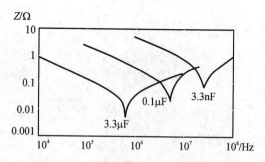

图 6 - 5 - 6　电容的阻抗随频率变化曲线

中，去耦电路则需设置多个梯度的电容，如 10 μF、0.1 μF、1000 pF 的电容并联，以保证去耦电路能够滤除频率范围很宽的噪声。在数字电路中，因器件工作在高速开关状态，电源电流变化迅速，且数字信号中含有丰富的高频成分，会对直流电源造成干扰，故去耦电路一般用 0.1 μF 的电容。在大功率电路中，去耦电路则要使用更大的电容，如 470 μF 或 1000 μF 的电容，同时还要并联几个小电容，以提高高频滤波性能。

去耦电容放置的原则：一是就近，即尽量靠近电路或芯片管脚；二是越小越近，即按容值的递增，由近至远依次放置电容。

6.5.2　*RLC* 带阻滤波电路

RLC 带阻滤波电路如图 6 - 5 - 7 所示，由 *RLC* 串联电路组成，响应从 *LC* 串联电路上取得。则 *LC* 串联电路的谐振频率 $\omega_0 = \dfrac{1}{\sqrt{LC}}$。当 $\omega = \omega_0$ 时，有 $\omega_0 L - \dfrac{1}{\omega_0 C} = 0$，此时 $u_2 \approx 0$。

当 $\omega \gg \omega_0$ 或 $\omega \ll \omega_0$ 时，有 $\omega L - \dfrac{1}{\omega C} \gg R$，此时有 $u_2 \approx u_1$。所以，在 ω_0 处的信号被滤除，而频率很低和频率很高的信号都被保留下来。

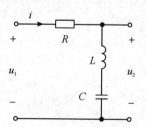

图 6 - 5 - 7　*RLC* 带阻滤波电路

1. 幅频特性和相频特性

由欧姆定律知：$\dot{U}_1 = \left(R + \mathrm{j}\omega L + \dfrac{1}{\mathrm{j}\omega C} \right) \dot{I}$，$\dot{U}_2 = \left(\mathrm{j}\omega L + \dfrac{1}{\mathrm{j}\omega C} \right) \dot{I}$，则其电压转移函数为

$$H(\mathrm{j}\omega) = \frac{\dot{U}_2}{\dot{U}_1} = \frac{1}{1 - \mathrm{j}\,\dfrac{1}{\dfrac{\omega L}{R} - \dfrac{1}{\omega C R}}} \tag{6-5-5a}$$

由于 RLC 串联谐振电路的 $\omega_0 = \dfrac{1}{\sqrt{LC}}$，$Q = \dfrac{\omega_0 L}{R} = \dfrac{1}{\omega_0 CR}$，故式 $(6-5-5a)$ 可写为

$$H(\mathrm{j}\omega) = \frac{1}{1-\mathrm{j}\,\dfrac{1}{Q\left(\dfrac{\omega}{\omega_0}-\dfrac{\omega_0}{\omega}\right)}} \tag{6-5-5b}$$

其幅频特性和相频特性分别为

$$H(\omega) = \frac{1}{\sqrt{1+\dfrac{1}{Q^2\left(\dfrac{\omega}{\omega_0}-\dfrac{\omega_0}{\omega}\right)^2}}} \tag{6-5-6a}$$

$$\varphi(\omega) = \arctan \frac{1}{Q\left(\dfrac{\omega}{\omega_0}-\dfrac{\omega_0}{\omega}\right)} \tag{6-5-6b}$$

幅频特性曲线和相频特性曲线如图 $6-5-8$ 所示。

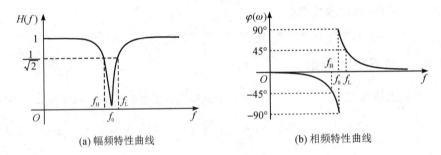

(a) 幅频特性曲线   (b) 相频特性曲线

图 $6-5-8$ RLC 带阻电路频率特性曲线

由式 $(6-5-6a)$ 知：当 $\omega = \omega_0$ 时，$H(\omega_0) = 0$，ω_0 称为中心频率；当频率很低或很高时，$H(\omega) \approx 1$，如图 $6-5-8(a)$ 所示。说明图 $6-5-7$ 所示电路仅抑制中心频率处的信号，故称为带阻滤波电路，又称为陷波电路。

由式 $(6-5-6b)$ 知：当 $\omega = \omega_0$ 时，$\varphi(\omega_0) = \pm 90°$，如图 $6-5-8(b)$ 所示。

2. 阻带宽度

根据截止频率的定义，由式 $(6-5-6a)$ 知，当 $\dfrac{H(\omega)}{H(\omega)_{\max}} = \dfrac{1}{\sqrt{2}}$ 时，有 $Q\left(\dfrac{\omega}{\omega_0}-\dfrac{\omega_0}{\omega}\right) = \pm 1$。

由此可得电路的上限频率和下限频率，分别为

$$\omega_{\mathrm{L}} = \left[\sqrt{\left(\frac{1}{2Q}\right)^2+1}+\frac{1}{2Q}\right]\omega_0 \;\; 或 \;\; f_{\mathrm{L}} = \left[\sqrt{\left(\frac{1}{2Q}\right)^2+1}+\frac{1}{2Q}\right]f_0 \tag{6-5-7a}$$

$$\omega_{\mathrm{H}} = \left[\sqrt{\left(\frac{1}{2Q}\right)^2+1}-\frac{1}{2Q}\right]\omega_0 \;\; 或 \;\; f_{\mathrm{H}} = \left[\sqrt{\left(\frac{1}{2Q}\right)^2+1}-\frac{1}{2Q}\right]f_0 \tag{6-5-7b}$$

如图 $6-5-8(a)$ 所示，电路的阻带为 f_{L} 与 f_{H} 之间的频率范围，即

$$\mathrm{BW}_{0.7} = f_{\mathrm{L}} - f_{\mathrm{H}} = \frac{f_0}{Q} \tag{6-5-8}$$

由式 $(6-5-6a)$ 知，在截止频率处，$H(\omega_{\mathrm{L}}) = H(\omega_{\mathrm{H}}) = 1/\sqrt{2}$，如图 $6-5-8(a)$ 所示；

由式(6-5-6b)知，在截止频率处，$\varphi(\omega_\mathrm{L})=45°$，$\varphi(\omega_\mathrm{H})=-45°$，如图 6-5-8(b)所示。

　　本章介绍的 RC 和 RL 滤波电路、串联和并联谐振电路，均可视为无源滤波器。无源滤波器具有结构简单、成本低廉、可靠性高等优点。但无源滤波器在实际应用中存在以下几点局限：①没有增益，即其输出信号的幅度总是小于输入信号的幅度。②难以集成，滤波器中的电感和大电容无法集成。③负载效应比较明显。④低频滤波性能不理想。因此，在电子系统中常采用有源滤波器，有源滤波器的原理可参考其他相关书籍。

练习与思考

　　6-5-1　若要接收无线广播电台发射的信号，接收机应选择哪种滤波器(低通、高通、带通、带阻)？为什么？

　　6-5-2　由 RC 高通(N₁)和 RC 低通(N₂)滤波电路组合的电路如图 6-5-9 所示，由于 N₁ 和 N₂ 的电压转移函数分别为 $H_1(\mathrm{j}\omega)=\dfrac{\mathrm{j}\omega CR}{1+\mathrm{j}\omega CR}$ 和 $H_2(\mathrm{j}\omega)=\dfrac{1}{1+\mathrm{j}\omega CR}$，所以有人认为电路总的电压转移函数为 $H(\mathrm{j}\omega)=H_1(\mathrm{j}\omega)H_2(\mathrm{j}\omega)$。这种说法是否正确？为什么？

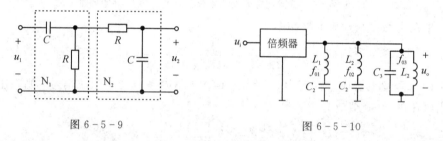

图 6-5-9　　　　　　　　　　　图 6-5-10

　　6-5-3　某倍频器的输出电路包含 L_1C_1、L_2C_2 组成的串联谐振电路和 L_3C_3 组成的并联谐振电路，如图 6-5-10 所示。当输入信号的频率 $f_\mathrm{s}=1\ \mathrm{MHz}$ 时，为得到 2 MHz 的信号，并有效滤除基波(1 MHz)和三次谐波(3 MHz)分量，三个谐振电路的谐振频率 f_{01}、f_{02}、f_{03} 应分别为多少？

6.6　技　能　训　练

6.6.1　RC 滤波电路幅频特性的测量

1. 实验目的

(1) 加深对频率特性的理解；

(2) 进一步理解 RC 低通滤波器和 RC 高通滤波器的特点；

(3) 学会幅频特性曲线的测量和绘制方法。

2. 实验内容

(1) RC 低通滤波器幅频特性的测量；

(2) RC 高通滤波器幅频特性的测量。

3. 实验器材

双踪示波器，信号发生器，高频毫伏表，电阻：2.4 kΩ，电容：0.033 μF。

4. 注意事项

（1）在上限频率和下限频率附近可增加测试点，以准确测量上限频率和下限频率。

（2）在变换频率时，信号发生器输出电压可能会有变化，所以在每次测试前，应用示波器监视电路的输入信号电压，使其电压峰-峰值始终维持在指定值。

5. 实验步骤

1）测量 RC 低通滤波器幅频特性

（1）实验电路。按图 6-6-1 连接电路。

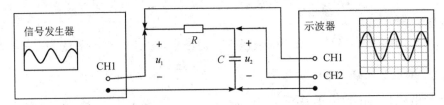

图 6-6-1　技能训练 6.6.1 电路——低通滤波器的测量

（2）根据电路参数计算上限频率。

$$f_H = \frac{1}{2\pi RC} = \frac{1}{2\pi \times 2.4\ k\Omega \times 0.033\ \mu F} = 2010\ Hz$$

（3）用信号发生器产生幅度为 $U_m = 1.414\ V$、不同频率的正弦波信号，则在上限频率处，输出电压的峰-峰值应为

$$U_{2p-p} = \frac{2U_m}{\sqrt{2}} = \frac{2 \times 1.414\ V}{\sqrt{2}} = 2\ V$$

（4）用示波器测量不同频率的输出电压的峰-峰值 U_{2p-p}，将结果填入表 6-6-1 中。

表 6-6-1　RC 低通滤波器幅频特性

f/Hz	400	700	1000	1300	1600	1800	1900	1950	**2010**	2050
U_{2p-p}/V										
f/Hz	2100	2200	2500	3000	3500	4000	5000	6000	7000	8000
U_{2p-p}/V										

（5）根据测量结果绘制幅频特性曲线。上限频率 $f_H =$ _____ Hz。

2）测量 RC 高通滤波器幅频特性

（1）实验电路。按图 6-6-2 连接电路。

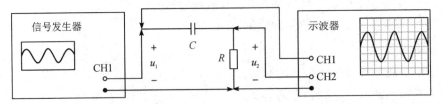

图 6-6-2　技能训练 6.6.1 电路——高通滤波器的测量

（2）根据电路参数计算下限频率。

$$f_L = \frac{1}{2\pi RC} = \frac{1}{2\pi \times 2.4 \text{ k}\Omega \times 0.033 \text{ }\mu\text{F}} = 2010 \text{ Hz}$$

（3）用信号发生器产生幅度为 $U_m = 1.414$ V、不同频率的正弦波信号。则在下限频率处，输出电压的峰-峰值应为

$$U_{2p\text{-}p} = \frac{2U_m}{\sqrt{2}} = \frac{2 \times 1.414 \text{ V}}{\sqrt{2}} = 2 \text{ V}$$

（4）用示波器测量不同频率输出电压的峰-峰值 $U_{2p\text{-}p}$，将结果填入表 6-6-2 中。

（5）根据测量结果绘制幅频特性曲线。下限频率 $f_L = $ _____ Hz。

表 6-6-2　RC 高通滤波器幅频特性

f/Hz	400	700	1000	1300	1600	1800	1900	1950	**2010**	2050
$U_{2p\text{-}p}/\text{V}$										
f/Hz	2100	2200	2500	3000	3500	4000	5000	6000	7000	8000
$U_{2p\text{-}p}/\text{V}$										

6. 总结与思考

（1）整理实验数据，撰写实验报告。

（2）是否可以用万用表测量输出电压？为什么？

6.6.2　串联谐振电路频率特性的测量

1. 实验目的

（1）验证串联谐振电路的特点，加深对串联谐振现象的理解；

（2）学会测量串联谐振电路的谐振频率。

2. 实验内容

（1）串联谐振电路幅频特性的测量；

（2）不同频率时串联谐振电路性质的测量。

3. 实验器材

双踪示波器，信号发生器，电阻：3.3 kΩ，电感：0.1 mH，电容：100 pF。

4. 注意事项

在变换频率时，信号发生器输出电压可能会有变化，所以在每次测试前，应用示波器监视电路的输入信号电压，使其电压峰-峰值始终维持在指定值。

5. 实验电路

实验电路如图 6-6-3 所示。若输入电压 u_1 为固定值，谐振时的串联谐振电阻最小，则输出电压 u_2 最高；失谐时串联谐振电路的阻抗增大，u_2 将降低。

6. 实验内容与步骤

（1）按图 6-6-3 连接电路，根据电路参数计算谐振频率：

$$f_0 = \frac{1}{2\pi\sqrt{LC}} = \frac{1}{2\pi\sqrt{0.1 \text{ mH} \times 100 \text{ pF}}} = 1.59 \text{ MHz}$$

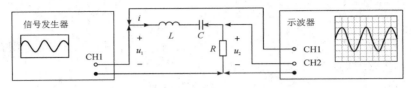

图 6-6-3　技能训练 6.6.2 电路

（2）用回路电流判断法寻找谐振频率 f_0。

① 设置信号发生器输出电压幅度为 $U_{1m}=2$ V、频率为 $f=1.59$ MHz 的正弦波。

② 在 1.59 MHz 附近微调信号发生器输出频率，观测 u_2 峰-峰值 $U_{2p\text{-}p}$ 的大小。当 $U_{2p\text{-}p}$ 最大时，信号发生器的输出频率就是电路的谐振频率 f_0。将 f_0 填入表 6-6-3 中。

③ 当频率大于或小于谐振频率时，u_1 与 u_2 哪个超前，并判断电路呈现的性质，将结果填入表 6-6-3 中。

（3）用相位判断法寻找谐振频率 f_0。

① 保持信号发生器输出电压幅度为 $U_{1m}=2$ V、频率为 $f=1.59$ MHz 的正弦波。

② 在 1.59 MHz 附近微调信号发生器输出频率，观测 u_1 与 u_2 的波形。当 u_1 与 u_2 相位相同时，信号发生器的输出频率就是电路的谐振频率 f_0。将 f_0 填入表 6-6-3 中。

表 6-6-3　串联谐振频率测量数据

		f/kHz	$U_{2p\text{-}p}$/V	u_1 与 u_2 相位关系	呈现性质
$f=f_0$	回路电流判断法				
	相位判断法				
$f>f_0$: f_0+100 kHz					
$f<f_0$: f_0-100 kHz					

（4）测量幅频特性。

① 保持信号发生器输出电压的幅度为 $U_{1m}=2$ V，按表 6-6-4 所列频率调节信号发生器输出频率，分别测出各频率点的 $U_{2p\text{-}p}$ 值。

表 6-6-4　幅频特性测量数据

f/f_0	0.50	0.60	0.70	0.80	0.85	0.90	0.95	0.98	1.0
f/kHz									
$U_{2p\text{-}p}$/V									
$H(f)=\dfrac{U_{2p\text{-}p}(f)}{U_{2p\text{-}p}(f_0)}$									
f/f_0	1.02	1.05	1.10	1.15	1.20	1.30	1.50	1.70	2.00
f/kHz									
$U_{2p\text{-}p}$/V									
$H(f)=\dfrac{U_{2p\text{-}p}(f)}{U_{2p\text{-}p}(f_0)}$									

② 根据测量结果计算传输函数 $H(f)$，绘制幅频特性曲线。

7. 总结与思考

(1) 整理实验数据，撰写实验报告。

(2) 电阻 R 上的电压 u_2 的相位代表了什么量？

(3) 谐振时，输入电压 u_1 与测量 u_2 是否相等，试分析原因。

6.6.3 并联谐振电路频率特性的测量

1. 实验目的

(1) 验证并联谐振电路的特点，加深对并联谐振现象的理解；

(2) 学会测量并联谐振电路谐振频率。

2. 实验内容

(1) 并联谐振电路幅频特性的测量；

(2) 不同频率时并联谐振电路性质的测量。

3. 实验器材

双踪示波器，信号发生器，电阻：$100\ \text{k}\Omega$，电感：$0.1\ \text{mH}$，电容：$0.1\ \mu\text{F}$。

4. 注意事项

在变换频率时，信号发生器输出电压可能会有变化，所以在每次测试前，应用示波器监视电路的输入信号电压，使其电压峰-峰值始终维持在指定值。

5. 实验电路

实验电路如图 6-6-4 所示。若输入电压 u_1 为固定值，谐振时的并联谐振电阻最大，则输出电压 u_2 最高；失谐时并联谐振电路的阻抗减小，u_2 将降低。

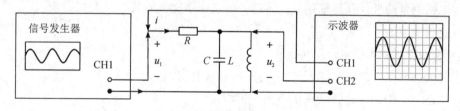

图 6-6-4 技能训练 6.6.3 电路

6. 实验内容与步骤

(1) 按图 6-6-4 连接电路，根据电路参数计算谐振频率：

$$f_0 \approx \frac{1}{2\pi\sqrt{LC}} = \frac{1}{2\pi\sqrt{0.1\ \text{mH} \times 0.1\ \mu\text{F}}} = 50.329\ \text{kHz}$$

(2) 寻找谐振频率 f_0。

① 设置信号发生器输出电压的幅度为 $U_{1m} = 10\ \text{V}$、频率 $f = 50.329\ \text{kHz}$ 的正弦波。

② 在频率 $50.329\ \text{kHz}$ 附近微调信号发生器输出频率，观测 u_2 峰-峰值 $U_{2\text{p-p}}$ 的大小。当 $U_{2\text{p-p}}$ 最大时，信号发生器的输出频率就是电路的谐振频率 f_0。将 f_0 填入表 6-6-5 中。

表 6 - 6 - 5　并联谐振频率测量数据

	f/kHz	$U_{2p\text{-}p}/V$	u_1 与 u_2 相位关系	呈现性质
$f=f_0$				
$f>f_0$	70			
$f<f_0$	30			

③ 当频率大于或小于谐振频率时，u_1 与 u_2 哪个超前，并判断电路呈现的性质，将结果填入表 6 - 6 - 5 中。

（3）测量幅频特性。

① 保持信号发生器输出电压的幅度为 $U_{1m}=10$ V，按表 6 - 6 - 6 所列频率调节信号发生输出频率，分别测出各频率点的 $U_{2p\text{-}p}$ 值。

表 6 - 6 - 6　幅频特性测量数据

f/f_0	0.80	0.85	0.90	0.95	0.96	0.97	0.98	0.99	1.00
f/kHz									
$U_{2p\text{-}p}/V$									
$H(f)=\dfrac{U_{2p\text{-}p}(f)}{U_{2p\text{-}p}(f_0)}$									
f/f_0	1.01	1.02	1.03	1.04	1.05	1.07	1.10	1.15	1.20
f/kHz									
$U_{2p\text{-}p}/V$									
$H(f)=\dfrac{U_{2p\text{-}p}(f)}{U_{2p\text{-}p}(f_0)}$									

② 根据测量结果计算传输函数 $H(f)$，绘制幅频特性曲线。

7. 总结与思考

（1）整理实验数据，撰写实验报告。

（2）谐振时，LC 谐振回路两端的电压 u_2 最大还是最小？

（3）电压 u_2 的相位是否反映了电流 i 的相位？

本 章 小 结

1. 频率响应

在正弦交流电路中，电路的频率响应是指电压、电流随频率变化的关系。其中幅度随频率变化的特性称为幅频特性，相位随频率变化的特性称为相频特性。

2. 滤波器

滤波器是一种频率选择装置，它只允许一些特定频率的信号通过，而衰减另一些频率的信号。滤波电路通常可分为低通、高通、带通和带阻等。除 RC 电路外，其他电路也可组成各种滤波电路，如 RL 电路、LC 电路等。

由无源网络组成的滤波器称为无源滤波器。

3. RC 低通与高通滤波电路主要特性对比

	RC 低通	RC 高通
截止频率	$f_H = \dfrac{1}{2\pi RC}$	$f_L = \dfrac{1}{2\pi RC}$
幅频特性	$H(\omega) = \dfrac{1}{\sqrt{1 + \left(\dfrac{\omega}{\omega_H}\right)^2}}$	$H(\omega) = \dfrac{1}{\sqrt{1 + \left(\dfrac{\omega_L}{\omega}\right)^2}}$
相频特性	$\varphi(\omega) = -\arctan\dfrac{\omega}{\omega_H}$	$\varphi(\omega) = \arctan\dfrac{\omega_L}{\omega}$
u_2 与 u_1 的相位关系	滞后网络	超前网络

4. 电路的谐振

含有 L 和 C 的电路，当电路中端口的电压、电流同相时，称电路发生了谐振。

品质因数 Q 定义为谐振时的感抗或容抗与电路中电阻的比值。品质因数的大小仅由电路的参数决定。

电路的选择性是指从多频率的信号中选出频率为 f_0 信号的能力。Q 值越大，选择性越好。

5. 串联与并联谐振电路主要特性对比

	串联谐振电路	并联谐振电路
谐振频率	$f_0 = \dfrac{1}{2\pi\sqrt{LC}}$	$f_0 \approx \dfrac{1}{2\pi\sqrt{LC}}$
谐振阻抗	$Z_0 = R$（最小）	$Z_0 = R_0 = \dfrac{L}{rC}$（最大）
谐振电流	$I_0 = \dfrac{U}{R}$（最大）	$I_0 = \dfrac{U}{R_0}$（最小）
品质因数	$Q = \dfrac{\omega_0 L}{R} = \dfrac{1}{\omega_0 CR} = \dfrac{1}{R}\sqrt{\dfrac{L}{C}}$	$Q = \dfrac{\omega_0 L}{r} = \dfrac{1}{\omega_0 Cr} \approx \dfrac{1}{r}\sqrt{\dfrac{L}{C}}$
通频带宽	$BW_{0.7} = \dfrac{f_0}{Q}$	$BW_{0.7} = \dfrac{f_0}{Q}$
电路性质	$f < f_0$ 时，电路呈容性 $f > f_0$ 时，电路呈感性	$f < f_0$ 时，电路呈感性 $f > f_0$ 时，电路呈容性
对电源的要求	适用于低内阻信号源	适用于高内阻信号源

测试题（6）

6-1　填空题

1. RC 串联电路如图 T6-1 所示，u_1 是输入信号电压，u_2 是输出信号电压，则该电路

是 RC _____通电路，u_2 的相位_____ u_1。

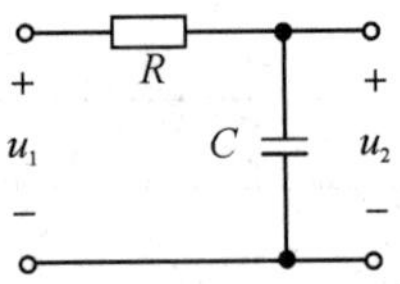

图 T6-1 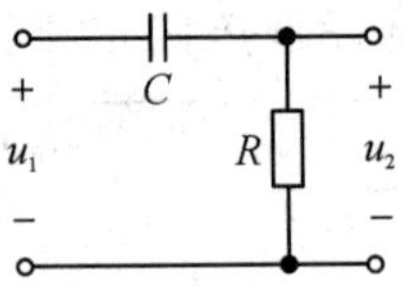   图 T6-2

2. RC 串联电路如图 T6-2 所示，u_1 是输入信号电压，u_2 是输出信号电压，则该电路是 RC _____通电路，u_2 的相位_____ u_1。

3. 在 RLC 串联电路中，发生串联谐振的条件是_____，谐振频率 f_0 = _____。

4. 谐振回路的品质因数 Q 值越高，则回路的选择性越_____（好/差），回路的通频带越_____（宽/窄）。

5. 当信号源内阻较大时，不宜用_____联谐振电路，而应用_____联谐振电路。

6. 由内阻 $r=0$ 的线圈与电容器组成串联谐振电路，其谐振频率 f_0 = _____；谐振时的阻抗 Z_0 = _____，谐振时电路相当于_____。

7. 由内阻 $r=0$ 的线圈与电容器组成并联谐振电路，其谐振角频率 ω_0 = _____；谐振时的阻抗 Z_0 = _____，谐振时电路相当于_____。

8. 在串联谐振回路中，当工作频率大于谐振频率时，回路呈_____（容/感）性；在并联谐振回路中，当工作频率大于谐振频率时，回路呈_____（容/感）性。

9. 某谐振回路的谐振频率 f_0 = 100 kHz，若要求带宽 $BW_{0.7}$ = 10 kHz，则 Q = _____。

6-2 单选题

1. RC 串联电路如图 T6-1 所示，其上限频率 f_H 为（　　）。

A. $\dfrac{1}{RC}$ B. $\dfrac{1}{2\pi RC}$ C. $\dfrac{1}{\sqrt{RC}}$ D. $\dfrac{1}{2\pi\sqrt{RC}}$

2. 在电源去耦电路中用于防止交流电压进入直流电源，应选用（　　）滤波电路。

A. 低通   B. 高通   C. 带通   D. 带阻

3. 为有效将前级交流信号传送到后级，应选用（　　）滤波电路。

A. 低通   B. 高通   C. 带通   D. 带阻

4. 为有效滤除某特定频率的信号，应选用（　　）滤波电路。

A. 低通   B. 高通   C. 带通   D. 带阻

5. 下列（　　）不是串联谐振时的特点。

A. 回路两端的电压最小   B. 通过回路的电流最大

C. 回路的等效阻抗最小   D. Q 值最大

6. 下列（　　）不是并联谐振时的特点。

A. 回路两端的电压最大   B. 通过回路的电流最小

C. 回路的等效阻抗最小   D. 回路呈纯电阻性

7. 在 LC 并联谐振电路两端并联电阻，可以（　　）。

A. 展宽通频带   B. 提高谐振频率   C. 提高 Q 值   D. 增大谐振电阻

8. 并联谐振电路能发生谐振的条件是：电感线圈的内阻 $r<($ 　　$)$。

A. $\dfrac{L}{C}$　　　　　B. $\dfrac{C}{L}$　　　　　C. $\sqrt{\dfrac{L}{C}}$　　　　　D. $\sqrt{\dfrac{C}{L}}$

6-3　判断题

1. 若要使某特定频率的信号相移 $90°$，用两级 RC 电路就能够实现。

2. 无源滤波器的主要优点之一是传输增益可以大于 1。

3. 无源滤波器的主要缺点之一是不便集成。

4. 为使 LC 电路产生谐振，通常是调节 C 的参数或调节电源的频率。

5. 在 LC 串联谐振电路中，L 或 C 上的电压总是小于端口电压。

6. 在 LC 并联谐振电路中，通过 L 或 C 的电流总是大于端口的总电流。

7. LC 谐振电路的 Q 值越大，带宽就越窄，对信号的选择性就越差。

8. 截止频率就是半功率点频率。

9. 电路如图 T6-3 所示，已知 $X_L>X_C$，则该电路呈感性。

10. 电路如图 T6-4 所示，已知 $X_L>X_C$，则该电路呈感性。

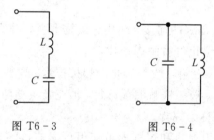

图 T6-3　　　　　　　　图 T6-4

6-4　分析计算题

1. 若 RC 高通滤波器的下限频率为 300 Hz，$C=1\ \mu F$，则电阻 R 为多少？

2. 在 RLC 串联电路中，已知 $R=10\ \Omega$，$L=1\ mH$，$C=0.1\ \mu F$。

(1) 求谐振频率 f_0 及带宽 $BW_{0.7}$；

(2) 当电路发生谐振时，若其两端电压 $u=2\sin(\omega_0 t)$ V，求电流 i；

(3) 若外加电压频率低于其谐振频率，电路呈感性还是容性？

3. 并联谐振回路如图 T6-5 所示，其中 $L=11\ \mu H$，$r=5\ \Omega$，$C_1=20\ pF$，C_2 为微调电容。

(1) 若要求谐振频率 f_0 为 10.7 MHz，则 C_2 为多少？

(2) 带宽 $BW_{0.7}$ 为多少？

(3) 为展宽通频带通常在回路两端并联电阻 R，若要求带宽为 200 kHz，则电阻 R 为多少？

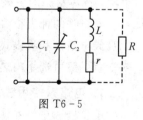

图 T6-5

测试题(6)参考答案

附录　电子元件的手工焊接技术

焊接技术是电子制作工艺中非常重要的技能，焊接的质量直接影响产品的质量。若没有掌握好焊接的要领，容易产生虚焊(断路)或桥接(短路)，致使制作出来的产品性能达不到设计要求。

一、焊接的基础知识

(一) 焊接的种类

焊接的目的是使金属有良好的连接。现代焊接技术主要分为下列三种：

(1) 熔焊：是一种直接熔化母材的焊接技术。

(2) 钎焊：是一种母材不熔化、焊料熔化的焊接技术。焊料为以熔点低于母料的金属材料为钎料，加热后钎料熔化，液态钎料润湿母料，填充接头缝隙，冷却后与母料牢固连接在一起。手工焊接电子元件时称为锡焊。

(3) 接触焊：是一种不用焊料和焊剂即可获得可靠连接的焊接技术。其原理是通过对被焊件施加冲击、压强或扭曲，使接触面发热，将被焊件连接在一起。

(二) 焊接工具

电烙铁是手工焊接时的主要工具，焊接时用到的辅助工具有烙铁架、镊子、斜口钳、尖嘴钳、吸锡器、剥线钳，等等。

电烙铁焊接的机理是通过对焊件加热，并使焊料熔化，在焊件与焊料之间形成合金结合层，待焊料凝固后该合金结合层有良好的导电性和机械强度。

电烙铁的种类很多，按机械结构可分为内热式电烙铁和外热式电烙铁，按功能可分为无吸锡电烙铁和吸锡式电烙铁，按温度控制可分为便携式电烙铁和恒温可调式电烙铁等。初学者一般可选用内热式 20 W 便携式电烙铁。

1. 电烙铁使用注意事项

电烙铁要用 220 V 交流电源，使用时要特别注意安全。应认真做到以下几点：

(1) 电烙铁插头最好使用三极插头，要使外壳接地良好。

(2) 使用前，应认真检查电源插头、电源线有无损坏，并检查烙铁头是否松动。

(3) 电烙铁在使用过程中，不能用力敲击；要防止跌落；烙铁头上焊锡过多时，可用布擦掉，不可乱甩，以防烫伤他人。

(4) 焊接过程中，电烙铁不能到处乱放；不焊时，应将电烙铁放在烙铁架上。注意：电源线不可搭在烙铁头上，以防烫坏绝缘层而发生事故。

（5）电烙铁使用结束后，应及时切断电源，拔下电源插头。冷却后，再将电烙铁收回工具箱。

2. 修整烙铁头

烙铁头经使用一段时间后，会发生表面凹凸不平的现象，而且氧化层厚重，这种情况下电烙铁的导热性很差，不利于焊接，需要对烙铁头进行修整。可用砂纸或钢挫挫去表层氧化物，并修整为自己需要的形状，待烙铁头露出金属光泽后，再重新镀锡。

烙铁的头部不是越尖越好，以能很好地同时紧贴住两类焊件为标准。如图 A-1-1 所示，图(a)中的烙铁头过钝，难以紧贴焊件，导热性能低；图(b)中的烙铁头过尖，与焊件的接触面过小，导热性能低；图(c)中的烙铁头比较合适，能够紧贴焊件，导热性能良好。

(a) 头部过钝　　　　(b) 头部过尖　　　　(c) 头部合适

图 A-1-1　烙铁头的修整

(三)焊接的辅助材料

焊接的辅助材料主要有焊料和焊剂，需要的时候还可以用清洗剂和阻焊剂。

（1）焊料：是熔点低于被焊母料金属的金属物质。在手工焊接中，最常用的是锡铅合金焊料，一种管状松香芯焊锡丝，又称为焊锡。焊锡具有熔点低、机械强度高、抗腐蚀性能好的特点。

（2）焊剂：又称助焊剂，作用是清除焊件表面的氧化膜，防止焊接时被焊金属和焊料再次氧化。在电子元件的焊接中，常用松香类的焊剂；焊接较大的元件或导线时，也常采用焊锡膏。但焊锡膏有一定的腐蚀性，焊接完成后应及时清除残留物。

（3）清洗剂：在焊接操作完成后，为避免焊点附近的杂质腐蚀焊点，可对焊点进行清洗。常用的清洗剂有无水乙醇(无水酒精)、航空洗涤汽油、三氯三氟乙烷等。

（4）阻焊剂：一种耐高温涂料，作用是保护印刷电路板不需要焊接的部位。

二、手工焊接技术

手工安装与焊接是实验和试制时采用的方法。手工安装与焊接技术是电子工作者必须掌握的基本技术，需要多多练习才能熟练掌握。

(一)焊接前的准备工作

1. 清理工作台面

焊接前应准备好各种工具、元器件，有序摆放在工作台上。特别应该注意，要保持工作台面的整洁，以防止烫伤、触电等事故，养成严谨的工作作风。

2. 电烙铁的准备

电烙铁在使用前，应先对烙铁头进行修整。在实际使用时，为防止烫坏工作台面、引线等，通电的电烙铁必须放置在烙铁架上。成品烙铁架的底座上通常配有一块耐热的海绵，使用时可加适量清水，用来随时擦洗烙铁头上的污物，保持烙铁头光亮。

3. 上锡

（1）烙铁头上锡。新烙铁在使用前，必须先给烙铁头镀上一层锡，俗称"吃锡"，以便于焊接和防止烙铁头表面氧化。

烙铁头一般用紫铜制成，先用细砂纸将烙铁头的氧化层去掉，然后通电烧热，当烙铁头的温度升至能熔化焊锡时，将松香涂在烙铁头上，然后再在烙铁头上均匀地涂上一层焊锡。对于有镀层的烙铁头，一般不需要锉或打磨。

若烙铁长时间使用或温度过高，烙铁头上的焊锡会蒸发，烙铁头会烧黑氧化，使焊接难以进行，这种情况俗称"烧死"。这时应对烙铁头进行修整，并重新给烙铁头上锡。

（2）导线及元器件引线上锡。

① 漆包线上锡：先用小刀将漆包线表面的漆层刮掉，将刮掉漆层的漆包线放在松香上，再将带焊锡电烙铁放在漆包线上左右移动，同时转动漆包线，使漆包线上锡的部位成为银白色即可。

② 塑料导线上锡：先用剥线钳把导线一端的塑料外层剥去，或是将热烙铁紧贴在导线的塑料外层上，同时转动导线，将塑料外层某处的一圈烫断，待塑料外层稍凉，顺势用手拉掉塑料外层，即可露出金属线。如果是多股铜芯导线，要将其捻成"麻花"状后放在松香上，再将带焊锡电烙铁放在铜线上左右移动，同时转动导线，使导线四周均匀上锡。

③ 元器件引线上锡：先刮去引线的氧化层，再上锡，方法同塑料导线上锡。若元器件的引线已经镀过锡，则无须再上锡。

（二）焊接操作的姿势

1. 电烙铁的拿法

电烙铁的拿法有三种，如图 A-2-1 所示。

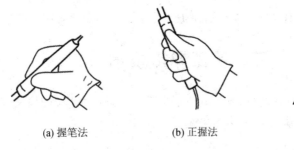

(a) 握笔法　　　　(b) 正握法　　　　(c) 反握法

图 A-2-1　电烙铁的拿法

（1）握笔法：类似于写字时手里拿的笔，易于掌握，但长时间操作易疲劳，烙铁头会出现抖动的现象，因此适用于小功率的电烙铁和热容量小的焊件。一般在操作台上焊接印刷电路板等焊件时多采用握笔法。

（2）正握法：适用于中功率烙铁或带弯头烙铁的操作。

（3）反握法：动作稳定，长时间操作不易疲劳，适用于大功率烙铁的操作。

2. 焊锡丝的拿法

手工焊接时，一般右手拿烙铁，左手拿焊锡丝。焊锡丝的拿法有两种，如图 A-2-2 所示。

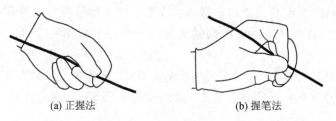

(a) 正握法　　　　　　　　　(b) 握笔法

图 A-2-2　焊锡丝的拿法

（1）正握法：用食指和拇指握住焊锡丝，其余手指配合食指和拇指把焊锡丝向前送进，适用于成卷（筒）焊锡丝的手工焊接。

（2）握笔法：用拇指、食指和中指夹住焊锡丝，采用这种拿法，焊锡丝不能连续向前送进，适用于小段焊锡丝的手工焊接。

（三）焊接操作的基本步骤

1. 五步法焊接

焊接五步法是常用的基本焊接方法，步骤是：准备施焊，加热焊件，熔化焊料，移开焊锡，移开烙铁。

(a) 准备施焊　　　(b) 加热焊件　　　(c) 熔化焊料　　　(d) 移开焊锡　　　(e) 移开烙铁

图 A-2-3　五步法焊接的基本步骤

（1）准备施焊：准备好烙铁和焊锡，将焊件插入电路板。

（2）加热焊件：将烙铁头的刃口以约 45° 的角度与电路板和焊件引线紧密接触，同时加热被焊接面（焊盘）和引线，加热时间约 2 s。注意：加热时间不宜过长，否则会因烙铁的高温而使焊盘的覆铜表面氧化，造成焊接不上。

（3）熔化焊料：保持烙铁头的角度不变，将焊锡丝从烙铁头的对面接触焊盘和引线，可看到焊锡丝熔化，并开始向四周扩散。注意：送焊锡丝时电路板要尽量放置平稳，并保持引线稳定。送焊锡丝的时间与焊锡丝的质量、覆铜的光洁度、电烙铁的温度有关。

（4）移开焊锡：当焊锡丝熔化，并开始向四周扩散后，将焊锡丝撤移。

（5）移开烙铁：当焊锡充分熔化，并浸润焊盘和引线后，将电烙铁沿送入方向撤移。注意：在焊锡凝固前，不可晃动焊件，否则易造成虚焊。

上述过程，对一般焊点而言大约在 2~3 s 完成。

在熟练掌握五步法的基础上，且在焊点较小的情况下，也可以采用三步法，即将五步法中的第(2)、(3)步合为一步，第(4)、(5)步合为一步。

待焊点冷却后，用斜口钳或剪子剪去过长的引线，使元器件的引线稍露出焊点即可，如图 A-2-4(a)所示。

2. 焊接时的注意事项

(1) 焊剂加热挥发出的化学物质对人体是有害的，如果操作时鼻子距离烙铁头太近，则很容易将有害气体吸入。一般电烙铁离开鼻子的距离应不小于 30 cm，通常以 40 cm 为宜。

(2) 用镊子夹取元器件，尽量不要用手拿元器件。因为手上容易出汗或者出油，一旦沾染到元器件管脚或者电路板的铜皮之上，会影响焊接质量。如果有条件，可以佩戴薄的橡胶手套。

(3) 不要用电烙铁对焊件加力加热。尤其是电位器、开关等器件的引线往往都固定在塑料构件上，加力加热会使塑料熔化而损坏器件。

(4) 防止抖动。焊接时，被焊件应扶稳夹牢，尤其在移开电烙铁后、焊锡凝固前不可抖动被焊件及引线，否则容易形成虚焊。

3. 焊点的常见缺陷

1) 元器件焊接缺陷

一个良好的焊点应该表面光洁明亮，焊料到被焊金属的过渡处应呈现圆滑流畅的浸润状凹曲面，如图 A-2-4(a)所示。若出现拉尖、起皱、夹渣、麻点等现象，则为缺陷焊点，常见的缺陷焊点及原因如下。

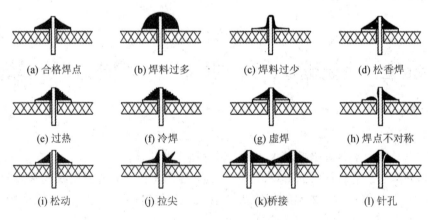

(a) 合格焊点　(b) 焊料过多　(c) 焊料过少　(d) 松香焊

(e) 过热　(f) 冷焊　(g) 虚焊　(h) 焊点不对称

(i) 松动　(j) 拉尖　(k) 桥接　(l) 针孔

图 A-2-4　常见缺陷焊点

(1) 焊料过多：如图 A-2-4(b)所示，焊点表面呈凸形。焊料过多不仅浪费焊料，而且容易包藏其他缺陷。主要原因是焊锡丝撤离过迟。

(2) 焊料过少：如图 A-2-4(c)所示，焊点未形成平滑曲面。焊料过少会使焊点的机械强度不够，焊件容易松动。主要原因是焊锡丝撤离过早。

(3) 松香焊：如图 A-2-4(d)所示，焊缝中有松香渣。松香焊会导致焊点的机械强度不够，导电性能不佳。主要原因是助焊剂过多或失效，或是焊接时间过短、温度不够，或是被焊金属表面的氧化膜未除净。

（4）过热：如图A-2-4(e)所示，焊点无金属光泽，表面比较粗糙。过热会使焊盘容易剥落，机械强度降低。主要原因是电烙铁功率过大，加热时间过长。

（5）冷焊：如图A-2-4(f)所示，焊点表面呈豆腐渣状颗粒，有时有裂纹。冷焊会使焊点的机械强度降低，导电性能不良。主要原因是电烙铁功率不够，或是在焊料凝固前抖动了焊件。

（6）虚焊：如图A-2-4(g)所示，焊料与焊盘接触不良。虚焊使焊点的机械强度降低，电路不通或时断时通。主要原因是焊件清理不干净，或助焊剂不足或质量差，或焊件加热不充分。

（7）焊点不对称：如图A-2-4(h)所示，焊锡未挂满焊盘。焊点不对称时焊件的机械强度明显降低。主要原因是焊料流动性不好，或助焊剂不足或质量差，或焊件加热不充分。

（8）松动：如图A-2-4(i)所示，元件的引线不固定。焊点松动时电路不通或时断时通。主要原因是在焊料凝固前抖动了焊件，或是引线镀锡不良。

（9）拉尖：如图A-2-4(j)所示，焊点出现尖刺。拉尖容易造成桥接，而且外观不佳。主要原因是加热时间过长，或是电烙铁撤离角度不当。

（10）桥接：如图A-2-4(k)所示，相邻焊点连通。桥接会造成电路短路。主要原因是焊锡过多，或是电烙铁撤离角度不当。

（11）针孔：如图A-2-4(l)所示，目测或低倍放大镜可见有空隙。有针孔的焊点容易腐蚀。主要原因是焊盘孔与引线间隙过大。

2）导线焊接缺陷

焊接导线时应该芯线长度适度、焊点圆滑光洁，没有裸线、摔线、散线等现象，良好的导线焊接点如图A-2-5(a)所示。常见的导线焊接缺陷及原因如下。

（1）导线芯线过长：如图A-2-5(b)所示，裸露在焊点外的芯线过长，容易引起短路。主要原因是导线的塑料外层剥长了，可适当剪去过长的芯线。

（2）导线外皮浸入焊料：如图A-2-5(c)所示，部分导线的塑料外皮被焊入焊点，塑料遇高温会熔化，焊缝中有塑料渣。导线外皮浸入焊料会导致焊点的机械强度不够，导电性能不佳。主要原因是导线的塑料外层剥少了。

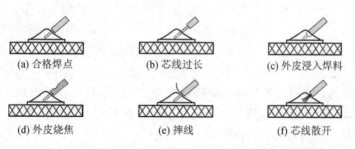

(a) 合格焊点　　　(b) 芯线过长　　　(c) 外皮浸入焊料

(d) 外皮烧焦　　　(e) 摔线　　　(f) 芯线散开

图A-2-5　常见的导线焊接缺陷

（3）导线外皮烧焦：如图A-2-5(d)所示，可能会造成芯线裸露，容易引起短路。主要原因是电烙铁接触了导线外皮。

（4）摔线：如图A-2-5(e)所示，焊接多股铜芯导线时少量铜芯线在焊点外，容易引起短路。主要原因是多股铜芯捻"麻花"不彻底。

(5) 芯线散开：如图 A－2－5(f)所示，芯线散开焊入焊点，会导致焊点的机械强度不够。主要原因是在焊接前没有将多股铜芯线捻成"麻花"。

（四）元器件的安装

元器件安装在电路板上可分为卧式安装和立式安装，如图 A－2－6(a)、(b)所示。

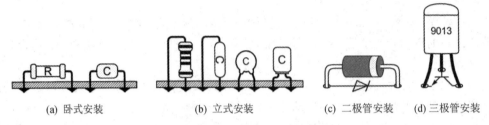

(a) 卧式安装　　　(b) 立式安装　　　(c) 二极管安装　　(d) 三极管安装

图 A－2－6　元器件的安装方式

安装元器件时应注意：① 元器件应与印制线路板上的印刷符号一一对应。② 在没有特别指明的情况下，元件必须从线路板正面装入(有丝印的元件面)，如图 A－2－6(c)、(d)所示，在线路板的另一面将元件焊接在焊盘上。③ 有极性的元件和器件要注意安装方向，如图 A－2－6(c)、(d)所示，二极管的极性不能装反，三极管的电极不能错位。④ 元器件采用卧式安装时，元件本体距电路板 1 mm 左右，引线折弯时不要折直弯，如图 A－2－6(a)所示；电阻采用立式安装时，要将电阻本体紧靠电路板，引线上弯 1 mm 左右，表示第一位有效数字的色环朝上，如图 A－2－6(b)所示；三极管、电解电容一般采用立式安装，元器件本体距电路板 2～5 mm，如图 A－2－6(b)、(d)所示。

三、手工拆焊的常用方法

（一）手工拆焊的工具

常用的手工拆焊工具有以下几种。

(1) 普通电烙铁：用于加热焊点。

(2) 镊子：用于夹持元器件，或借助于电烙铁恢复焊孔。以端头较尖、硬度较高的不锈钢镊子为宜。

(3) 吸锡器：用于吸去熔化的焊锡，使元器件的引线与焊盘分离。吸锡器必须借助于电烙铁才能发挥作用。

(4) 吸锡电烙铁：有同时加热焊点和吸锡的功能。操作时先加热焊点，待焊锡熔化后，按动吸锡按键，即可把熔化的焊锡吸掉。吸锡电烙铁是拆焊过程中使用最方便的工具，不仅拆焊效率高，且不易伤及元器件。

(5) 吸锡材料：主要是屏蔽线编织层、细铜丝网等。吸锡材料的主要作用是吸附熔化的焊锡。

（二）手工拆焊的原则

手工拆焊通常应遵循如下原则：

（1）不损坏拆除的元器件、引线、原焊接部位的结构件。

（2）不损坏印刷电路板上的焊盘和印制导线。

（3）对判断为已损坏的元器件，可先剪断其引线，再进行拆除。这样可以最大程度地减小其他损伤。

（4）在拆除过程中，应尽量避免拆动其他元器件，或变动其他元器件的位置。若不可避免需要拆动其他元器件，则应做好复原工作。

（三）手工拆焊的方法

1. 电烙铁直接拆焊

电烙铁直接拆焊法适用于电阻、电容等管脚较少的元器件拆焊。基本方法是：先用电烙铁加热焊点，使焊锡熔化，再用镊子或尖嘴钳夹住元器件的引线，轻轻将其从电路板上拉出，如图 A‐2‐7(a)所示。该方法不易在一个焊点多次进行，因为印刷导线和焊盘经多次加热后容易脱落，造成印刷电路板的损坏。

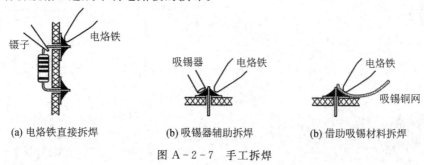

(a) 电烙铁直接拆焊　　　(b) 吸锡器辅助拆焊　　　(b) 借助吸锡材料拆焊

图 A‐2‐7　手工拆焊

2. 用吸锡器辅助拆焊

当元器件管脚较多时，则需将各焊点的焊锡一一除去后才能取下，此时需要借助一些辅助手段。

（1）用吸锡器辅助拆焊的基本方法是：先用电烙铁在焊点的一侧加热焊点，使焊锡熔化，再用吸锡器在焊点的另一侧吸去熔化的焊锡，如图 A‐2‐7(b)所示，使元器件的管脚与印刷电路板分离。

（2）用吸锡材料拆焊的基本方法是：先将吸锡材料浸上松香，再贴到待拆的焊点上，然后用电烙铁加热吸锡材料，通过吸锡材料将热量传到焊点，并使焊点熔化，待吸锡材料将焊锡吸附后，拆除吸锡材料，元器件的管脚便与印刷电路板分离。

（四）拆焊操作的注意事项

1. 控制加热的时间和温度

与焊接相比，拆焊时通常加热的时间更长、温度更高，所以要严格控制加热的时间和温度，以免烫坏元器件或使焊盘翘起、脱落。

2. 避免用力过猛

在高温状态下，元器件封装的强度都会降低，尤其是塑封器件、玻璃端子等，过分用力地拉、摇、扭都可能会损坏元器件和焊盘。

参 考 文 献

[1] 李瀚荪. 电路分析基础[M]. 5 版. 北京：高等教育出版社，2017.

[2] 田丽鸿，许小军. 电路分析[M]. 南京：东南大学出版社，2016.

[3] 周巍，段哲民. 电路分析基础[M]. 西安：西安电子科技大学出版社，2019.

[4] 冉莉莉. 电路基础及其基本技能实训[M]. 2 版. 西安：西安电子科技大学出版
社，2017.

[5] 王宛苹，胡晓萍. 电路基础[M]. 北京：电子工业出版社，2013.

[6] 臧雪岩，郭庆，吴清洋. 电工技术基础[M]. 北京：机械工业出版社，2018.